中国大学慕课"数学文化欣赏"指定参考书

高等学校数学系列教材

（第四版）

数学文化赏析

主　编　邹庭荣　　沈婧芳

副主编　徐常青　　胡动刚

　　　　张英豪

参　编　张四保　　官春梅

武汉大学出版社

WUHAN UNIVERSITY PRESS

图书在版编目(CIP)数据

数学文化赏析/邹庭荣,沈婧芳主编. -- 4 版. -- 武汉：武汉大学出版社,2024.12. -- 高等学校数学系列教材. -- ISBN 978-7-307-24605-8

Ⅰ. O1-O5

中国国家版本馆 CIP 数据核字第 2024DF9797 号

责任编辑:史永霞　　　责任校对:杨　欢　　　版式设计:马　佳

出版发行:**武汉大学出版社**　（430072　武昌　珞珈山）

（电子邮箱:cbs22@whu.edu.cn 网址:www.wdp.com.cn）

印刷:武汉中科兴业印务有限公司

开本:787×1092　1/16　印张:15.25　字数:367 千字　插页:1

版次:2007 年 11 月第 1 版　　2013 年 2 月第 2 版

　　2016 年 7 月第 3 版　　2024 年 12 月第 4 版

　　2024 年 12 月第 4 版第 1 次印刷

ISBN 978-7-307-24605-8　　定价:49.00 元

版权所有,不得翻印;凡购买我社的图书,如有质量问题,请与当地图书销售部门联系调换。

前　言

本教材自出版以来，得到社会各界同行专家的广泛关注，尤其是作为中国大学慕课教材使用后，更是得到许多同学的认真阅读，在此过程中，同行专家和同学们都提出了许多好的修改建议．本次再版，我们采纳了各位专家和同学们的意见后进行了修订．参加此次修订的有华中农业大学的邹庭荣、沈婧芳、胡动刚、张英豪，湖南开放大学的杨芳，中国石油大学克拉玛依校区的李中岩和喀什大学的官春梅、张思保等．

我们对关注本教材的读者表示感谢，并恳请读者批评指正．

编　者

2024 年 10 月

目　录

绪论　关于数学文化

一、数学文化的内涵

（一）文化的含义

随着 19 世纪下半叶人类学、社会学、文化学等学科的兴起，文化逐渐受到人们的重视. 1871 年，泰勒在《原始文化》一书中提出：所谓文化或文明，就其广泛的民族学意义来说，乃是知识、信仰、艺术、道德、法律、习俗和任何人作为一名社会成员而获得的能力和习惯在内的复杂整体. 现在，对文化的定义有许多. 一般来说，文化有广义和狭义之分. 广义的文化，是与自然相对的概念，是指人的活动对自然状态的变革而创造的成果，即一切非自然的、由人类所创造的事物或对象都可以看成文化；狭义的文化，则是指社会意识形态或观念形态.

（二）数学文化的含义

1. 数学是一种文化

"数学是一种文化"的观点，可以说是数学观的"现在时态". 但若是因为数学与宗教有关，数学像哲学，数学与逻辑是"孪生姐妹"，数学美具有艺术美的特征等，而给数学贴上文化的标签，就未免太牵强附会了.

我们从历史的角度来看，考察人类文明史，数学与文化曾有过三次结合紧密的鼎盛时期. 第一次是以毕达哥拉斯（Pythagoras，前 580—前 500）学派为代表的古希腊时期；第二次是以达·芬奇（Da Vinci）为代表的欧洲文艺复兴时期；第三次是 20 世纪中叶以来，随着科学一体化、系统化，以及大科学时代的到来和全球文化讨论热，数学与文化的关系受到人们广泛关注. 然而，如果据此把数学说成一种文化，未免有点牵强，我们必须从数学这门学科自身的特点来阐释论证.

数学作为一种量化模式，显然是描述客观世界的，相对于认识的主体，数学具有明显的客观性，但数学对象终究不是物质世界中的真实存在，而是抽象思维的产物，数学是一种人为约定的规则系统. 为了描绘世界，数学家总是在发明新的描述形式. 同时，数学家发明的量化模式，除在科学技术方面的应用外，同样具有精神领域的效用，如平时所说的推理意识、规划意识、抽象意识、数学审美意识. 由此可见，数学就是一种文化.

数学是一门自然科学，也是一种文化. 但数学文化不同于艺术、技术一类的文化，数学属于科学文化的范畴. 数学是人类文化系统中的一个系统, 是人类文化的一个有机组成部分, 与其他各种成分密切相关, 并在相互影响中共同发展. 数学对象并非自然世界的真实存在, 而是抽象思维的产物, 是一种人为约定的逻辑建构系统. 因此, 数学对象正是作为文化而存在的, 是一种特殊的文化, 称为"数学文化".

2. 数学文化的含义

数学文化的提法与过去的"数学与文化"不同: "数学与文化"意味着数学和文化是两回事, 数学是数学, 文化是文化, 重点是讨论它们的相互关系问题; 而"数学文化"则强调数学与文化是一个有机整体, 不能把它们分开来谈.

数学文化, 笼统地说, 就是指从文化这样一个特殊的视角对数学所作的分析. 关于数学文化的详细定义, 存在许多不同的观点.

数学家齐民友先生从非欧几何产生历史的角度阐述了数学文化的价值, 指出了数学思维的文化意义. 他提出: 数学作为文化的一部分, 其最根本的特征是它表达了一种探索精神; 数学作为文化的一部分, 其永恒的主题是"认识宇宙, 也认识人类自己", 在这个探索过程中, 数学把理性思维的力量发挥得淋漓尽致; 它提供了一种思维的方法与模式, 提供了一种最有力的工具, 提供了一种思维合理性的标准, 给人类思想解放打开了道路; 没有现代的数学, 就不会有现代的文化, 没有现代数学的文化是注定要衰落的; 一个不掌握数学作为一种文化的民族, 也是注定要衰落的.

张楚廷先生从广义文化学的角度来阐释数学文化, 他认为, 一般地讲, 文化即人类创造的物质文明和精神文明. 数学则既是人类精神文明又是物质文明的产物, 尤其要关注到, 数学是人类精神文明的硕果, 数学不仅闪耀着人类智慧的光芒, 而且数学也最充分地体现了人类为真理而孜孜以求乃至奋不顾身的精神, 以及对美和善的追求. 他指出, 把数学作为一种文化的数学教育功能是多方面的, 数学教育不仅可以使人变得更富有知识、更聪明, 而且可以使人更高大、更高尚、变善、变美.

郑毓信先生在他的论著《数学文化学》一书中阐述: "由于在现代社会中数学家显然构成了一个特殊的群体(可称为'数学共同体'), 并有着相对稳定的数学传统, 因此, 我们也就可以在这第二种意义上去谈及数学文化, 也即是指数学家的'行为方式', 或者说, 即是指特定的数学传统." 他还指出: 数学作为文化的特殊性在于数学对象的形式建构性与数学世界的无限丰富性和秩序性.

以上关于数学文化的三种解释, 前两种倾向于强调数学文化发展的历史性, 最后一种则强调了数学活动的整体性. 数学共同体和数学传统表现了数学文化的整体性, 它们都从不同层面揭示了数学的文化本质.

总之, 数学文化作为人类基本的文化活动之一, 与人类整体文化血肉相连. 在现代意义上, 数学文化作为一种基本的文化形态应属于科学文化的范畴.

二、数学文化的特点

由文化的定义与数学的特点可知, 数学文化是人类文化中的一个相对独立的子文化系统, 区别于其他文化. 数学文化有以下特点:

（一）独特的研究对象

数学是关于量的科学，而所有文化均离不开量．由此可知，数学的研究对象十分广泛．哲学的十大范畴均有相应的数学研究，如原因与结果—数理逻辑方法，局部与整体—拓扑方法，可能与现实—控制论方法，等等．不仅如此，逻辑学的抽象思维、形象思维、直觉思维等均在数学文化的研究范畴之内，甚至人类自身的思维能力（思维限度与思维可靠性）也成为数学的研究对象．

（二）独特的研究方法

数学研究对象的广泛性与独特性决定了数学研究方法的广泛与独特．数学的高度抽象性是连物理学也无法相比较的．数学模拟、数学实验、公理化方法等，都足以说明数学方法的广泛性．

（三）独特的数学语言

数学语言是世界语，是科学通用语，是可以传授给机器人的一种语言．数学语言的特点是形式化、精确、逻辑严谨和应用广泛．

（四）独特的发展模式

如微积分模式：直观实际问题—数学问题—数学方法—数学理论体系．

（五）独特的价值评判标准

数学独特的价值评判标准体现在数学认识论的数学真理观中，其结论是：数学具有模式真理性与现实真理性．

三、数学文化的功能

数学文化的功能可以概括为以下 4 个方面：

（一）历史性

一谈到数学文化，人们就很自然地想到数学史．数学发展的历史，不但是一部文明史，而且是一部文化发展的史书．

人们对数学本质的认识，从作为一种科学的数学，到作为一种哲学的数学，再到作为一种文化的数学，这个变化过程与历史的发展是不能分割的．无论是公元前 600 年以前的早期数学，还是公元前 600 年到公元 300 年之间的古希腊数学，作为一门有组织的、独立的和理性学科的数学，不管它发展到怎样的程度，都离不开历史的积淀过程，即数学的社会历史性．研究数学史，可以增强全局观念，提高人们的学习兴趣．学习数学要讲究其方法，而数学史又为数学方法论的研究提供了最主要的素材．比如数学中"函数"这一概念在数学发展史上就经历了 7 次扩张，随着科学的发展和社会的进步，需要不断地扩大函数的范围，直到形成今天严密、科学而又令人惊叹的广泛的函数概念．因此，一切与数学有关的研究，无论怎样也不能丢开数学史．数学传统的不断变革及数学知识的连续性，就可以看成数学发展的一个重要特征.

(二)思维性

数学研究的任务，主要是总结和应用人类关于现实世界的空间形式与数量关系的思维成果. 因此，数学是思维的体现，思维是数学的灵魂. 数学思维的素质有严谨性、灵活性、独创性、深刻性、目的性、概括性、主动性、批判性、论证性、条理性、简明性、敏捷性等.

数学文化的主体是数学知识以及运用这些知识的技巧与技能，它们都要通过数学语言表示出来并获得理解、掌握、交流和应用. 数学语言包括文字语言、符号语言和图像语言，它们都拥有基本词汇、基本句型、基本句法和基本图形，并且通过听、说、读、写、译这五种形式来实现数学信息的吸收、输出和转换. 与其他语言不同的是，运用数学语言时，人们进行的是关于实体的空间形式与数量关系的思维活动. 这种思维成果以理性的逻辑思维为主，以所考察的实体为基础. 在数学知识中，数学思想和数学方法是较活跃的成分，它们成为数学知识的精髓. 所谓"掌握数学"，实际上就是"掌握基本的数学思想和数学方法"，即数学的思维. 这种思维集中地凝聚了人类对空间形式与数量关系的规律性认识，并且始终随着数学的发展而发展.

(三)预见性

数学来自实践，但数学主要总结与应用了人类关于现实世界的空间形式和数量关系的思维成果，因此，这种思维成果带有开发性和预见性，也就是说，数学能指导、调控人类未来的实践活动.

例如，1846 年 9 月，柏林天文台在黄经 326 度处的宝瓶座内黄道上，发现了海王星，其椭圆形轨道与位置完全符合勒威耶、亚当斯两人分别于 1844 年、1845 年得到的计算结果. 19 世纪中叶，英国数学家、逻辑学家乔治·布尔创立了逻辑代数. 当时谁也不知道逻辑代数有什么用途，谁能料到，自 1946 年第一台电子计算机问世后，逻辑代数竟成了自动化系统和计算机科学的奠基石. 上述例子说明，数学作为一种科学，可以有很大的贡献，同时数学也可以预见自身甚至别的科学的发展.

(四)审美性

数学内容充满着美感. 数学既是一门纯科学，同时又是一门艺术. 数学是美的王国，数学概念的简洁性、统一性、协调性、对称性等都是数学美的内容. 数学美的内容是丰富的，不仅有形式美，而且有严谨美；不仅有逻辑抽象美，而且有创造美和应用美.

早在公元前 6 世纪，毕达哥拉斯学派对数学在概念上就没有作严格的区分，他们提出了"美是和谐"的思想，把数与和谐的原则当作宇宙万物的根源，用数学和声学的观点去研究音乐的节奏与和谐. 他们提出的"黄金分割"理论，将这些原则运用到建筑、绘画、音乐等各门艺术中. 在那时，作为美学鼻祖的毕达哥拉斯本身就是一个数学家、物理学家、天文学家，同时又是艺术家. 在我国古代，数学也被融入了艺术之中，成为"礼、乐、射、御、书、数"六艺之一. 数学的美感和数学的艺术特征，正是数学文化对人类高尚情操陶冶的具体表现. 我们应该深入挖掘和精心提炼，从数学的学习中去感受美、理解美、鉴别美、创造美.

四、数学是人类文化中的一种重要文化

(一)从内在结构看：数学是一个相对独立的系统

第一，数学是关于量的科学，数学研究为人类提供了通过量的分析来把握事物的可能性与现实性，同时也造就了人类通过量来把握质的科学态度.

第二，数学理论是严密的演绎系统.对数学的研究养成了人类做事有条理的习惯，同时也造就了人类逻辑推理与理性分析问题的能力，推动了人类智力的发展和理性的形成.推理手段是人类理解大自然最重要的思维手段.智力是人类最重要的思维能力.心理学家通过实验得出：人的智力与人的推理能力相关系数达到0.89.这等于告诉人们数学是培养人智力的最好材料.数学素质是鉴别人智力素质的重要指标.难怪柏拉图说：不懂几何学的人不得入内.

第三，数学研究的原始动力源于现实，但纯数学早已远离了现实，"数学的本质在于自由"，数学的本质在于创造.今天，纯数学研究的动力主要来自美，数学体系自身的完善需求与人的审美心理的需求推动着纯数学的发展.数学中蕴藏着无限丰富的美，对数学的研究促使了人的审美能力与创造能力的极大发展.

(二)从外在环境看：数学是一个开放体系

第一，数学语言是科学的语言，数学方法是科学的方法(逻辑方法、实验方法与计算机计算方法).数学是科学理论美的原因(形式美和结构美)，科学因为数学而成为科学.

第二，数学是艺术美的重要原因之一.无论从音乐、诗歌、绘画、戏剧、雕塑、建筑等哪一方面看，都会发现这一事实.如：电脑信息归于0和1；舒心的声音、醉人的韵律、悦人的光泽、光滑的质地、美丽的形式、和谐的结构，无一不是数学.

第三，数学已渗透到人们日常生活的各个方面.人们的政治、经济、文化生活，哪一样不与数学相关?!

今天的数学，已经深入生活的各个角落，不仅给人们带来了物质文明，也极大地影响了人们的思想观念及生活方式.数学促成了现代的精神文明，促成了人类的自信，促成了人类对世界、对未来的希望.

第1章　数论与数学文化

数学——数的科学，没有数，就没有数学．同时，数学文化在很大程度上是数字的文化．本章讨论数学文化的重要组成部分——数论文化．

自然数（又称正整数）、整数、有理数、实数及复数构成数的结构．数学中所讨论的问题几乎都与数有关，而其中数字的诸多优美及特异的性质，一直吸引着许多职业数学家及业余数学家去探讨，形成了一门独特的数学文化．这些探讨的问题可以归于数学中的整数论，或者说数论．数论起源甚早，影响深远．数论中优美、丰富的内容，不知让多少数学家及数学爱好者为之倾倒，如三大数学家之一、有着"数学王子"之称的数学家高斯（Gauss，1777—1855），阿基米德（Archimedes，前287—前212）及牛顿（Isaac Newton，1643—1727）．牛顿曾说"数学是科学的皇后"，而数论是数学的皇后（Mathematics is the queen of science, and the theory of numbers is the queen of mathematics）．

下面给出一些数论的初步知识．

1.1　数论预备知识

闵可夫斯基（H. Minkowski）说：整数是全部数学的基础．每个人最初接触的都是正整数——自然数．为了看清楚数字与数学文化的联系，这里先简要介绍数论（数字的理论）的相关知识．

1.1.1　关于数论

数论是研究整数性质的一门数学分支．数论包括初等数论、解析数论、代数数论、丢番图（Diophantus，约246—330）逼近、超越数论等．现代数论已经深入数学的一切分支．

高斯认为：算术给予我们一个用之不尽的、充满有趣真理的宝库．这些真理不是孤立的，而是以相互最密切的关系并立着，而且随着科学的每一次进步，人们不断地发现这些真理之间新的、完全意外的接触点．

事实上，初等数论以算术方法为主要方法．初等数论中某些问题的研究促成新的数学分支的产生．数十年来，初等数论在计算机科学、组合数学、代数编码、计算方法、信号的数字处理等领域得到广泛的应用．

数论的特点是表面简单，实际难．所谓表面简单，是因为数论的主要定理的表达都不难理解，但证明起来，却需要极其艰深和复杂的数学工具，比如费尔马猜想、哥德巴赫猜想. 这里必须指出，研究经典数论问题必须具有坚实的数学基础，否则会劳而无功，浪费时间.

1.1.2　数论的基本知识

（1）正整数、负整数、零统称为整数.

（2）b 被 $a(a \neq 0)$ 除时，如果余数是 0，即存在整数 q，使得 $b = aq$，则称 a 整除 b，或者 b 可以被 a 整除，记作 $a \mid b$，此时也称 b 是 a 的倍数，a 是 b 的因数.

（3）大于 1 且除了 1 和其自身无其他因数的整数称为素数（或质数），1 以外的非素数称为合数.

（4）将整数表示为一些素数的乘积称为该数的素因数分解.

（5）整数 a_1，a_2，$\cdots$，a_n 的公共倍数称为 a_1，a_2，$\cdots$，a_n 的公倍数. 最小的正公倍数称为最小公倍数，记为 $[a_1, a_2, \cdots, a_n]$.

（6）整数 a_1，a_2，$\cdots$，a_n 的公共因数称为 a_1，a_2，$\cdots$，a_n 的公因数. 最大的公因数称为最大公因数，记为 $(a_1, a_2, \cdots, a_n)$.

（7）当 $(a, b) = 1$ 时，称 a 与 b 互素.

（8）设 m 为正整数，若整数 a 与 b 之差可以被 m 整除，称 a 与 b 关于模 m 同余，记作 $a \equiv b (\bmod\ m)$.

（9）不大于 a 而与 a 互素的数的个数称为 Euler 函数.

（10）（算术基本定理）每个大于 1 的整数要么是素数，要么是若干素数的乘积，一个数的素因数分解式是唯一的.

这说明分解的方法可以是多种多样的，特别对于大合数更是如此. 但一个重要的事实是，不管这种素因数分解是如何实现的，除了这些因数的次序外，所得的结果总是一样的，即在同一个数的任意两个素因数分解中，素数是相同的，且每个素数均出现相同的次数.

例
$$60 = 4 \times 15 = 2 \times 2 \times 3 \times 5$$
$$60 = 30 \times 2 = 15 \times 2 \times 2 = 3 \times 5 \times 2 \times 2$$

（11）（欧几里得算法）设 a，b 为两个整数（$a \geqslant b$），则存在两数 q，$r \geqslant 0$，使得
$$a = bq + r$$
其中，$r = 0$ 或 $r < |b|$.

1.2　数字美学欣赏

数字中许多颇具魅力、令人叹赏的性质，使得许多科学家、文学家、艺术家们大为感慨. 伽利略曾说：数学是上帝用来书写宇宙的文字. 毕达哥拉斯学派的学者，对于数字的崇拜达到"神话"的程度，他们崇拜"4"，因为"4"代表四种元素（火、水、气、土）；他们把"10"看成"圣数"，因为"10"是由前四个自然数 1、2、3、4 结合而成的. 他们还认为："1"表示理性，因为理性是不变的；"2"表示意见；"4"代表公平，因为 4 是第一个平方数；"5"代表婚姻，因为 5 是第一个阴数 2 与第一个阳数 3 的结合. 近年来，人们喜欢数字"8"，因为 8 意味着"发"，也有人喜欢"6"，因为 6 意味着"六六大顺". 人们不惜出高

价抢注末尾是"8"或"6"的汽车牌号、移动电话号码等. 可见, 数字蕴涵着丰富的文化. 不过, 这只是一些表面现象, 深入研究它们的性质, 人们会为数字王国的奇妙而赞叹不已.

1.2.1 亲和数

远古时代, 人类的一些部落把 220 和 284 两个数字奉若神明, 男女青年缔结婚姻时, 往往把这两个数字分别写在不同的签上, 两个青年在抽签时, 若分别抽到了 220 和 284, 便被确定为终身伴侣; 若抽不到这两个数, 他们则天生无缘, 只好分道扬镳. 这种方式固然是这些部落的风俗, 但在某些迷信色彩的背后, 倒也有些意义. 表面上, 这两个数字似乎没有什么神秘之处, 然而, 它们却存在着某些内在的联系:

能够整除 220 的全部正整数(不包括 220)之和恰好等于 284; 而能够整除 284 的全部正整数(不包括 284)之和又恰好等于 220.

这真是绝妙的吻合!

也许有人认为, 这样的"吻合"极其偶然, 抹去迷信的色彩, 很难有什么规律蕴涵其中. 恰恰相反, 这偶然的"吻合"引起了数学家们极大的关注, 他们花费了大量的精力进行研究、探索, 终于发现"相亲"数对不是唯一的, 它们在自然数中构成了一个独特的数系. 人们称具有这种性质的两个数为亲和数(或相亲数对).

第一对亲和数(220, 284)是最小的一对, 是数学先师毕达哥拉斯发现的:

$$1+2+4+5+10+11+20+22+44+55+110 = 284$$

$$1+2+4+71+142 = 220$$

这两个数的这一性质, 引起了毕达哥拉斯的极大兴趣, 他把这两个数比作一对亲密的恋人, 称它们是亲和数. 是否还有别的亲和数呢?

2000 多年后, 第二对亲和数(17296, 18416)于 1636 年由法国天才数学家费尔马找到.

第三对亲和数(9363548, 9437056)于 1638 年被法国数学家笛卡儿(R. Descartes)发现.

1750 年, 瑞士伟大的数学家欧拉一个人就找到了 60 对亲和数, 并将其列成表, (2620, 2924)是其中最小的一对. 当时, 人们有一种错觉, 以为经过像欧拉这样的大数学家研究过, 而且一下子找到 60 对亲和数, 在比该表中所找到亲和数小的正整数中不会再有亲和数了. 然而, 出人意料, 有一对比该表中所列亲和数更小的亲和数, 竟在大数学家的眼皮下溜过去了. 100 多年后, 意大利 16 岁的少年巴格尼于 1860 年找到了一对比欧拉的亲和数表所列的数更小的亲和数(1184, 1210), 于是, 这个本来已经降温的问题又重新点燃了人们的热情, 在比欧拉的亲和数表中所得的数更小的自然数中是否还有亲和数? 到 1903 年, 有人证明了较小的 5 对亲和数是:

220 和 284, 1184 和 1210, 2620 和 2924, 5020 和 5564, 6232 和 6368

其中, 第一对为毕达哥拉斯发现, 第二对为意大利少年发现, 其余三对则是欧拉的亲和数表中最小的三对.

今天亲和数的研究仍在继续, 主要有两方面的工作:

(1)寻找新的亲和数;

(2)寻找亲和数的表达公式.

迄今为止，人们已经找到了 1200 对亲和数，这 1200 对亲和数要么两个都是偶数，要么两个都是奇数，是否存在一奇一偶的亲和数呢？这个问题是欧拉提出来的，几百年来尚未解决．人们估计这是一个像哥德巴赫猜想那样困难的问题．

到 1974 年为止，人们所知的一对最大的亲和数是：

$$3^4 \cdot 5 \cdot 5281^{19} \cdot 29 \cdot 89 \cdot (2 \cdot 1291 \cdot 5281^{19} - 1)$$

$$3^4 \cdot 5 \cdot 11 \cdot 5281^{19} (2^3 \cdot 3^3 \cdot 5^2 \cdot 1291 \cdot 5281^{19} - 1)$$

从两个数字的偶然性竟然引出了数论中一个丰富的数系，这确实令人惊叹不已！

最近，人们把亲和数推广成亲和数链．链中每一个数的因数之和等于下一个数，而最后一个数的因数之和等于第一个数，比如 2115324，3317740，3649556，2797612 等．

还有学者把亲和数推广到"金兰数"，即数组中第一个数的所有真因数之和等于第二个数与第三个数之和；第二个数的所有真因数之和等于第一个数与第三个数之和；而第三个数的所有真因数之和等于第一个数与第二个数之和．简而言之，每个数的真因数之和都等于另两个数之和．例如：1945330728960，2324196638720，2615631953920．

目前所知最小的金兰数是 123228768，103340640，124015008．

1.2.2　完全数

与亲和数类似，具有奇妙特征与神秘意义的数是完全数（完美数）．在古希腊，毕达哥拉斯学派在一些数字中，发现一完美的性质，这些数是其除自身外的一切正因数之和．他们称这种数为完全数．如 6，小于 6 的正因数有 1、2、3，而 6 = 1 + 2 + 3．6 也确实与宗教里面的一些完美性相关联，《圣经》里记载，上帝在 6 天内创造世界，因此，古代人认为 6 是一个很完美的数字；28 是第二个完全数，28 = 1 + 2 + 4 + 7 + 14．

随后，496 = 1 + 2 + 4 + 8 + 16 + 31 + 62 + 124 + 248，可见 496 是完全数．类似地，第四个具有这种性质的数是 8128，这个数早在 1800 多年前就为人所知．看来，完全数不多．前 8000 多个正整数中才有 4 个．物以稀为贵，完全数非常稀罕．

完全数即完美数，人们用美来形容完全数，表明这种数的完美．一方面表现在这种数稀罕、奇妙；另一方面表现在这种数的完满，即各因数之和不多不少，正好等于这个数本身．第五个完美数在哪里？在距离发现第四个完美数之后 1000 多年，于 1538 年终于发现了第五个完美数 33550336．又过了 50 年才发现第六个完美数 8589869056．

寻找完美数那么难，却还有人去寻找，到现在为止，也只发现了 20 余个．

欧几里得发现，前四个完美数皆可以表示为 $2^{n-1}(2^n - 1)$ 的形式，如：

当 $n = 2$ 时，$2^1(2^2 - 1) = 2 \times 3 = 6$；

当 $n = 3$ 时，$2^2(2^3 - 1) = 4 \times 7 = 28$；

当 $n = 5$ 时，$2^4(2^5 - 1) = 16 \times 31 = 496$；

当 $n = 7$ 时，$2^6(2^7 - 1) = 64 \times 127 = 8128$．

欧几里得也看出，当 $n = 2$，3，5，7 时，$2^n - 1$ 是素数．这项观察使得他在《几何原本》一书中证明了下述结论：

若 $2^n - 1$ 为素数，则 $2^{n-1}(2^n - 1)$ 为一完全数．

同时，我们还有下述结论：

对每一个正整数 n，若 $2^n - 1$ 为素数，则 n 为素数．

找完全数不是一件易事. 17 世纪法国数学家笛卡儿曾预言：能找出的完全数不会太多，好比要在人类中找到完人（perfect man）一样，亦非易事.

1.2.3　梅森数与梅森素数

形如 2^n-1 的素数与完美数有十分密切的关系，只要确定了 2^n-1 是素数，就很容易确定相应的完美数.

对形如 2^n-1 的素数，最早以笛卡儿的好朋友、法国神父梅森最有兴趣. 故后来对一素数 P，便称 $M_P=2^P-1$ 为梅森数；且当 M_P 为素数时，称该数为梅森素数. 例如：

$$M_2=2^2-1=3;\qquad M_3=2^3-1=7;\qquad M_4=2^4-1=15;\qquad M_5=2^5-1=31.$$

梅森本人 1644 年在他的著作《物理-数学探索》的"序"中猜想，在不超过 257 的 55 个素数中，仅当 $P=2$、3、5、7、11、13、17、19、31、67、127、257 时，2^P-1 为素数；而 $P<257$ 的其他素数对应的 M_P 都是合数. 梅森是如何得到这一结论的无人知晓，他本人验证了前 7 个数都是素数，后 4 个数因计算量太大未能验证. 1772 年，欧拉证明了第 8 个 $2^{31}-1$ 是素数；1877 年，吕卡又进一步证明了第 10 个 $2^{127}-1$ 也是素数. 夹在中间的第 9 个 $2^{67}-1$ 是不是素数呢？这个问题自然引起了人们的关注. 近 200 年来，不断有学者在研究这个问题. 除了已提到的 12 个数，还有 16 个形如 2^P-1 的梅森素数：

$$P=521,\ 607,\ 1279,\ 2203,\ 2281,\ 3217,\ 4253,\ 4423,\ 9689,$$
$$9941,\ 11213,\ 19937,\ 21701,\ 23209,\ 44497,\ 86243$$

第 28 个梅森素数 $2^{86243}-1$ 已是一个非常大的数. 这个数字写出来共有两万五千多位. 仅写下来这个数就要花几小时，用二三十页纸. 至于要判断这个数是否为素数，那就更是难上加难了. 只要试试判断当 $P=641$，811，977 这样的 3 位数时，2^P-1 是否为素数，就能体会到其中的难度，更不要说对十位数、百位数判断是否为素数，难度将更大.

1947 年，有了台式计算机后，人们检查到梅森猜想的五个错误，M_{67}，M_{257} 不是素数，而 M_{61}，M_{89}，M_{107} 是素数.

1903 年 10 月，在美国纽约召开的一次学术会议上，美国数学家科尔提交了一篇论文《大数的因子分解》. 轮到科尔报告时，他一言不发，只在黑板上写下两行字：

$$2^{67}-1=147573\ 952\ 589\ 676\ 412\ 927$$
$$19370721\times761838257287=147573\ 952\ 589\ 676\ 412\ 927$$

两个数计算结果完全一样. 之后，他只字未吐就回到自己的座位上. 时间没过 1 分钟，台下就爆发了热烈的掌声. 人们欢呼 200 多年的一个难题终于解决了！原来科尔证明了 $2^{67}-1$ 不是素数，$2^{67}-1$ 有两个在黑板上写出来的因数. 这个"无声的报告"已经成为数学史上的佳话.

电子计算机的出现，给人们验算和寻找梅森素数带来了方便.

1971 年 3 月 4 日晚上，美国国家电视台中断了正常的播放节目，而发表布鲁思特·托克曼用电子计算机找到当 $P=19937$ 时 2^P-1 是素数的消息（这个数有 6987 位）. 同年，美国学者斯可洛温斯基找到了更大的梅森素数，当 $P=44497$ 时，2^P-1 是素数（这个数有 13395 位）.

1983 年 1 月，这位美国学者在 CRAY-1 型计算机上发现，当 $P=89243$ 时，2^P-1 是素数（这个数有 25962 位）. 接下来，1983 年末发现当 $P=132049$ 时（这个数有 39751 位）、

1985 年发现当 $P = 216091$ 时（这个数有 65050 位）、1992 年 3 月发现当 $P = 859433$ 时（这个数有 258716 位）、1996 年 9 月发现当 $P = 1257787$ 时（这个数有 378632 位），$2^P - 1$ 是素数. 其中最后一个也是迄今为止人们发现的最大素数.

　　梅森数的研究具有广泛的应用，如在代数编码等应用学科中的应用. 但长期以来，对这种素数的研究并非由应用推动，而是出于人们对于整数的许多性质的研究，出于对自然美的欣赏与追求. 人类智慧的光芒在其中闪烁，也在这种追求中显示出自己的价值.

1.2.4　回文数与回文素数

　　"回文"是我国古典文学作品中的一种特殊体裁，有回文诗、回文联等. 回文的特点是：在一篇作品中，作者精心挑选字词，巧妙地安排顺序，使得一篇作品倒转过来，从头读起，也同样是有意义的作品.

　　虽然，大多数回文作品是意义不大的文字游戏，但自唐宋以来，确实也有不少写得好的回文诗，宋人李愚写了一首思念妻子的回文诗：

> 枯眼望遥山隔水，往来曾见几心知.
> 壶空怕酌一杯酒，笔下难成和韵诗.
> 途路阻人离别久，讯音无雁寄回迟.
> 孤灯夜守长寥寂，夫忆妻兮父忆儿.

　　将这首诗倒过来读，就变成：

> 儿忆父兮妻忆夫，寂寥长守夜灯孤.
> 迟回寄雁无音讯，久别离人阻路途.
> 诗韵和成难下笔，酒杯一酌怕空壶.
> 知心几见曾来往，水隔山遥望眼枯.

　　这首诗的绝妙之处是，顺诗时是"夫忆妻兮父忆儿"，倒过来读时，成了"儿忆父兮妻忆夫". 这首诗既可以看成丈夫思念妻子的诗，也可以当作妻子思念丈夫的诗，可以称为夫妻互忆的回文诗了.

　　在市场经济的今天，有些商家广告、对联也使用回文招引顾客，如北京的一家酒店，店名叫"天然居". 店里有一副对联：

> 客上天然居，居然天上客.

　　顾客走进这家酒店，看了这副对联，想到自己居然是天上的来客，在没有得到物质享受之前，就已经得到充分的精神享受了.

　　有趣的是，在数学中也有"回文数"和"回文素数".

　　任取一个自然数，如 3001，将这个数各位数字倒过来，就得到一个新的自然数 1003，称为原数的反序数. 如果一个数与这个数的反序数相等，就称这个数为回文数，如 2002，

3003，434 等.

回文数比较容易找到. 一个不是回文数的两位数可以用下面的方法得到一个回文数：任取一个两位数，如果这个数不是回文数，则加上这个数的反序数，如果其和仍不是回文数，就重复上述步骤. 经过有限次这样的加法运算后，一定能够得到一个回文数.

例如，给一个数 97，这个数不是回文数，加上反序数 79，97+79＝176，176 还不是回文数，再将上述运算过程继续下去，将 176 加上反序数 671，176+671＝847，将 847+748＝1595，如此继续下去，便逐步得到

1595+5951＝7546， 7546+6457＝14003， 14003+30041＝44044，

44044 即为回文数.

对于有些三位数，如 197，用上述方法：

197+791＝988， 988+889＝1877， 1877+7781＝9658， 9658+8569＝18227，

18227+72281＝90508， 90508+80509＝171017， 171017+710171＝881188，

也可以得到一个回文数 881188.

只是这种构成回文数的方法是否普遍适用，目前尚未能证明，也未能否定. 据说这将是一个世界难题. 不过上述方法已经足够找到充分多的回文数了. 而寻找一个回文素数，恐怕就要困难得多. 所谓回文素数，即一个数与其反序数均为素数，如 17 和 71，113 和 311，347 和 743，769 和 967 等都是回文素数. 人们以极大的兴趣去计算和研究回文素数，两位数的回文素数有 4 对，三位数的回文素数有 13 对，四位数的回文素数有 102 对，五位数的回文素数有 684 对. 但究竟总共有多少对这样的回文素数？至今仍是未揭开的谜.

314159 是一个素数. 其反序数 951413 也是一个素数，人们浮想联翩，竟发现 π 的前六位数字是一个回文素数，且容易看到，π 的前两位数字 31 也是一个回文素数，π 是一个无限循环小数，其各位数字似乎是毫无规律的. 可是人们发现了这个数许多奇妙而有趣的性质，这仅是一例. 19 世纪下半叶，不仅证明了 π 是无理数，而且还证明了这个数不是代数无理数，即证明了这个数是超越数. 这里顺便说一句，关于 π，还可注意到这样一个有趣的事实：这个数的小数点后的前三位数字 141 的和 1+4+1＝6 是第一个完美数，前七位数字 1415926 的和 1+4+1+5+9+2+6＝28 恰好是第二个完美数. 真是不可思议.

关于 π 还有许多其他有趣的事实将在后文叙述.

有人说，作回文诗难，找回文素数难上加难. 不过，再难的事也有人做，那是被回文素数的奇妙所吸引. 比如：人们还发现了五位、六位循环回文素数，如图 1-1、图 1-2 所示.

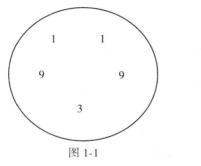

图 1-1

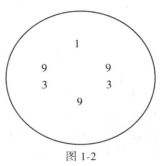

图 1-2

从其中任一数字开头，都能得到一回文素数.

此外，人们还构造 $N \times N$ 的矩阵，使其行、列和主对角线上的数字组成的数均为回文素数(这类回文素数共有 $4(N+1)$ 个). 比如下面 4×4 数阵和 5×5 数阵都是其中的矩阵：

$$\begin{pmatrix} 9 & 1 & 3 & 3 \\ 1 & 5 & 8 & 3 \\ 7 & 5 & 2 & 9 \\ 3 & 9 & 1 & 1 \end{pmatrix} \qquad \begin{pmatrix} 1 & 3 & 9 & 3 & 3 \\ 1 & 3 & 4 & 5 & 7 \\ 7 & 6 & 4 & 0 & 3 \\ 7 & 4 & 8 & 9 & 9 \\ 7 & 1 & 3 & 9 & 9 \end{pmatrix}$$

有兴趣的读者可以试一试.

1.2.5　素数定理及孪生素数定理

首先，关于素数有两个有趣的问题.

第一个问题是：素数有多少个？结论是素数有无限多个. 欧几里得用反证法证明了这个结论：假定素数只有有限个，将它们罗列如下：

$$P_1 = 2,\ P_2 = 3,\ \cdots,\ P_n$$

那么，数 $P_1 P_2 \cdots P_n + 1$ 将不为上述素数中任一个所整除，因此，或者这个数本身是一个素数，或者这个数有不同于上述素数的新的素数因子. 这与假设矛盾. 结论得证.

关于素数无限的证明是数学证明中的一个典范. 如果世界上确实有经典性的伟大定理，那么欧几里得的证明就是一例. 实际上，他的论证常常被人们作为数学定理的典范. 因为这个定理简洁、优美，又极为深刻.

第二个问题是：相邻素数的间距有多大？结论是：相邻素数的间距要多大就有多大. 举例证明如下：

存在 999 个连续的自然数，其中没有一个是素数，它们是：

$$1000! + 2,\ 1000! + 3,\ \cdots,\ 1000! + 1000$$

易见，第一个数能被 2 整除，第二个数能被 3 整除……最后一个数能够被 1000 整除. 这就造出了 999 个连续的自然数，其中没有一个是素数. 用类似的方法可以造出更大的间隔. 这就完成了结论的证明.

今问有多少对相差为 1 的素数？很清楚，2 是唯一的偶素数. 其他的素数都是奇素数. 它们的差是偶数. 这样一来，2 与 3 是唯一的一对相差为 1 的素数. 同样，2 与 5 是唯一的一对相差为 3 的素数. 2 与 7 是唯一的一对相差为 5 的素数. 不存在相差为 7 的一对素数.

相差为 2 的素数怎样呢？显然，这样的素数必然都是奇. 这种素数对称为孪生素数，如 3, 5；5, 7；11, 13；17, 19；29, 31. 它们像"孪生兄弟"一样. 孪生素数在数的群体之中，就像孪生兄弟在人的群体中特别被人关注一样. 孪生素数对的个数是有限的还是无限的？这个问题仍然没有答案. 半个世纪以来，这个问题已经成为数论中最高深的研究课题之一.

我们还可以看到几对孪生素数：

41, 43；　59, 61；　71, 73；　101, 103；　107, 109；　137, 139；…

更大的 4 位数的孪生素数，如 3389, 3391；4967, 4969.

找出 10 位数以上的孪生素数就十分不容易了，如：

99 999 999 959, 99 999 999 961；　1 000 000 009 649, 1 000 000 009 651

20 世纪 70 年代末发现了更大的孪生素数：

$$297 \times 2^{546} - 1, \quad 297 \times 2^{546} + 1.$$

随之又发现：

$$1159142985 \times 2^{2304} - 1, \quad 1159142985 \times 2^{2304} + 1.$$

已经知道，十万以内的孪生素数有一千多对，一亿以内的孪生素数有十万对以上.

与孪生素数问题有关联的问题是在等差数列中寻找素数的问题.

算术数列又称为等差数列，这是一个从第二项起每项与其前面一项的差均为常数（称为公差）的数列.

算术数列有许多性质，然而其中的所谓算术素数列就鲜为人知了. 所谓算术素数列，是指各项均为素数的算术数列.

早在 1837 年，狄利克雷（Dirichlet，1805—1859）就已证明：首项为 a、公差为 d 的算术素数列中，若 $(a, d) = 1$，即 a 与 d 互素，则这个算术数列中有无穷多个素数.

1944 年，学者们又证明了存在无穷多组由 3 个素数（不一定相继）组成的算术素数列，但是，要寻找全部由素数组成的算术数列，却远非那么容易.

可以证明，由 n 个素数组成的算术数列，其公差必须能被小于 n 或等于 n 的全部素数整除，这样，数列的首项与公差必须很大.

20 世纪 70 年代，学者们找到了项数是 10 的算术素数列，其首项是 199，公差是 210，它们是：

199，409，619，829，1039，1249，1459，1669，1879，2089

1977 年发现了有 17 项的算术素数列.

1978 年，美国康奈尔大学的教授 Pritchard 利用电子计算机花了近一个月的时间（每天工作 10 小时），找到了有 18 项的算术素数列.

该数列的首项是 10792827，末项是 276618587107，公差是 9922782870.

1984 年，Pritchard 找到了项数为 19 的算术素数列. 其首项是 8297644387，公差是 4180566390.

1.2.6　涉及素数的问题

我们知道，素数是数论的主要中心对象，虽然 100 多年前素数定理得到证明后，素数理论有了较大进步，但仍有许多问题有待解决.

（1）是否存在大于 2 的偶数，不是两个素数的和？

（2）是否存在大于 2 的偶数，不是两个素数的差？

（3）是否存在无穷多对孪生素数？

（4）是否存在无穷多个梅森素数？

（5）是否存在无穷多个梅森素数是复合数？

（6）是否存在无穷多个费尔马素数（即 $2^{2^n} + 1$ 型的素数）？

（7）是否存在无穷多个费尔马素数是复合数？

（8）是否存在无穷多个素数具有 $x^n + 1$ 的形式？其中 x 是整数.

（9）是否存在无穷多个素数具有 x^n+k 的形式？其中 k 是给定的数.

（10）对于每一个整数 $n \geq 1$，是否在 n^2 与 $(n+1)^2$ 之间至少存在一个素数？

（11）对于每一个整数 $n>1$，是否在 n^2 与 n^2+n 之间至少存在一个素数？

（12）是否有无穷多个素数，其中每一位都是 1（如 11 和 11 111 111 111 111 111 111 111）？

上述的每一个问题都简要清晰，但是解决这些问题却是极其困难的.

1.2.7　数字趣谈

1. 神奇的"无 8 数"

在数学王国里，有一位神奇的主人，它是由 1、2、3、4、5、6、7、9 八个数字组成的一个八位数——12345679. 因为这个数没有数字 8，所以，我们管这个数叫"无 8 数".

"无 8 数"虽然是由普通的八个数字组成的，但是这个数具有许多奇特的功能. 这个数与几组性质相同的数相乘，会产生意想不到的结果.

这个数若是与 9、18、27、36、45、54、63、72、81（9 的倍数）相乘，结果会由清一色相同的数字组成，即

$$12345679 \times 9 = 111111111$$
$$12345679 \times 18 = 222222222$$
$$12345679 \times 27 = 333333333$$
$$\cdots\cdots$$
$$12345679 \times 81 = 999999999$$

"无 8 数"不仅能乘出清一色的积，而且还能与 12，15，21，24，…（3 的倍数，其中 9 的倍数除外）相乘，得出由 3 个数字组成的"三位一体"这种特殊的结果：

$$12345679 \times 12 = 148148148$$
$$12345679 \times 15 = 185185185$$
$$12345679 \times 21 = 259259259$$
$$12345679 \times 24 = 296296296$$
$$\cdots\cdots$$

这个数若是与 10、11、13、14、16、17 相乘，乘得的积会让 8、7、5、4、2、1 轮流休息（3、6、9 是 3 的倍数，就轮不到它们休息了）：

$$12345679 \times 10 = 123456790 \quad （数字"8"休息）$$
$$12345679 \times 11 = 135802469 \quad （数字"7"休息）$$
$$12345679 \times 13 = 160493827 \quad （数字"5"休息）$$
$$12345679 \times 14 = 172839506 \quad （数字"4"休息）$$
$$12345679 \times 16 = 197530864 \quad （数字"2"休息）$$
$$12345679 \times 17 = 209876543 \quad （数字"1"休息）$$

看了这个结果，读者一定会说："无 8 数，真奇妙！"然而，这类数与 10、19、28、37、46、55、64、73 相乘，积会让 1、2、3、4、5、6、7、9 八个数字轮流做首位数：

$$12345679 \times 10 = 123456790$$

$$12345679 \times 19 = 234567901$$
$$12345679 \times 28 = 345679012$$
$$12345679 \times 37 = 456790123$$
$$12345679 \times 46 = 567901234$$
$$12345679 \times 55 = 679012345$$
$$12345679 \times 64 = 790123456$$
$$12345679 \times 73 = 901234567$$

这个神奇的"无 8 数"与循环小数有关. 请看:

$$\frac{1}{81} = 0.\dot{0}1234567\dot{9}$$

这个"无 8 数"还有不少有趣的性质,随着人们对"无 8 数"研究的深入,这种有趣的性质会越来越多地被发现.

只要我们多学习、多积累,就一定能探索出更多的奥秘.

2. 美的组合

有一些数字,往往要通过计算,通过不同数字的组合,才可以得到一些非常奇妙的排列,令人看后叫绝,回味无穷. 如:

$$1 \cdot 9 + 2 = 11$$
$$12 \cdot 9 + 3 = 111$$
$$123 \cdot 9 + 4 = 1111$$
$$1234 \cdot 9 + 5 = 11111$$
$$12345 \cdot 9 + 6 = 111111$$
$$123456 \cdot 9 + 7 = 1111111$$
$$1234567 \cdot 9 + 8 = 11111111$$
$$12345678 \cdot 9 + 9 = 111111111$$
$$123456789 \cdot 9 + 10 = 1111111111$$

这里的"·"是乘号的意思,以下都是如此.

$$9 \cdot 9 + 7 = 88$$
$$98 \cdot 9 + 6 = 888$$
$$987 \cdot 9 + 5 = 8888$$
$$9876 \cdot 9 + 4 = 88888$$
$$98765 \cdot 9 + 3 = 888888$$
$$987654 \cdot 9 + 2 = 888888$$
$$9876543 \cdot 9 + 1 = 8888888$$
$$98765432 \cdot 9 + 0 = 88888888$$
$$1 \cdot 1 = 1$$
$$11 \cdot 11 = 121$$
$$111 \cdot 111 = 12321$$
$$1111 \cdot 1111 = 1234321$$

$$11111 \cdot 11111 = 123454321$$
$$111111 \cdot 111111 = 12345654321$$
$$1111111 \cdot 1111111 = 1234567654321$$
$$11111111 \cdot 11111111 = 123456787654321$$
$$111111111 \cdot 111111111 = 12345678987654321$$
$$9 \cdot 9 = 81$$
$$99 \cdot 99 = 9801$$
$$999 \cdot 999 = 998001$$
$$9999 \cdot 9999 = 99980001$$
$$99999 \cdot 99999 = 9999800001$$
$$999999 \cdot 999999 = 999998000001$$
$$9999999 \cdot 9999999 = 99999980000001$$
$$1 \cdot 8 + 1 = 9$$
$$12 \cdot 8 + 2 = 98$$
$$123 \cdot 8 + 3 = 987$$
$$1234 \cdot 8 + 4 = 9876$$
$$12345 \cdot 8 + 5 = 98765$$
$$123456 \cdot 8 + 6 = 987654$$
$$1234567 \cdot 8 + 7 = 9876543$$
$$12345678 \cdot 8 + 8 = 98765432$$
$$123456789 \cdot 8 + 9 = 987654321$$

3. 续谈完全(美)数

完全数是非常奇特的数，这类数有一些特殊性质，例如每个完全数都是三角形数，即都能写成 $\dfrac{n \times (n+1)}{2}$ 的形式. 如：

$$6 = 1 + 2 + 3 = \frac{3 \times 4}{2}$$

$$28 = 1 + 2 + 3 + 4 + 5 + 6 + 7 = \frac{7 \times 8}{2}$$

$$496 = 1 + 2 + 3 + 4 + \cdots + 31 = \frac{31 \times 32}{2}$$

$$\cdots\cdots$$

$$2^{n-1}(2^n - 1) = 1 + 2 + 3 + \cdots + (2^n - 1) = \frac{(2^n - 1) \times 2^n}{2}$$

把这类数(6 除外)的各位数字相加，直到变成一位数，那么这个一位数一定是 1.

这类数都是连续奇数的立方和(6 除外)，如：

$$2^2(2^3 - 1) = 28 = 1^3 + 3^3$$

$$2^4(2^5 - 1) = 496 = 1^3 + 3^3 + 5^3 + 7^3$$

$$2^6(2^7-1)=8128=1^3+3^3+5^3+7^3+9^3+11^3+13^3+15^3$$

……

$$2^{n-1}(2^n-1)=1^3+3^3+5^3+\cdots+(2^{\frac{n+1}{2}}-1)^3$$

除了因子 1，每个完全数的所有因子（包括自身）的倒数和等于 1，比如：

$$\frac{1}{2}+\frac{1}{3}+\frac{1}{6}=1$$

$$\frac{1}{2}+\frac{1}{4}+\frac{1}{7}+\frac{1}{14}+\frac{1}{28}=1$$

……

完全数都是以 6 或 8 结尾的，如果以 8 结尾，那么就肯定是以 28 结尾，再看看它们的二进制表达式：

110

11100

111110000

1111111000000

……

数论里有一个著名的函数 $\sigma(n)$，表示自然数 n 的所有因子之和，包括因子 n 本身在内. 于是利用 $\sigma(n)$，完全数可以定义为使得 $\sigma(n)=2n$ 的数. 我们来推导一下完全数的表达式.

假设 $n=p_1^{a_1}p_2^{a_2}\cdots p_n^{a_n}$ 是 n 的标准素因子分解式，则 n 的所有因子之和可表示为如下式子：

$$\sigma(n)=(1+p_1+p_1^2+\cdots+p_1^{a_1})(1+p_2+p_2^2+\cdots+p_2^{a_2})\cdots(1+p_n+p_n^2+\cdots+p_n^{a_n}) \tag{1-1}$$

而这个乘积就是如下式子：

$$\sigma(n)=\frac{(p_1^{a_1+1}-1)}{(p_1-1)}\frac{(p_2^{a_2+1}-1)}{(p_2-1)}\cdots\frac{(p_n^{a_n+1}-1)}{(p_n-1)} \tag{1-2}$$

设偶完全数 $n=2^a q$，这里 q 表示奇素数乘幂之积. 设 s 是 q 的一切除数之和，也包括 q 本身在内，而 d 只是表示 q 的真除数之和，所以 $s=q+d$，由式(1-2)知道，2^a 的一切除数之和为 $\frac{2^{a+1}-1}{2-1}=2^{a+1}-1$. 因此，$n$ 的全部除数之和等于 $s(2^{a+1}-1)$，而由完全数的定义知道，这个和数应该等于 $2n$，即有：$2n=2^{a+1}q=s(2^{a+1}-1)=(q+d)(2^{a+1}-1)$. 化简得

$$2^{a+1}-1=\frac{q}{d}.$$

这意味着 d 是 q 的一个真除数，但是前面又知道 d 是 q 的一切真除数之和，因而 d 只能是 q 的唯一的真除数，于是 d 的唯一可能值是 1，而若一个数的真除数之和为 1，则该数必然是一个素数，所以 $q=2^{a+1}-1$ 是一个素数，最后得到 $n=2^a q=2^a(2^{a+1}-1)$. 这就是偶完全数的表达式，即式(1-1).

注意，以上谈到的完全数都是偶完全数，至今仍然不知道有没有奇完全数. 如果真的存在奇完全数，那么它(N)必须满足如下条件：

(1)N 必须是一个形如 $12n+1$ 或 $9(4k+1)$ 的数.

（2）N 至少要有 6 个不同的素数因子.

（3）N 必须具有 $p^{4x+1}q_1^{2a_1}q_2^{2a_2}\cdots q_n^{2a_n}$ 的形式，这里 $p=4k+1$.

上述第（3）条还有限制：如果除第一个因子的指数以外，所有的 a 等于 1，则 a_1 不能等于 2；除第一个因子的指数、第二个因子的指数以外所有的 a 都等于 1，则前面两个 a_1，a_2 不能等于 2.

如果所有的 a 都等于 2，则 N 不可能是完全数.

若所有 q 的指数都递增 1，则由此得出的指数不能有 9，15，21 或 33 作为公共除数.

若 p 的指数 $4x+1$ 等于 5，则所有的 a 都不能等于 1 或 2.

若 N 不能被 3 整除，则 N 至少要有 9 个不同的素数因子；若 N 不能被 21 整除，则 N 至少要有 11 个不同的素数除数；若 N 不能被 15 整除，则 N 至少要有 14 个不同的素数除数；若 N 不能被 105 整除，则 N 至少要有 27 个这样的除数，这就要求 N 至少大于 10^{44}.

若 N 正好有 r 个不同的素数除数，则最小的一个应该小于 $r+1$. 例如，若 N（假设 N 存在）有 28 个不同的素数除数，则最小的一个不应大于 29.

已经有学者证明如果 N 存在，将大于 10^{100}.

表 1-1 列出了前 18 个完全数.

表 1-1

完全数 P_p	序号	p	M_p 的位数	P_p 的位数	年代	发现者
6	1	2	1	1	—	—
28	2	3	1	2	—	—
496	3	5	2	3	—	—
8128	4	7	3	4	—	—
33550336	5	13	4	8	1456 年	Anonymous
8589869056	6	17	6	10	1588 年	Cataldi
137438691328	7	19	6	12	1588 年	Cataldi
2305843008139952128	8	31	10	19	1772 年	Euler
	9	61	19	37	1883 年	Pervushin
	10	89	27	54	1911 年	Powers
	11	107	33	65	1914 年	Powers
	12	127	39	77	1876 年	Lucas
	13	521	157	314	1952 年	Robinson
	14	607	183	366	1952 年	Robinson
	15	1279	386	770	1952 年	Robinson
	16	2203	664	1327	1952 年	Robinson
	17	2281	687	1373	1952 年	Robinson
	18	3217	969	1937	1957 年	Riesel

📑 附:

再叙数论——"数学皇后"

"数学王子"高斯

数学的"大家庭"中包含着各式各样的"成员". 研究数(特别是自然数)的规律的数论就是众多"成员"之一. 对于数学家来说,数论如同"数学王子"高斯所认为的那样,是整个数学王国中的"数学皇后". 那么,究竟是什么原因使数论赢得了这一美誉呢?

首先,这一迷人的数学领域产生了许多富于刺激性的难题,丰富而辉煌,堪称数学家的金矿. 正如希尔伯特所说:"只要一个科学分支能提出大量的问题,它就充满着生命力;而问题缺乏则预示着独立发展的衰亡或终止." 数论就是一个包含着大量尚未解决的问题的数学领域,这就向一代又一代的数学家提出了挑战. 高斯曾把数论描绘成"一座仓库,贮藏着用之不尽的,能引起人们兴趣的真理".

其次,数论的一个真正诱惑是这些问题简单得甚至连小学生都能看懂,然而,却使一代又一代世界一流数学家付出艰苦的努力. 如著名的费尔马大定理就曾困惑了世间智者360余年,到1995年才最终获得解决. 而至今尚未解决的问题在数论中比比皆是,如哥德巴赫猜想、奇完全数存在性、孪生素数对问题等. 问题表述的简单与解答的极端复杂,作为这一数学分支看似反常的特点,吸引着无数的专家与业余爱好者.

最后,人们为了解决这些问题,使用了很多极其复杂的手段. 在现今的数论进展中,代数、实数与复数分析、几何,甚至概率论的方法,都做出了至关重要的贡献. 这些不同数学方法深刻的相互影响,使人们清楚地看到了一个个惊人的事实,从而也让人们几乎不可避免地会产生一种玄秘的感觉. 有些结论的陈述,仅仅牵涉一些关于自然数的最简单的概念,如素数,然而要证明这些结论,却非得用到代数、几何之类的复杂工具不可,尽管只看假设条件或结论是怎么也想不到会要这样大动干戈. 哥德巴赫猜想就是一个极好的例证. 国内著名的数论专家曾形容那些试图仅用初等数学或简单的微积分知识就能解决这一猜想的努力是"蹬着自行车上月球","好比拿着锯、刨子造一架航天飞机",因为他们的工具太原始了,再多的努力都是白费. 而要解决这一猜想,需要全新的观念与更先进的工具才行. 话说回来,人们的确很难解释,人的认知机制为什么非要这么七弯八转兜上一个大圈子,才能在一个假设条件和另一个看上去与该假设条件那么相近的结论之间建立起联系来. 不过,这种定理陈述的简单性、所用方法的深奥性,却以极其明显的形式刻画了数学的和谐一致性,从而使数论深深地吸引了世世代代的数学家. 希尔伯特把数论看成"一幢出奇的美丽而又和谐的大厦";"它有简单的基本定律,它有直截了当的概念,它有纯正的真理". 还有一部分数学家是因为数论脱离实用的"纯正洁白"而着迷. 数论的研究课题并不马上付诸对科学的应用. 如同1896年鲍尔所说:这门学科本身是一个特别吸引人、特别雅致的学科,但它的结论没什么实际意义. 确实,如果按通常区分法把数学分为"纯粹"数学与"应用"数学,数论或许是数学中所能达到的最纯粹的了. 费尔马、欧拉、拉格

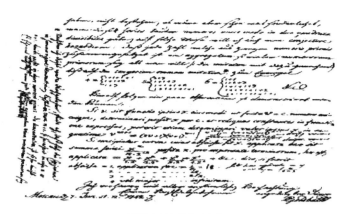

哥德巴赫猜想原稿

朗日、勒让德、高斯等都是出自数论内在的趣味及其特有的美而研究人类这一知识领域的，他们确实毫不在乎那些优美的定理是否会有什么"有用的"应用．高斯认为"皇后不愿弄脏她那洁白的双手"，而英国数论专家哈代曾为自己所研究的数论问题无用而干杯．尽管数论居于数学中最美妙的思想之列，但在哈代以前却从未被用于任何非常实际的目的．不过，这一现象现在已被改变．如大素数分解问题已与密码破译紧密联系在一起了．

　　或许正是这些极为独特的风格带来的迷人魅力终使数论能高居"数学皇后"的宝座，并吸引无数极富才智者为之如醉如痴、流连忘返吧．

🔢 复习与思考题

1. 试给出 1 首回文诗、5 个回文数、3 个回文质数、2 个亲和数、2 个完全数．

2. 试给出两首数字诗．

3. 什么叫作整数分解？

4. $2^{67}-1$ 是不是梅森素数？试说明理由，并给出两个梅森素数．

5. 试给出 3 对孪生素数．

6. 素数的个数是有限还是无限的？为什么？

7. 是否存在有任意大间隔的两个素数？

8. 任给一个 4 位数，试依次从大到小排，再从小到大排，大数减小数，反复 8 次，给出结果．

第 2 章　毕达哥拉斯与勾股定理

2.1　勾股定理

2.1.1　关于勾股定理——毕达哥拉斯定理

在数、理、化等学科中，都有一系列重要的定律与定理，例如，物质不变定律、能量守恒定律、阿基米德浮力定理、牛顿力学三大定律等. 有一个数学定理，是所有定理与定律中最重要、最基本的定理，这就是：任何直角三角形斜边的平方等于两直角边的平方和. 如图 2-1 所示.

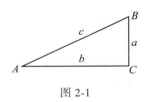

图 2-1

根据这个定理，中国古代已经知道，用边长为 3、4、5 的三角形去确定直角；埃及人知道用这个原理去构建他们的金字塔；古代巴比伦人也知道勾股定理.

国际上，人们称勾股定理为毕达哥拉斯定理，毕达哥拉斯是怎样证明勾股定理的，史无明文，无从考证. 其实，不少数学家认为勾股定理并非毕达哥拉斯首先发现的，也不是他首先证明的. 把勾股定理称为毕达哥拉斯定理，不过是一场历史的误会罢了. 在中国，称该定理为"勾股定理"或"商高定理". 为了便于叙述，这里还是称该定理为毕达哥拉斯定理. 这样称呼并不是贬低中华民族在世界数学史上的地位，实在是因为这个定理既重要又原始，很难考证是哪一个古代部落或者哪一个文明古国最先发现，也许是中国人，也许是印度人，也许是阿拉伯人. 有记载说，古巴比伦人于公元前 1600 年就知道该定理，比中国的记载还早 600 年，但无论如何，有文字记载的、首先给出这个定理的合乎逻辑的证明是 2500 年前古希腊的毕达哥拉斯或者是他同时代的同胞. 因此，把该定理冠以毕达哥拉斯的名称是合情合理的. 事实上，我们的兴趣不在于考证毕达哥拉斯定理的历史，而是探讨这个定理在数学中的重要作用与地位，因为这个定理是第一重要定理，也是初等几何中最精彩、最著名、最有用的定理. 这个定理的重要意义，至少表现在以下几个方面：

（1）这个定理的证明是论证数学的发端.

（2）这个定理是历史上第一个把数与形联系起来的定理.

（3）这个定理引发了无理数的发现，引起了第一次数学危机（后文叙述），大大加深了人们对数的理解.

（4）勾股定理是历史上第一个给出了完全解答的不定方程，这个定理引出了费尔马大定理（后文叙述）.

（5）这个定理是欧几里得几何的基本定理，并有巨大的实用价值.

因为这个定理非常重要和著名，所以研究的人特别多，或许在整个数学中还找不到另一个定理，其证明方法之多超过毕达哥拉斯定理. E. S. 卢米斯在他的《毕达哥拉斯定理》一书的第二版中收集了这一个定理的 370 种证明方法，并进行了分类.

2.1.2　毕达哥拉斯定理的证明思想

为了给出毕达哥拉斯定理的证明思想，先给出毕达哥拉斯定理.

1. 定理

定理 2.1　设直角三角形的两条直角边分别为 a、b，斜边为 c，则有：$c^2 = a^2 + b^2$.

2. 毕达哥拉斯定理的证明思想

《几何原本》中的思想：如图 2-2 所示，分别以 a、b、c 为一边向外作正方形，然后再证明以 a 和 b 为边的两个正方形的面积之和等于以 c 为边的正方形的面积.

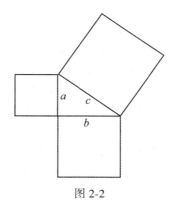

图 2-2

用于证明定理的图形成了一个著名的图形，因为该图形的样子像风车，所以人们称该图形为"风车".

商高的证明思想：为了便于理解，这里用现代数学语言表述，如图 2-3 所示，把矩形 $ADBC$ 用对角线 AB 分成两个直角三角形，然后以 AB 的边长作正方形 $BMNA$，再用与直角三角形 BAD 相同的三角形把这个正方形围起来，形成一个新的正方形（方形盘）$DEFG$，其面积为 $(3+4)^2 = 49$，而 2 个矩形 $ADBC$ 的面积之和，即 $2 \times 3 \times 4 = 24$.

所以，正方形 $ABMN$ 的面积＝方形面积 $DEFG$－2 个矩形 $ADBC$ 的面积，即

$$49-24=25=5^2=3^2+4^2$$

也就是"勾的平方加股的平方等于弦的平方".

赵爽的证明思想（用现代数学语言表述）：如图 2-4 所示，以 a、b、c 分别表示勾、股、弦，那么 $a \times b$ 表示"弦石"中两块"朱石"的面积，$2ab$ 表示 4 块朱石的面积，$(b-a)^2$ 表示"中黄石"的面积．于是，从图 2-4 中可以明显看出，4 块"朱石"的面积加上一个"中黄石"的面积就等于以 c 为边长的正方形"弦石"的面积，即

$$c^2=(b-a)^2+2ab=b^2-2ab+a^2+2ab=a^2+b^2.$$

这就是勾股定理的一般表达式.

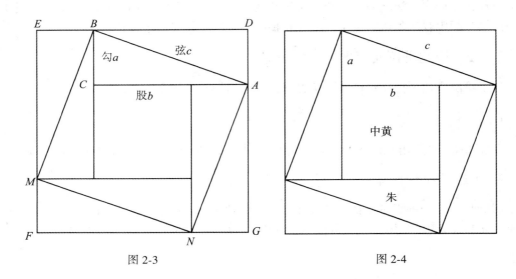

图 2-3 　　　　　　　　　　　　　　图 2-4

赵爽给勾股定理以如此简明、直观的证明，使世界数学家们无不赞叹其思想之高超、方法之巧妙，被誉为世界上勾股定理证明之最.

加菲尔德的证明思想：在美国历任总统中，有许多与数学有联系，其中最有创造性的是第 20 任总统加菲尔德（1831—1881）．在中学时代，他就显示了对数学的浓厚兴趣和卓越才华．1876 年 4 月，《新英格兰教育月刊》发表了他关于勾股定理的新的证明方法：

如图 2-5 所示，在 Rt$\triangle ADE$ 的斜边上，作等腰 Rt$\triangle DEC$，过点 C 作 AE 的垂线交 AE 的延长线于 B，那么，在 Rt$\triangle ADE$ 和 $\triangle BEC$ 中，$\angle ADE=\angle BEC$，$ED=EC$，$\angle A=\angle B=90°$，$\triangle ADE\cong\triangle BEC$.

所以
$$S_{\triangle ADE}=S_{\triangle BEC}=\frac{1}{2}ab,\ S_{\triangle DEC}=\frac{1}{2}c^2$$

$$S_{梯形ABCD}=\frac{1}{2}(a+b)(a+b)$$

因为梯形 $ABCD$ 的面积等于 $\triangle ADE$、$\triangle DEC$、$\triangle BEC$ 三个面积之和，即

$$\frac{1}{2}(a+b)(a+b)=\frac{1}{2}c^2+\frac{1}{2}ab+\frac{1}{2}ab$$

化简
$$a^2+b^2=c^2.$$

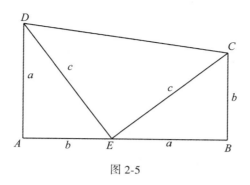

图 2-5

2.1.3　趣谈毕达哥拉斯定理

1. 用七巧板证明毕达哥拉斯定理

众所周知，玩七巧板总被理解为一种儿童的智力游戏，七巧板起源于我国宋代. 然而，自从 19 世纪流入日本和欧美国家以来，这一游戏竟发展成为具有世界性的娱乐工具，在美、德、英、法等国不仅出版了大量的介绍七巧板的书籍，还吸引了包括 19 世纪声名显赫的法国领袖拿破仑在内的许多著名人物. 据说，拿破仑在流放中都不忘中国的七巧板游戏.

这一智力游戏竟与毕达哥拉斯定理也有不解的渊源，用七巧板还可以证明毕达哥拉斯定理！

图 2-6 是用两副同样大小的七巧板拼成的. 在图 2-6 中，下部平放的正方形由一副七巧板拼成，上部斜放的两个正方形由另一副七巧板拼成. 这 3 个正方形内侧围出一个直角三角形. 因为斜边上的大正方形面积等于两直角边上的小直角三角形的面积之和. 所以我们不难得到这样的结论：直角三角形斜边的平方等于两条直角边长的平方和. 这正是勾股定理的内容.

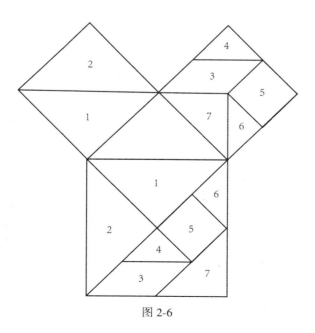

图 2-6

2. 趣谈毕达哥拉斯定理

毕达哥拉斯定理有许多的应用，在明朝程大位的著作《算法统宗》里，有这样一道趣题：

荡秋千

平地秋千未起，踏板一尺离地，
送行二步与人齐，五尺高曾记.
仕女佳人争迹，终朝笑语欢嬉，
良工高士素好奇，算也索长有几？

该题目的大意是：一架秋千当它静止不动时，踏板离地 1 尺，将秋千向前推两步(古人将一步算作五尺)即十尺，秋千的踏板就和人一样高，此人身高 5 尺，如果这时秋千的绳索拉得很直，试问绳索有多长？

译成数学题目，即如图 2-7 所示，假设 OA 为静止时秋千绳索的长度，$AC = 1$，$BD = 5$，$BF = 10$，试求 OA.

解 设 $OA = x$，则 $OB = OA = x$，由题意得 $FA = FC - AC = BD - AC = 5 - 1 = 4$.

所以，$OF = OA - FA = x - 4$，在直角三角形 OBF 中，根据勾股定理得 $(x-4)^2 + 10^2 = x^2$，解得 $x = 14.5$；所以，秋千的长度为 14.5.

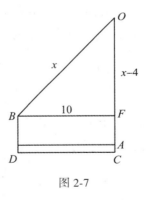

图 2-7

3. 毕达哥拉斯定理在初等数学中的作用

毕达哥拉斯定理对初等数学、高等数学乃至于现代数学都起着举足轻重的作用，对全部自然科学也是一极其重要的定理. 没有这个定理如同没有自然数一样，没有自然数便不能研究自然界和人类社会的各种数量关系，没有毕达哥拉斯定理就不能认识图形的长短曲直. 一句话，没有毕达哥拉斯定理就没有数学，因而便没有自然科学的精密化，比如初等数学中的余弦定理及其推广.

如图 2-8 所示，设 $\triangle ABC$ 三边长分别为 a、b、c，BC 上的高为 AD，由毕达哥拉斯定理

$$c^2 = AD^2 + BD^2$$

其中 $AD = b\sin C$，$BD = a - b\cos C$，代入后得到

$$c^2 = a^2 + b^2 - 2ab\cos C$$

其中涉及公式 $\sin^2 C + \cos^2 C = 1$，这是对斜边长为 c 的等腰直角三角形使用毕达哥拉斯定理的直接结果.

余弦定理的一个直接推广是平行四边形对角线的平方和等于四条边的平方和.

如图 2-9 所示，设对角线分别为 c、d，边长分别为 a、b，由余弦定理

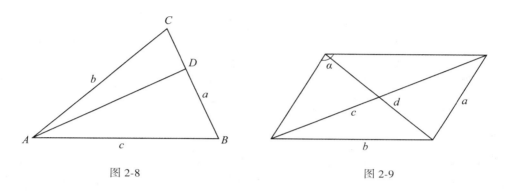

图 2-8　　　　　　　　　　　　　图 2-9

$$c^2 = a^2 + b^2 - 2ab\cos\alpha$$
$$d^2 = a^2 + b^2 - 2ab\cos(\pi - \alpha)$$

两式相加，便得
$$c^2 + d^2 = 2(a^2 + b^2)$$

把毕达哥拉斯定理推广到空间，我们便得到如下重要定理：

定理 2.2　直角四面体底面积的平方和等于三个侧面面积的平方和.

所谓直角四面体，是指过其中一个顶点的三个面角都是直角的四面体. 直角四面体类似于平面图形中的直角三角形. 在这里，将毕达哥拉斯定理中的边长换成三角形的面积.

如图 2-10 所示，设 $V\text{-}ABC$ 为直角四面体，过 V 点的三个面角都是直角. 过点 C 引 AB 的垂线 CD.

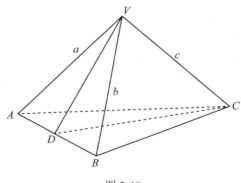

图 2-10

因为 $VC \perp VA$ 及 VB（假设），故 $VC \perp \triangle VAB$（垂直于该平面的两条相交直线），于是 $\triangle VDC \perp \triangle VAB$（含垂线的平面）.

所以 $VD \perp AB$.

由三角形面积公式得到 $ab = 2S_{\triangle VAB} = VD \times AB$，由此 $VD = \dfrac{ab}{AB}$，又 $AB \times CD = 2S_{\triangle ABC}$.

由毕达哥拉斯定理 $CD^2 = VD^2 + VC^2$，$AB^2 = a^2 + b^2$.

于是
$$(S_{\triangle ABC})^2 = \frac{1}{4} AB^2 \times CD^2$$
$$= \frac{1}{4}(a^2 + b^2)(VD^2 + VC^2) = \frac{1}{4}(a^2 + b^2)\left(\frac{a^2 b^2}{a^2 + b^2} + c^2\right)$$
$$= (S_{\triangle VAB})^2 + (S_{\triangle VBC})^2 + (S_{\triangle VCA})^2$$

上述例子展示了毕达哥拉斯定理的重要作用. 其实，几何学中多数重要的定理，特别是涉及长度与角度的定理，都与毕达哥拉斯定理有深刻的联系.

4. 宇宙间头等重要的定理

据说，宇宙间凡有智慧的生物，都可能懂得毕达哥拉斯定理. 所以，在探索诸如宇宙中除人类以外还存在智慧生物吗？茫茫宇宙是否还存在外星文明？如何解决这些困扰我们人类的难题，人们建议用毕达哥拉斯定理作为纽带. 比如在征集美国发射的在茫茫太空中去寻觅地球外文明的"阿波罗号飞船"所携带的礼物时，我国已故的著名数学家华罗庚曾建议带上数学中用以表示"毕达哥拉斯定理"的简单、明快的数形图. 该数形图似乎应为宇宙所有文明生物所理解.

事实上，在探索外星文明中，科学家通过宇宙飞船考察了太阳系里的其他行星. 特别是对可能存在生命的火星和土星的一个卫星"土卫六"进行了重点探测，但并没发现有生命存在的迹象.

在太阳系之外，要想找到智慧生命，首先要有像太阳系一样的行星系统. 天文学家估计，在银河系中类似的行星约有 100 万颗，可惜它们离我们太远了.

许多学者认为，要寻找外星文明，首先应该寻找一种能与外星人联系的"语言"，然后再与外星人联系. 而科学家们自然想起了"毕达哥拉斯定理"，正如我国已故著名数学家华罗庚所说："若要沟通两个不同星球的信息交往，最好在太空飞船中带去两个图形——表示'数'的洛书（后文介绍）与表示'数形关系'的勾股定理图."因为毕达哥拉斯定理反映了宇宙中最基本的形与数的关系，只要是具有智慧的高级生物，就一定会懂得其含义. "毕达哥拉斯定理"被认为是可以作为与外星人沟通的"语言"，其具体方法是：

（1）在地球上找一个平坦的地方，画一个直角三角形. 以三边长向外侧画一个正方形，如图 2-11 所示. 通过这种最原始的毕达哥拉斯定理引起外星人的注意，从而引发他们也向地球发送相应的信号.

（2）在非洲撒哈拉大沙漠一带，构建一个巨大的毕达哥拉斯定理立体模型，从而引起外星人的注意.

当然，宇宙中哪些星球存在智慧生物？如果有外星人，他们真能读懂"毕达哥拉斯定理"吗？谁来揭开这个谜？这些问题有待人类进一步的探索.

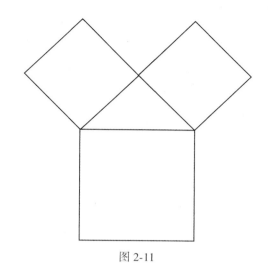

图 2-11

2.2　古希腊数学与人类文明

古希腊数学一般是指从公元前 600 年至公元 600 年之间，活动于包括希腊半岛、爱琴海诸岛和小亚细亚的西部沿海地带及非洲北部的数学家们创造的数学．

古希腊文化在世界文化史上占有十分重要的地位，给人类留下了许多珍贵的遗产．其中，哲学、逻辑、力学、天文学、建筑、音乐、艺术等与数学关系密切，表现出许多特有的民族文化特征．

2.2.1　演绎数学的开端

古希腊数学的代表作品是欧几里得的《几何原本》和阿波罗尼斯的《圆锥曲线》．

公元前 6 世纪著名的数学家和哲学家是泰勒斯和毕达哥拉斯，他们也是演绎数学开创时期的代表人物．当时，希腊人把数学研究看成哲学研究的一部分，因而当时的数学与哲学是分不开的，数学家也是哲学家．直到公元前 4 世纪，数学才成为一门独立的学科．

1. 泰勒斯及其发现的定理

泰勒斯(Thales，前 624—前 548)生于爱奥尼亚地区的米利都，是现在所知的希腊史上最早的数学家和哲学家．他领导的爱奥尼亚学派，开创了希腊命题证明之先河．在几何学中，下面的基本成果归功于他：

（1）圆被任一直径二等分；

（2）等腰三角形的两底角相等；

（3）两条直线相交，对顶角相等；

（4）两个三角形，有两个角和一条边对应相等，则全等；

（5）内接于半圆的角必为直角．

然而，泰勒斯工作的意义还不在于发现了命题，而是开创了对命题的证明.

像其他伟人一样，泰勒斯也有许多有趣的传说. 这些传说即使不是真实的，也至少是与他本人相称的. 泰勒斯早年经商，因从事橄榄榨油机生意而发了大财. 在埃及，泰勒斯测量过金字塔的高，他利用一根垂直立竿，当竿长与影长相等时，通过观测金字塔的日影来确定其高；在巴比伦，泰勒斯接触了那里的天文表和测量仪器，并预报了公元前585年的一次日食. 据说他的好朋友梭伦(Solon)问他为什么一辈子不结婚，他第二天让人给梭伦送去一个假消息，说梭伦心爱的儿子遇到意外，突然被杀身亡. 然后他又向这位异常伤心的父亲讲明原委："我只不过想要告诉你我为什么一辈子不结婚."

有一次，他观察星辰时失足掉进沟里，一位老妇人问他："你甚至连自己脚边的东西都看不见，怎么能够指望看见天上的东西？"他劝告说："别做那些你讨厌别人做的事."一次，人们问他："你对自己的发现愿意拿多少报酬？"他答道："当你把它告诉别人时，不说这是你发现的，而是我发现的，这就是对我最大的酬谢！"当别人问他："曾见过的最稀罕的东西是什么？"他答道："寿命长的暴君."泰勒斯在暮年时突然死去，在他的坟墓上刻有题词："这位天文学家之王的坟墓多少小了一些，但他在星辰领域中的光辉是颇为伟大的."

2. 毕达哥拉斯及其"万物皆数"的哲学

希腊论证数学的另一位祖师是毕达哥拉斯. 他出生于小亚细亚半岛，青年时代游历了许多地方，能够很好地了解埃及和远古时期祭司保存下来的几乎未变动的那些数学知识. 毕达哥拉斯年轻时曾受教于泰勒斯和阿那克西曼德. 公元前530年他返回故里，后不久他迁居意大利南端的克罗托内，在那里创建了一个兼有数学、哲学和政治性质的团体. 这个团体的上层分子在毕达哥拉斯的指导下致力于数学和哲学基础的探讨. 学术史上称这个团体为毕达哥拉斯学派. 毕达哥拉斯因参与政治活动而被迫逃离克罗托内，后来在逃亡中被害. 此后，他的门徒分散到各地，继续从事数学和哲学研究，一直延续到公元前4世纪.

关于数的神秘学说，奠定了毕达哥拉斯学派的哲学基础. 毕达哥拉斯学派认为，数是现实的基础，是严格性与次序的根源，是在宇宙体系内控制着天然的永恒关系.

数，是世界的法则和关系，是主宰生死的力量，是一切被决定事物的条件. 事物的实质是仿效着数做出来的. 一句话"万物皆数".

毕达哥拉斯学派"万物皆数"的理论有力地促进了他们对数(自然数)及其性质的研究. 在研究方法上，他们以推理而不是以实验去探究数学定理，从而使数学更接近于一门纯智力的学科. 他们关心数的抽象性质超过关心数对于世俗生活的需要，并表现了对整数的迷信. 例如，他们相信4是"正义数"，5是"婚姻数"，6是"创造数"等. 他们尤其崇拜数10，认为10是宇宙万象之数，将10看作完美、和谐的标志. 前文提到的完美数、亲和数均是由毕达哥拉斯学派定义的.

毕达哥拉斯学派关于"形数"的研究，强烈地反映了他们用数作为几何思维元素的精神. 他们用平面上的点来代表数(指自然数). 他们将这些点排成各种几何图形(或点阵)，进而结合几何图形的性质推导出数的性质. 借助几何图形来表示的数称为形数. 形数是联系算术和几何的纽带，体现了一种数形结合的思想.

3. 形数及其他

人们常提到的一类形数是多边形数，最简单的多边形数是三角形数 T_n、正方形数 S_n 和多边形数 P_n，其中 n 代表每条边所有的点数. 图 2-12 说明了三角形数、五边形数等的几何命名法.

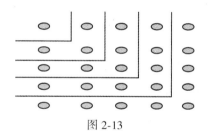

图 2-12

考察这些点阵图，不难发现以下关系式：

（1）三角形数可以用三角点阵中数之和表示为

$$T_n = 1+2+3+4+\cdots+n = \frac{n(n+1)}{2} \tag{2-1}$$

（2）如图 2-13 所示，若将正方形数用折线作如下划分，则可得

$$S_n = 1+3+5+\cdots+(2n-1) = n^2 \tag{2-2}$$

$$n^2+(2n+1) = (n+1)^2 \tag{2-3}$$

图 2-13

（3）由式（2-1）、式（2-2）可以推导出

$$S_n = T_n + T_{n-1}$$

（4）任一三角形数的 8 倍加 1，即得一个正方形数，即

$$8T_n + 1 = 4n(n+1) + 1 = (2n+1)^2 = S_{2n+1}$$

如图 2-14 所示，五边形数是指构成五边形的点数之和. 例如：第 n 个五边形数 P_n 也是一个算术级数的和

$$P_n = 1+4+7+\cdots+(3n-2) = \frac{n(3n-1)}{2} = n+3T_{n-1} \tag{2-4}$$

式（2-4）说明：

（5）第 n 个五边形数等于第 $n-1$ 个三角形数的 3 倍加上 n.

（6）观察下面的等式，我们可以得到一个有趣的结果：

$$1^3 = 1 = t_1^2,$$

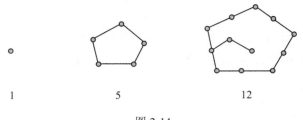

图 2-14

$$1^3+2^3=9=t_2^2,$$
$$1^3+2^3+3^3=36=t_3^2,$$
$$1^3+2^3+3^3+4^3=100=t_4^2$$

从这些等式我们立刻会猜出公式

$$1^3+2^3+3^3+\cdots+n^3=\left[\frac{n(n+1)}{2}\right]^2=t_n^2 \tag{2-5}$$

式(2-5)不但给出了自然数的立方和公式，而且揭示了自然数的立方和与三角形数的关系．

式(2-5)归功于公元 100 年左右在希腊工作的数学家尼可马修斯(Nichomachus)．

数的本原学说还促进了毕达哥拉斯学派对数的性质的研究．他们把整数划分为完全数、过剩数和亏数．如果一个数小于(或大于)其真因子之和，就称这个数为过剩数(或亏数)，例如 12<1+2+3+4+6 是一个过剩数；8>1+2+4 是一个亏数．毕达哥拉斯学派还提出了两个数 p 和 q 的三种平均数，即：

算术平均数 $\qquad\qquad A=\dfrac{p+q}{2}$

几何平均数 $\qquad\qquad G=\sqrt{pq}$

调和平均数 $\qquad\qquad H=\dfrac{2pq}{p+q}$

其中，算术平均数、几何平均数与算术级数、几何级数相关联．调和平均数是在音乐理论的形成过程中提出的．毕达哥拉斯学派发现，当三根弦的长度之比为 3:4:6 时，就得到谐音，而 4 恰好是 3 和 6 的调和平均数．

4. 不可公度比的发现

在一个单位正方形上画一对角线，就可以得到等腰直角三角形，该对角线就是直角三角形的斜边．由毕达哥拉斯定理，我们知道单位正方形的对角线长度等于 $\sqrt{2}$．

这种长度不能用两个整数的比表示出来．现代数学认为，不可公度线段的发现，是毕达哥拉斯学派的一大功绩．但毕达哥拉斯学派却不这么认为，因为如果承认不可公度线段的存在，就会摧毁毕达哥拉斯学派神圣的信条，即宇宙一切事物的基础皆是整数或整数间的比．现在突然冒出一个长度 $\sqrt{2}$ 的怪物，破坏了毕达哥拉斯学派的信条．为了保卫毕达哥拉斯学派神圣的信条，毕达哥拉斯学派每个人都发誓保持沉默——没有人愿意找出证明，

而把 $\sqrt{2}$ 称为对方线的不可公度性（incommensurability）. 据说，毕达哥拉斯学派的门徒希帕索斯（Hippasus），对毕达哥拉斯学派之外的人泄露了秘密. 真相终于传出，结果希帕索斯为他的泄密行为负责，被学派里的同窗淹死在湖中.

5. 芝诺悖论及其数学内涵

不可公度比的发现，使希腊数学家们开始领悟到，正整数和它们的比并不像直观所感觉到的那样，布满在一条直线上. 事实上，直线上还会有类似于表示 $\sqrt{2}$ 那样的点.

这就是说，全体整数和任何两个正整数之比组成的总体是离散的，而直线则是连续的. 第一个从认识论的角度提出离散数与连续数区别的是希腊人芝诺（Zeno of Elea，前 5 世纪人，哲学家兼数学家）.

芝诺曾提出一系列悖论，其中关于运动的 4 个悖论名噪一时. 这 4 个悖论深刻地揭示了人们思想上的关于有限与无限、连续与离散等概念之间的矛盾，在数学史上享有不朽的地位，后来因遭到亚里士多德的批驳而一度湮没无闻；直到 19 世纪下半叶再度引起了学者们的注意和研究，并给予了重新评价. 芝诺的 4 个悖论是：

（1）二分说：运动物体在到达目的地之前必须先抵达全程的一半，为此又必须走过一半的一半，直到无穷，因而运动是不可能的.

图 2-15

（2）阿基里斯追龟说：如图 2-15 所示，阿基里斯（荷马史诗《伊里亚特》中的善跑猛将）要追上在前面的乌龟，必须先达到乌龟的出发点，而那时，乌龟又已经跑过前面一段路了，如此等等，因而永远追不上乌龟. 这个悖论同二分说实质上一样，只是把问题说得更生动罢了.

（3）飞箭静止说：箭在运动过程中的任一瞬间必在一个确定的位置上是静止的. 而时间是由无限个瞬间组成的，因此，箭就动不起来了.

（4）运动场说：大意是设跑道上 A、B 两物体以相等的速度向相反的方向运动，从静止的 C 看来，A、B 都在 1 分钟内移动相等的距离，比如说 10m，但是从 A 看来，B 在 1 分钟内移动了 20m，于是出现了矛盾.

关于芝诺悖论，流传着许多不同的表述和理解.

芝诺悖论曾受到亚里士多德的批驳，这一批驳加深了对无限的实在性与潜在性的认识，但并没缓和数学思想所受到的震荡. 后来希腊科学的进程清楚表明，芝诺悖论对希腊的数学产生了极大的影响. 其中最大的影响在于促使希腊人对数学严密思维的追求. 为了做到这一点，他们宁愿放弃一时难以严密的代数，而把全部精力投注于建立几何学严密体系的努力中，其结果是欧几里得《几何原本》的极端严格性.

6. 欧几里得和他的《几何原本》

现在我们把目光转向世间最伟大的一部数学著作——欧几里得的《几何原本》（The Elements）.

欧几里得（Euclid，雅典人，前 365—前 300，图 2-16）以其《几何原本》（图2-17）著称于世，早年曾在柏拉图学院受教育. 公元前 300 余年应托勒密一世的邀请，欧几里得来到亚历山大大学从事研究和教学. 欧几里得治学严谨, 那句流芳百世的名言——几何中没有王者之路——表达了欧几里得尊重科学而不折服于帝王的学者风度.

图 2-16

图 2-17

欧几里得还是一位伟大的组织者和逻辑学家. 他把他那个时代已有的数学知识浓缩成 13 册文稿, 其中 9 册讨论平面几何及立体几何, 3 册讨论数论, 第 10 卷讨论古希腊人企图处理对角线不可公度问题的方法.

欧几里得在《几何原本》起头就开宗明义地列出了许多定义, 另外加上 5 个公设(Postulate, 关于点与线的设定事实)和 5 个公理(Axiom, 一般事实). 现代的逻辑学家可能不觉得他关于公设与公理之间区别的论述有何意义, 认为要么全是公设, 要么全是公理. 从这些定义和公设(公理), 欧几里得以逻辑方法导出他全部的几何学定理, 这是一种相当于里程碑的成就, 相继出了 1000 多个版本, 为数学研究者所必读, 因而有"数学圣经"的美称. 一直到 20 世纪,《几何原本》不仅是几何学的标准教科书, 而且被看作科学思维所应仿效的典范.

《几何原本》的成功是希腊数学的成功, 是公理演绎体系的成功, 从少数几个公理出发, 由简到繁地推演出 400 多个定理, 给人的印象何等深刻.《几何原本》被奉为数学教育的依据, 人们正是从这本书中认识到数学是什么, 证明是什么, 公理演绎体系如何具有说服力, 而又如何优美. 有志于研究数学问题的人更是把《几何原本》作为必修的经典, 从中吸收丰富的营养, 得到莫大的教益和鼓舞. 公理演绎结构后来不仅成为一种数学陈述模式, 而且被移植到其他学科.

7. 阿波罗尼奥斯与他的《圆锥曲线》

阿波罗尼奥斯(Apollonius, 前 262—前 190)生于小亚细亚西北部的柏加(Perga), 但是他的大半生是在亚历山大城度过的, 在这里从事科学研究, 并写过许多数学著作, 以《圆锥曲线》最为成功. 这部书既集前人研究圆锥曲线之大成, 又不乏阿波罗尼奥斯的独到见解, 是古代世界继《几何原本》之后的又一部杰作. 阿波罗尼奥斯因为他的几何学成就被尊称为"伟大的几何学家", 甚至比欧几里得还要受到人们的崇敬. 古希腊时代流传下来的两部最伟大的著作就是《几何原本》和《圆锥曲线》.

《圆锥曲线》分 8 卷, 共 487 个命题; 现存前 7 卷, 共 382 个命题, 主要讲述圆锥曲线的一般理论.

第 1 卷给出了圆锥曲线的定义和基本性质,在全书中占有极其重要的地位,阿波罗尼奥斯第一次像现在那样,依靠改变截面的角度从一个直(或斜)的对顶圆锥得到 3 种圆锥曲线.双曲线有两个分支也是他首先发现的.

第 2 卷讨论了双曲线渐近线的画法和性质、共轭双曲线的性质、圆锥曲线的直径和轴的求法、有心圆锥曲线中心的概念,以及怎样满足某种条件的圆锥曲线的切线.

第 3 卷讨论了切线与直径所围成的图形的面积,讨论了椭圆和双曲线的焦点性质.

第 4 卷讨论了极点和极线的其他性质.

第 5 卷是最值得注意和最具有独创性的,讨论了从一点到圆锥曲线所能作的最长和最短的线段.

第 6 卷讨论了圆锥曲线的全等、相似和圆锥曲线弓形的性质与作图.

第 7 卷讨论了有心圆锥曲线的两条共轭直径的性质.

8. 阿基米德及其数学成就

阿基米德被认为是三个最伟大的数学家之一.在人类历史上,很难找到一位数学家,在发展数学及其邻近科学方面比卓越天才思想家和伟大的爱国者、数学家阿基米德更伟大.阿基米德的名字在他同时代的人们中成为贤明的象征.阿基米德的数学工作比任何其他数学家更具有独特性.他突破了古典时期几何定性研究的传统,首先从事定量研究,例如欧几里得只满足于证明"两圆面积之比等于它们的直径平方之比",而阿基米德则要努力追求 π 和高精确度的近似值,以便实际求出圆的面积.我们今天所用的抛物线弓形面积公式,球、球缺、椭球体等体积公式都是由阿基米德发明的.阿基米德还给出了这些公式的严格证明.阿基米德代表了古代世界用有限方法处理无限问题的最高水准,得出了许多今日要用极限和微积分推算的结果.他的论著不仅学术性强,而且表达清楚,深入浅出.

阿基米德著述极为丰富,但多以类似论文手稿而非巨著形式出现.这些著述的内容涉及数学、力学及天文学等.其中流传于世的有:

(1)《圆的度量》(*Measurement of Circle*);

(2)《抛物线求积》(*Quadrature of the Parabola*);

(3)《论螺线》(*On Spirals*);

(4)《论球和圆柱》(*On the Sphere and Cylinder*);

(5)《论劈锥曲面和旋转椭圆》(*On Conoids and Spheroids*).

与欧几里得相比较,阿基米德可以说是一位应用数学家.关于阿基米德的许多有趣轶事都与数学的应用有关.例如根据帕波斯记载,阿基米德曾宣称:"给我一个支点,我可以撬动地球."而传说阿基米德为了让人们相信他的断言,曾设计了一组复杂的滑车装置,让叙拉古国王希罗亲手移动了一只巨大的三桅货船.阿基米德有两本著作是关于应用数学的,即《论平面图形的平衡或其重心》和《论浮体》.前者讨论物体的平衡以及重心的确定,其中提出了著名的杠杆原理.后者则是一部流体静力学著作,其中提出了许多流体静力学定律,特别是著名的"阿基米德原理".与此联系着一则后来变为家喻户晓的故事:

国王希罗为自己定做了一顶金皇冠.皇冠做好后,他怀疑其中掺了银子,便请阿基米德设法判断.阿基米德久思不解.有一次洗澡时他注意到身体将水排出盆外并觉得体重减轻，顿受启发，立即光着身子冲出浴室，沿街奔呼"Eureka!"（找到了！）他就这样发现了浮力定律，并用它来解决了皇冠难题.

阿基米德把金皇冠放进一个装满水的缸中，一些水溢出来了. 他取了皇冠，把水装满，再将一块同皇冠一样重的金子放进水里，又有一些水溢出来. 他把两次溢出的水加以比较，发现第一次溢出的水多于第二次. 于是他断定金皇冠中掺了银子. 经过一番试验，他算出银子的重量. 当他宣布他的发现时，金匠目瞪口呆.

这次试验的意义重大，阿基米德从中发现了一条原理，即物体在液体中减轻的重量，等于它所排出液体的重量. 后人以阿基米德的名字命名这条原理. 一直到现代，人们还在利用这个原理测定船舶载重量等.

阿基米德还是一位爱国主义者. 公元前215年，罗马将领马塞拉斯率领大军，乘坐战舰来到了历史名城叙拉古城下，马塞拉斯以为小小的叙拉古城会不攻自破，听到罗马大军的显赫名声，城里的人还不开城投降？

然而，回答罗马军队的是一阵阵密集可怕的镖、箭和石头. 罗马人的小盾牌抵挡不住数不清的大大小小的石头，他们被打得失魂落魄，争相逃命.

突然，从城墙上伸出了无数巨大的起重机式的机械巨手，它们分别抓住罗马人的战船，把船吊在半空中摇来晃去，最后甩在海边的岩石上，或是把船重重地摔在海里，船毁人亡. 马塞拉斯侥幸没有受伤，但惊恐万分，完全失去了刚来时的骄傲和狂妄，变得不知所措，最后只好下令撤退，把船开到安全地带.

罗马军队死伤无数，被叙拉古人打得晕头转向. 可是，敌人在哪里呢？他们连影子也找不到.

马塞拉斯最后感慨万千地对身边的士兵说："怎么样？在这位几何学'百手巨人'面前，我们只得放弃作战. 他拿我们的战船当游戏扔着玩. 在一刹那间，他向我们投射了这么多镖、箭和石头，他难道不比神话里的百手巨人还厉害吗？"

年过古稀的阿基米德是一位闻名于世的大科学家. 在保卫叙拉古城时，阿基米德帮助设计了灵巧的机械装置，有可以调整射程且带活动射杆的弩炮，能把重物射到靠近城墙的敌舰上，还有可以把敌船从水中吊起的大型起重机. 他动用了杠杆、滑轮、曲柄、螺杆和齿轮. 他不仅用人力开动那些投射镖、箭和石头的机器，而且还利用风力和水力，利用有关平衡和重心的知识、曲线的知识和远距离使用作用力的知识等. 难怪马塞拉斯不费劲地就找到了自己惨败的原因. 当天晚上，马塞拉斯连夜逼近城墙. 他以为阿基米德的机器无法发挥作用了. 不料，阿基米德早准备好了投石机之类的近距离器械，再次逼退了罗马军队的进攻. 罗马人被惊吓得谈虎色变，一看到城墙上出现木梁或绳子，就抱头鼠窜，惊叫着跑开："阿基米德来了."

传说，阿基米德曾利用抛物镜面的聚光作用，把集中的阳光照射到入侵叙拉古城的罗马船上，让它们自己燃烧起来. 罗马的许多船只都被烧毁了，但罗马人却找不到失火的原因. 900多年后，有一位科学家按史书介绍的阿基米德的方法制造了一面凹面镜，成功地点着了距离镜子45米远的木头，而且烧化了距离镜子42米远的铝. 所以，许多科技史家通常都把阿基米德看成人类利用太阳能的始祖.

马塞拉斯进攻叙拉古城时屡受袭击，在万般无奈下，他带着舰队，远远离开了叙拉古城附近的海面. 他们采取了围而不攻的办法，断绝城内和外界的联系. 3年以后，由于城墙上罗马拥护者的叛变，他们利用叙拉古人尊敬的女神阿阶麦德的节日的狂欢和酗酒，终于在公元前 212 年占领了叙拉古城，这座城市失守了．

据罗马史学家记载，在保卫叙拉古城反击罗马将军马塞拉斯指挥的围攻中，罗马将军很想见见这位大名鼎鼎的希腊人，就派遣士兵去搜捕阿基米德．当士兵冲进城、走到他面前时，他正在聚精会神地深思着几何图形．阿基米德对罗马士兵说："滚开！别碰沙盘上的几何图形．"然后依然回到他的心爱的图形中．罗马士兵觉得受到了污辱，就拔剑刺死了阿基米德．一位伟大的数学家就这样牺牲了．他享年 75 岁．据说，罗马主将马塞拉斯事后特意下令为阿基米德建墓．在阿基米德的墓碑上，刻上了死者最引以为豪的象征数学发现的图形——球及其外切圆．

阿基米德在《论球和圆柱》中还创造性地分析了一个三次方程，并得到了它的解．他还利用螺线的性质去解三等分任意角和化圆为方的问题．阿基米德的数学成就如此辉煌，后人把他和牛顿、高斯并称为三位最伟大的数学家．

2.2.2　尺规作图问题

1. 三大几何作图不可能问题

在古希腊几何学发展史上有巨大影响的是以"三大几何难题"著称的下述问题：

（1）倍立方体，即求作一个立方体的边，使该立方体体积为给定立方体的两倍．

（2）三等分角，即分一个给定的任意角为三个相等的部分．

（3）化圆为方，即作一个正方形，使其与一给定的圆面积相等．

开始，人们对几何作图只允许使用圆规和没有刻度的直尺很不理解．觉得这种限制近于苛刻，似无必要．其实，这种"游戏"规则有着深刻的内涵．上述三个问题的重要性在于：虽然用直尺和圆规这两样工具能够成功地解决很多其他的作图问题，可是对这三个问题却不能够精确地求解，而只能近似地求解．对这三个问题的深入讨论，给希腊几何以巨大的影响．数学家们从理论上证明了一个论断：如果所求线段是已知线段的有限次加、减、乘、除、乘方和开方，则不能用圆规和直尺作出；反之，则可以用圆规和直尺作图．这就从根本上说明了这种限制的合理性．

数学家们总是对用简单的工具解决了困难的问题倍加赞赏，自然对用圆规和直尺去画各种图形饶有兴趣．用圆规和直尺作图是对人类智慧的一种挑战．

对某些特殊的角进行三等分并不困难，例如将 $90°$ 角、$135°$ 角三等分就很容易做到．但是对于任意角就不一样了．例如 $60°$ 角，因为理论上已经证明，这样的角已不能三等分．

现在取单位圆作代表，其面积为 π，那么化圆为方的问题相当于用圆规和直尺作出长度为 $\sqrt{\pi}$ 的线段来．有办法在已知单位长的线段后求出长为 $\sqrt{\pi}$ 的线段吗？

倍立方体的问题相当于用圆规和直尺作出一条长度为 $\sqrt[3]{2}$ 的线段来．这可能吗？

古希腊人对化圆为方的问题有极大的兴趣．许多人进行了研究．这一研究推动了圆面积的近似计算，促进了极限思想的萌发，但是并没有解决化圆为方的问题．另外两大难题虽也没有解决，但也促进了对另一些数学问题的研究．

用圆规和直尺作图的实质在于限制只使用两种工具的条件下通过有限步骤完成作图．

已知长度为 1 的线段，可以通过有限步骤作出一长度为有理数 $\dfrac{q}{p}$ 的任何线段.

已知长度为 1 的线段，也容易通过有限步骤作出一长度为 $\sqrt{2}$ 的线段以及长度为 $\sqrt{3}$ 的线段，等等. 一般说来，可以通过有限步骤作出长度为任一有理数平方根的线段来.

我们把凡能用圆规和直尺经过有限步骤作出的线段或量，叫作"可作几何量". 可以证明，"可作几何量"就是那些有理数经有限次加、减、乘、除和开方这些运算得到的量. 否则，叫作"不可作几何量".

多年以来，人们在三等分角、化圆为方、倍立方体等所谓"三大作图问题"上枉费了大量的精力. 直到 19 世纪，才从理论上严格证明了仅用圆规和直尺完成上述作图是绝对不可能的. 当然，答案不能只从几何本身去找. 1637 年，笛卡儿创立了解析几何，为解决尺规作图三大问题奠定了基础. 1837 年，法国数学家旺策尔证明了三等分任意角和立方体倍积问题都是不能用几何作图解决的问题；化圆为方问题相当于圆规和直尺作出 π 值. 1882 年，法国数学家林德曼证明 π 是超越数，从而证明了化圆为方的不可能性.

证明三大问题不可解的工具本质上不是几何而是代数. 在代数还没有发展到一定的水平时，是不可能解决这些问题的. 但是，正是对这些问题的研究促进了数学的发展. 2000 多年来，三大几何难题引起了许多数学家的兴趣. 对它们的深入研究不但给希腊几何学以巨大的影响，而且还引出了大量的新发现，例如许多二次曲线、三次曲线和几种超越曲线的发现，以及后来有理数域、代数数、超越数、群论等的发展. 化圆为方的研究，几乎从一开始就促进了穷竭法的发展，而穷竭法正是微积分的先导.

关于三大几何问题的解决，要涉及较深入一点的数学知识，因此这里不详细介绍.

2. 正方形作图问题(或等分圆周问题)

古希腊人认为，所有的几何图形都是由直线段和圆弧构成的. 圆是最完美的. 他们确信仅靠直尺和圆规就可以绘出所有图形来.

正多边形的尺规作图是大家最感兴趣的. 正三边形很好作，正四边形稍微难一点，正六边形也很好作，正五边形则就更难一点. 但人们找到了正五边形的尺规作图的方法. 确实，有的困难一些，有的容易一些. 正七边形的尺规作图是容易还是困难一些呢？人们很久很久未找到作正七边形的办法. 这一事实本身就说明作正七边形不容易. 一直未找到这种作图方法，使人怀疑：究竟用尺规能否作出正七边形来？这个悬案一直悬而未决达 2000 多年.

到了 19 世纪，德国数学大师高斯出人意料地彻底解决了这个问题，引起当时数学界的震动.

早在 17 世纪时，高斯的先辈费尔马(P. Fermat, 1601—1665)，人称业余数学大师，提出一个猜想：$F_n = 2^{2^n} + 1$，当 $n = 0$，1，2，3，4，…时都是素数，他大概是在验证了 $F_0 = 3$，$F_1 = 5$，$F_2 = 17$，$F_3 = 257$，$F_4 = 65537$ 都是素数之后，提出这个猜想的. 百年之后，瑞士数学家欧拉(L. Euler, 1707—1780)只向前走了一步，便证明了 $F_5 = 2^{2^5} + 1 = 2^{32} + 1 = 641 \times 6700417$，从而推翻了费尔马猜想. 奇怪的是，直至今天，人类都没有发现第六个费尔马素数. 数学家们甚至认为，不存在新的费尔马素数. 事情本已平息，不料百年之后，又引起波澜. 年仅 20 岁的高斯发现了一个奇特现象，费尔马素数竟与正多边形作图有关. 他发现当正多边形的边数是费尔马素数时，正多边形是可以尺规作图的. 他发现了更一般的结论：正 n 边形可尺规作图的充分必要条件是 $n = 2^k \times P_1 \times P_2 \times \cdots \times P_n \times \cdots$，这里 $k = 0$，1，2，$\cdots$；P_i 是彼此不同的费尔马素数.

由于目前只知道 5 个费尔马素数存在，因此，对于奇数 n，只有 31 个可能的取值（$C_5^1 + C_5^2 + C_5^3 + C_5^4 + C_5^5 = 31$），使得正 n 边形可以用尺规作图. 根据这个结论，在 100 以内的奇数，只有 $n = 3$，5，15，17，51，85 这六种情形可以用尺规作图，而 7，9，11，13，19，21，$\cdots$，49，53，$\cdots$，83，87，$\cdots$，99 等正多边形都不能用尺规作图.

高斯不仅证明了这个定理，还亲自用圆规和直尺作出了一个正 17 边形，以证明自己的理论. 根据高斯的理论，一位德国格丁根大学教授作了正 257 边形.

就这样，一个悬而未决 2000 余年的问题得到了圆满的解决. 而这一问题的解决过程是如此蹊跷，它竟与一个没有猜对的猜想相关联.

显然，用尺规作正多边形与用尺规等分圆周等价. 因此，用尺规作出正 17 边形相当于用尺规作出了圆的 17 等份. 其图形更觉美观、好看. 高斯本人对此颇为欣赏. 也因此走上数学道路(因为他早期曾在数学和语言学间犹豫不决). 而且高斯还留下遗言，叫他的后人在他的墓碑上刻一个正 17 边形. 可见这位历史上最伟大的数学家多么欣赏这个得意之作.

根据高斯定理，我们知道了早期的正三边形、正五边形为什么可以用尺规作图了，因为 3 和 5 是费尔马素数（$3 = F_0$，$5 = F_1$）；而正七边形不能作出，因 7 不是费尔马素数. 同理，正 11 边形、正 13 边形也不能够作出. 另外，正四边形、正六边形能用尺规作出，因为 $4 = 2^2$，$6 = 2^1 \times 3$，而 $3 = F_0$，符合高斯定理条件.

2.2.3 古希腊数学与人类文明

综上所述，我们已清楚地看到古希腊人在数学领域所取得的伟大成就，他们使数学成为一门抽象的演绎性的科学，为 1000 多年之后欧洲人研究数学铺平了道路，为现代数学奠定了基础.

数学的进程在很大程度上取决于历史的进程，在全部历史里，最使人感到惊异的莫过于希腊文明的突然兴起. 构成文明的大部分东西已经在埃及及巴比伦存在好几千年，又从那里传播到了四邻的国家，但其中始终缺少某些因素，直到希腊人把这种因素提供出来. 希腊人在文学艺术方面的成就是大家所熟知的，但是他们在纯粹知识领域内所作出的贡献更加非凡. 他们首创了数学、科学和哲学. 他们自由地思考着世界的性质和生活的目的，而不为任何世袭的传统观念所束缚. 所发生的一切都是如此的令人惊奇. 一直到现在，人们还谈论着希腊的数学，还谈论着希腊的天才. 难怪数学家 Arnold J. Toynbee 说，世界上曾经存在 21 种文明，但只有希腊文明才转变成了今天的工业文明. 究其原因，乃是数学在希腊文明中提供了工业文明的要素. 另一位数学家罗素（Russell）也说，古希腊人屹立于我们大部分学术的最前端，他们的思想至今影响着我们，他们的问题经过延展仍然是我们需要解决的问题.

希腊不愧为现代文明的发源地.

📑 **附：**

古希腊数学家

一、阿基米德

阿基米德

阿基米德出生在西西里岛上的叙拉古的贵族家庭，父亲是一位天文学家．在父亲的影响下，阿基米德从小热爱学习，善于思考，喜欢辩论．长大后漂洋过海到埃及的亚历山大里亚求学．他向当时著名的科学家欧几里得的学生柯农学习哲学、数学、天文学、物理学等知识，最后博古通今，掌握了丰富的希腊文化．

回到叙拉古后，他坚持和亚历山大里亚的学者们保持联系，交流科学研究成果．他继承了欧几里得证明定理时的严谨性，但他的才智和成就却远远高于欧几里得．他把数学研究和力学、机械学紧密地联系在一起，用数学研究力学和其他实际问题．保护叙拉古战役中的机械巨手和投石机等就是生动的例子，有力地证明了"知识就是力量"的真理．

在亚历山大里亚求学期间，阿基米德经常到尼罗河畔散步，在久旱不雨的季节，他看到农夫吃力地一桶一桶地把水从尼罗河里提上来浇地，他便创造了一种螺旋提水器，通过螺杆的旋转把水从河里取上来，节省了农夫很大力气．这种装置不仅沿用到今天，而且也是当代用于水中和空中的一切螺旋推进器的原始雏形．

阿基米德在他的著作《论杠杆》（可惜失传）中详细地论述了杠杆的原理．有一次叙拉古国王对杠杆的威力表示怀疑，他要求阿基米德移动载满重物和乘客的一艘新三桅船．阿基米德让工匠在船的前后左右安装了一套设计精巧的滑车和杠杆．阿基米德叫 100 多人在大船前面抓住一根绳子，他让国王牵动一根绳子，大船居然慢慢地滑到海中．群众欢呼雀跃，国王也高兴异常，当众宣布："从现在起，我要求大家，无论阿基米德说什么，都要相信他！"

阿基米德曾说过：给我一小块放杠杆的支点，我就能将地球撬动．假如阿基米德有个站脚的地方，他真能挪动地球吗？也许能．不过，据科学家计算，如果真有相应的条件，阿基米德使用的杠杆必须要有 88×1021 英里（1 英里＝1609.344 米）长才行！当然这在目前是做不到的．

最引人入胜，也使阿基米德最为人称道的是，阿基米德从智破金冠案中发现了一个科学基本原理．

阿基米德被后世的数学家尊称为"数学之神"，在人类有史以来最重要的三位数学家中，阿基米德占首位，另两位是牛顿和高斯．

二、毕达哥拉斯

公元前 6 世纪，大约是中国孔子生活的时代，毕达哥拉斯生于爱琴海上的摩斯岛

(Samos)，他一生充满传奇和神秘，令历史学家很难厘清真伪.
可以肯定的一件事是毕达哥拉斯发展了数学的逻辑思想，对数
学发展史上的第一个黄金时期影响甚巨. 他认识到数是独立于
有形世界而存在的，对数的研究不会因感觉差错而受影响，数
不是仅用于计算和记账而已.

毕达哥拉斯

　　毕达哥拉斯历经 20 年的海外旅游，到过印度、埃及、巴比
伦，他了解这些国家的数学虽然是一套复杂的系统，但都仅仅
是用来解决实际生活问题的工具. 当他回到摩斯岛后，他创建
一所学校叫毕达哥拉斯学院，致力于哲学研究，他想理解数学，
而非仅仅使用数学. 初期，毕达哥拉斯花钱请一位小男孩成为
他的第一位学生，每听一节课就给予三银钱，几星期后，毕达哥拉斯注意到学生由勉强学
习转变成对知识的热情. 他佯装不再有能力支付学生，因而停止上课，这时，学生反而宁
可付钱听课.

　　毕达哥拉斯因社会改革的观念不受欢迎，带着母亲和信徒逃到意大利南部的克罗敦
(Croton)，他得到富人米洛(Milo)的资助，后来还娶了他的女儿西诺. 米洛是一位杰出的
运动员，力大无比，曾 12 次获得奥林匹克竞赛金牌，并醉心于数学和哲学的追求.

　　毕达哥拉斯建立毕达哥拉斯兄弟会，以整数、分数为偶像，他们认为透过对数的了
解，可以揭示宇宙的秘密，使他们更接近神，事实上这是一个宗教性社团组织. 入会时需
宣誓不得将数学发现公诸世人，甚至在毕达哥拉斯死后，有成员因公开正 12 面体可以由
12 个正五边形构成的发现而被浸水致死. 他们集中注意于研究自然数和有理数，特别是
完美数，完美数是本身正因子(除了本身之外)之和，例如：$6 = 1 + 2 + 3$，$28 = 1 + 2 + 4 + 7 + 14$.
他们认为上帝因为 6 是完美的，因此选择以 6 天创造万物，且月亮绕行地球一周约 28 天.

　　毕达哥拉斯在毕达哥拉斯兄弟会后不久，撰造了"哲学家"(philosopher)一词，在出席
一次奥林匹克竞赛时，弗利尤司的里昂王子问他会如何描述自己，他回答道：我是一位哲
学家. 他解释说：有些人因爱好财富而被左右，另一些人因热衷于权力和支配而盲从，但
是最优秀的人则献身于发现生活本身的意义和目的. 他设法揭示自然的奥秘，热爱知识，
这种人就是哲学家.

　　"在一个直角三角形中，斜边的平方是两股平方和."这个定理中国人(周朝的商高)和
巴比伦人早在毕达哥拉斯提出前 1000 年就在使用，但一般人仍将该定理归属于毕达哥拉
斯，是因为他证明了定理的普遍性. 而一般认为毕达哥拉斯的证明应是利用了面积重组的
方式. 毕达哥拉斯认为寻找证明就是寻找认识，而这种认识比任何训练所积累的经验都不
容置疑，数学逻辑是真理的仲裁者.

　　毕达哥拉斯很少公开露面，他虽然向学生讲授数学和哲学，但绝不允许学生将之外
传，也因为兄弟会隐瞒数学发现，渐渐引起居民的畏惧、妄想和猜忌. 后来学派介入了
政治事件，与学校所在地科落顿行政当局发生冲突而被居民摧毁. 毕达哥拉斯 80 岁时
在一次夜间骚乱中被杀，而避居国外的信徒继续传播他们的数学理论.

　　对毕达哥拉斯而言，数学之美在于有理数能解释一切自然现象. 这种起指导作用的哲
学观使毕达哥拉斯对无理数的存在视而不见，甚至导致他一个学生被处死. 这位学生名叫
希帕索斯，出于无聊，他试图找出 $\sqrt{2}$ 的等价分数，最终他认识到根本不存在这个分数，

也就是说√2是无理数. 希帕索斯对这个发现, 喜出望外, 但是他的老师毕达哥拉斯却不悦. 因为毕达哥拉斯已经用有理数解释了天地万物, 无理数的存在会引起对他信念的怀疑. 希帕索斯的成果一定经过了一段时间的讨论和深思熟虑, 毕达哥拉斯本应接受这个新数源. 然而, 毕达哥拉斯始终不愿承认自己的错误, 却又无法经由逻辑推理推翻希帕索斯的论证. 使他终生蒙羞的是, 他竟然判决将希帕索斯淹死. 这是希腊数学的最大悲剧, 只有在他死后无理数才得以安全地被讨论. 后来, 欧几里得以反证法证明√2是无理数.

三、欧几里得

欧几里得

欧几里得, 古希腊数学家, 以其所著的《几何原本》闻名于世. 关于他的生平, 现存史料很少. 早年大概就学于雅典, 深知柏拉图的学说. 公元前300年左右, 在托勒密王(前364—前283)的邀请下, 来到亚历山大, 长期在那里工作. 他是一位温良敦厚的教育家, 对有志数学之士, 总是循循善诱; 但反对不肯刻苦钻研、投机取巧的作风, 也反对狭隘实用观点. 据普罗克洛斯(410—485)记载, 托勒密王曾经问欧几里得, 除他的《几何原本》之外, 还有没有其他学习几何的捷径. 欧几里得回答说: "在几何里, 没有专为国王铺设的大道." 这句话后来成为传诵千古的学习箴言. 斯托贝乌斯(500)记述了另一则故事: 一个学生才开始学第一个命题, 就问欧几里得学了几何学之后将得到些什么. 欧几里得说: 给他三个钱币, 因为他想在学习中获取实利.

欧几里得将公元前7世纪以来希腊几何积累起来的丰富成果整理在严密的逻辑系统之中, 使几何学成为一门独立的、演绎的科学. 除《几何原本》之外, 他还有不少著作, 可惜大都失传. 《已知数》是除《几何原本》之外唯一保存下来的他的希腊文纯粹几何著作, 体例和《几何原本》前6卷相近, 包括94个命题, 指出: 若图形中某些元素已知, 则另外一些元素也可以确定. 《图形的分割》现存拉丁文本与阿拉伯文本, 论述用直线将已知图形分为相等的部分或成比例的部分. 《光学》是其早期几何光学著作之一, 研究透视问题, 叙述光的入射角等于反射角, 认为视觉是眼睛发出光线到达物体的结果. 还有一些著作未能确定是否属于欧几里得, 而且已经散失.

没有谁能够像伟大的希腊几何学家欧几里得那样, 声誉经久不衰. 有些人物, 如拿破仑、亚历山大大帝和马丁·路德, 他们生前的声望远比欧几里得大, 但就长期而言, 欧几里得的名望可能要比他们持久.

尽管如此, 欧几里得一生的细节仍然鲜为人知. 虽然我们知道他大约公元前300年在埃及的亚历山大当过教师, 然而他的出生及去世的日期则无法确定. 我们甚至不知道他出生在哪个州, 更不知道他出生在哪个城市了. 他写过几本书, 其中有些流传至今. 然而确立他历史地位的, 主要是那本伟大的几何教科书《几何原本》.

《几何原本》的重要性并不在于书中提出的哪一条定理. 书中提出的几乎所有的定理在欧几里得之前就已经为人知晓, 使用的许多证明亦是如此. 欧几里得的伟大贡献在于他将这些材料做了整理, 并在书中作了全面系统的阐述. 这包括首次对公理和公设作了适当的选择(这是非常困难的工作, 需要超乎寻常的判断力和洞察力). 然后, 他仔细地将这些定理做了安排，使每一个定理与以前的定理在逻辑上前后一致. 在需要的地方，他对缺少的步骤和不足的证明也作了补充. 值得一提的是，《几何原本》虽然基本上是平面几何和立体几何的发展，但包括大量代数和数论的内容.

《几何原本》作为教科书使用了 2000 多年. 在形成文字的教科书之中，无疑这本书是最成功的. 欧几里得的杰出工作，使以前类似的东西黯然失色. 该书问世之后，很快取代了以前的几何教科书.《几何原本》是用希腊文写成的，后来被翻译成多种文字. 这本书首版于 1482 年，即谷登堡发明活字印刷术 30 多年之后. 自那时以来，《几何原本》已经出版了上千种不同版本.

在训练人的逻辑推理思维方面，《几何原本》比亚里士多德的任何一本有关逻辑的著作影响都大得多. 在完整的演绎推理结构方面，这是一个十分杰出的典范. 正因为如此，自该书问世以来，思想家们为之而倾倒.

公正地说，欧几里得的这本著作是现代科学产生的一个主要因素. 科学绝不仅仅是把经过细心观察的东西和小心概括出来的东西收集在一起而已. 科学上的伟大成就，一方面是将经验同试验进行结合；另一方面需要细心的分析和演绎推理.

我们不清楚为什么多数自然科学产生在欧洲而不是在东方. 但可以肯定地说，这并非偶然. 毫无疑问，像牛顿、伽利略、哥白尼和凯普勒这样的卓越人物所起的作用是极为重要的. 或许，使欧洲人易于理解科学的一个明显的历史因素，是希腊的理性主义以及从希腊人那里流传下来的数学知识.

对于欧洲人来讲，只要有了几个基本的物理原理，其他都可以由此推演而来的想法似乎是很自然的事. 因为在他们之前有欧几里得作为典范(总体来讲，欧洲人不把欧几里得的几何学仅仅看作抽象的体系；他们认为欧几里得的公设以及由此而来的定理都是建立在客观现实之上的).

上面提到的所有人物都接受了欧几里得的传统. 他们的确都认真地学习过欧几里得的《几何原本》，并使之成为他们数学知识的基础. 欧几里得对牛顿的影响尤为明显. 牛顿的《自然哲学的数学原理》一书，就是按照类似于《几何原本》的"几何学"的形式写成的. 自那以后，许多西方的科学家都效仿欧几里得，说明他们的结论是如何从最初的几个假设逻辑地推导出来的. 许多数学家，如伯莎德·罗素、阿尔弗雷德·怀特海，以及一些哲学家，如斯宾诺莎等，也都如此. 同中国进行比较，情况尤为令人瞩目. 多少个世纪以来，中国在科学技术方面一直领先于欧洲，但是从来没有出现一个可以同欧几里得对应的中国数学家. 其结果是，中国从未拥有过欧洲人那样的数学理论体系(中国人对实际的几何知识理解得不错，但其几何知识从未被提高到演绎体系的高度). 直到 1600 年，欧几里得才被介绍到中国来. 此后，又用了几个世纪的时间，他的演绎几何体系才被受过教育的中国人普遍知晓. 在这之前，中国人并没有从事实质性的科学工作.

在日本，情况也是如此. 直到 18 世纪，日本人才知道欧几里得的著作，并且用了很多年才理解了该著作的主要思想. 尽管今天日本有许多著名的科学家，但在欧几里得之前却没有一个. 人们不禁会问，如果没有欧几里得的奠基性工作，科学会在欧洲产生吗?

如今，数学家们已经认识到，欧几里得的几何学并不是能够设计出来的唯一的一种内在统一的几何体系. 在过去的 150 年间，人们已经创立出许多非欧几里得几何体系. 自从爱因斯坦的广义相对论被人们接受以来，人们的确已经认识到，在实际的宇宙之中，欧几里得的几何学并非总是正确的. 例如, 在黑洞和中子星的周围, 引力场极为强烈. 在这种情况下, 欧几里得的几何学无法准确地描述宇宙的情况. 但是, 这些情况是相当特殊的. 在大多数情况下, 欧几里得的几何学可以给出十分近似于现实世界的结论.

无论如何, 人类知识的这些最新进展都不会削弱欧几里得学术成就的光芒, 也不会因此贬低他在数学发展和现代科学成长必不可少的逻辑框架方面的历史重要性.

🔢 复习与思考题

1. "毕达哥拉斯定理是宇宙间第一重要定理", 这种说法是否正确?
2. 科学家想利用毕达哥拉斯定理做些什么?
3. 泰勒斯发现了哪几个主要定理? (至少给出 5 个)
4. 毕达哥拉斯学派对不可公度比的发现, 采取了什么态度?
5. 试简要叙述芝诺悖论的二分说.
6. 欧几里得以其哪部著作著称于世?
7. 试简述阿基米德的主要贡献.
8. 试列举古希腊数学史上的四位数学家.

第3章 斐波那契数列与黄金分割

3.1 斐波那契数列

3.1.1 斐波那契与兔子数列

斐波那契(Fibonacci，1175—1250)，13世纪意大利最杰出的数学家. 因其父叫 Bonaccio，他的儿子应名为 Figlio Bonaccio(意为 Son of Bonaccio)，Finaccio 则是法国数学家 Lucas(1842—1891)为他取的昵称.

斐波那契的父亲为比萨的商人，他认为数学是有用的，因此送斐波那契向阿拉伯教师们学习数学. 斐波那契掌握了印度数码之一新的记数体系，后来游历埃及、叙利亚、希腊、西西里、法国等地，掌握了不同国家和地区商业的算术体系. 1200年左右回到出生地——比萨，潜心研究数学，于1202年写成名著《算盘全集》. 该书广为流传，为印度、阿拉伯数字在欧洲流传起了重要的作用.

除了扮演传播印度、阿拉伯数字的角色，斐波那契在数学中的贡献也是非常大的. 除了《算盘全集》外，另有《几何实用》(1220)及《平方数书》(1225).《平方数书》是专门讨论二次丢番图方程式的，书中最有创造性的工作应是同余数(congruent numbers)，该书使斐波那契成为数论史中贡献介于丢番图及费尔马之间的人. 然而，现代数学家之所以会知道他的名字，并非因为他在数学上的成就，而是得知于斐波那契数列(Fibonacci sequence)，它是在1228年修订《算盘全集》时增加的脍炙人口的"兔子问题"(简称为斐氏数列)而引出的.

在《算盘全集》中提出了一个有趣的兔子繁殖问题：

如果每对兔子(一雌一雄)每月能生殖一对小兔子(也是一雌一雄，下同)，每对兔子第一个月没有生殖能力，但从第二个月以后便能每月生一对小兔子. 假定这些兔子都不发生死亡现象，那么从一对刚出生的兔子开始，一年之后会有多少对兔子呢？

这是一个算术问题，小学生都会，但是用变通的算术公式是难以计算的. 为了寻找兔子繁殖的规律，我们先用"笨"方法算一算.

第一个月：只有一对小兔子；

第二个月：仍然只有一对小兔子；

第三个月：这对兔子生了一对小兔子，这时共有两对兔子；

第四个月：老兔子又生了一对小兔子，而上月出生的小兔子还未长大，故这时共有三对兔子；

第五个月：有两对兔子可繁殖(原来的老兔子和第三个月出生的小兔子)，共生两对兔子，这时兔子总数为五对.

如此推算下去，我们可以得到自第1个月到第12个月的兔子数对，如表3-1所示.

表 3-1

月　数	1	2	3	4	5	6	7	8	9	10	11	12	13	…
小兔子数对	1	0	1	1	2	3	5	8	13	21	34	55	89	…
大兔子数对	0	1	1	2	3	5	8	13	21	34	55	89	144	…
兔子总对数	1	1	2	3	5	8	13	21	34	55	89	144	233	…

从表3-1中可以清晰地看出一年后的兔子数目，后人为了纪念兔子繁殖问题的斐波那契，将这个兔子数列称为斐波那契数列.

如果我们把上述数列记为 a_1，a_2，a_3，…，则第 $k+1$ 个月的兔子对数 a_{k+1} 可以分为两类，一类为当月刚出生的小兔，它们的数目恰好为前一个月(两个月前)的兔子对数 a_{k-1}；另一类是上个月的兔子对数为 a_k，这样便有

$$\begin{cases} a_1 = a_2 = 1 \\ a_{k+1} = a_k + a_{k-1}, \quad k>1 \end{cases} \tag{3-1}$$

该数列称为斐波那契数列，简称斐氏数列(或兔子数列)，斐氏数列中的每一项我们都称为斐氏数.

3.1.2 斐氏数列的性质

斐氏数列有许多有趣的性质，首先，该数列从第3项起，每项均为其前相邻两项之和，比如 $8=3+5$，$55=21+34$ 等. 这是该数列的一个重要的性质. 此外，该数列还有许多有趣的性质，以至该数列在许多数学分支甚至其他学科中具有广泛的应用.

性质 3.1　(斐氏数列)通项公式

$$F_n = \frac{1}{\sqrt{5}} \left[\left(\frac{1+\sqrt{5}}{2} \right)^{n+1} - \left(\frac{1-\sqrt{5}}{2} \right)^{n+1} \right] \tag{3-2}$$

公式(3-2)由18世纪初法国数学家比内(Binet)给出.

性质 3.2　斐氏数列相邻两项之比(黄金比，后文介绍)

$$\frac{F_n}{F_{n+1}} = \cfrac{1}{1 + \cfrac{1}{1 + \cfrac{1}{1 + \cdots}}} = \frac{\sqrt{5}-1}{2} \tag{3-3}$$

事实上

$$\frac{F_n}{F_{n+1}}=\frac{2\left[\,(1+\sqrt{5}\,)^{n}-(1-\sqrt{5}\,)^{n}\,\right]}{(1+\sqrt{5}\,)^{n+1}-(1-\sqrt{5}\,)^{n+1}}=\frac{2\left[\,1-\left(\dfrac{1-\sqrt{5}}{1+\sqrt{5}}\right)^{n}\,\right]}{(1+\sqrt{5}\,)-\left(\dfrac{1-\sqrt{5}}{1+\sqrt{5}}\right)^{n}(1-\sqrt{5}\,)}$$

当 $n\to\infty$ 时，$\left(\dfrac{1-\sqrt{5}}{1+\sqrt{5}}\right)^{n}\to 0$，所以 $\dfrac{F_{n-1}}{F_n}\to\dfrac{2}{1+\sqrt{5}}=\dfrac{\sqrt{5}-1}{2}=0.618.$

这反映了斐氏数列与黄金比的一致性，这个性质由西姆松（R. Simson）1753 年发现.
事实上，该极限值可以利用下述代数步骤得到：

$$13=8+5$$

$$\frac{13}{8}=1+\frac{5}{8}=1+\frac{1}{\dfrac{8}{5}}=1+\frac{1}{1+\dfrac{3}{5}}=1+\frac{1}{1+\dfrac{1}{\dfrac{5}{3}}}$$

继续上述步骤，可得连分数的表示：

$$\frac{13}{8}=1+\cfrac{1}{1+\cfrac{1}{1+\cfrac{1}{1+\cfrac{1}{1+1}}}}$$

如此继续下去，将会发现当 $n\to\infty$ 时，

$$\frac{F_n}{F_{n+1}}\to 1+\cfrac{1}{1+\cfrac{1}{1+\cfrac{1}{1+\cdots}}}$$

得到一无限的连分数. 令该极限值为 x，则有

$$x=1+\frac{1}{x}\text{ 或 }x^{2}-x-1=0 \tag{3-4}$$

式（3-4）之一解为 $x_1=\dfrac{1+\sqrt{5}}{2}=1.618\cdots$，由于 $x^{-1}=x-1$，x 的倒数可以由 x 减去 1 而得，即 $\dfrac{1}{x}=0.618\cdots$，而该值为 $\dfrac{F_n}{F_{n-1}}$ 的极限. 对 $g-1$，g，$g+1$ 三个数，它们有下述关系：

$$g+1=g^{2},\quad \frac{1}{g}=g-1$$

其中第一个等式用式（3-4）得到. 有学者将 $g-1$，g，$g+1$ 称为奇妙的无理数三兄弟.

性质 3.3　$F_n^2+F_{n+1}^2=F_{2n+1}$，$F_{n+1}^2-F_{n-1}^2=F_{2n}$.
即相邻的斐氏数之平方和（差）仍为斐氏数.
如：$1^2+1^2=2$，$1^2+2^2=5$，$2^2+3^2=13$，等等.
性质 3.4　$F_{n+1}^2=F_nF_{n+2}+(-1)^n$.
即对连续三项斐氏数，首尾两项之积，与中间那项平方之差为 1.

如：$1^2 = 1 \times 2 - 1$，$2^2 = 1 \times 3 + 1$，$3^2 = 2 \times 5 - 1$ 等.

由性质 3.4 立即得到：

性质 3.5 两相邻斐氏数互素，即 $(F_n, F_{n+1}) = 1$.

性质 3.6 $F_1 + F_2 + \cdots + F_n = F_{n+2} - 1$；$F_1^2 + F_2^2 + \cdots + F_n^2 = F_n \times F_{n+1}$.

$F_1 + F_3 + \cdots + F_{2n-1} = F_{2n}$；$F_2 + F_4 + \cdots + F_{2n} = F_{2n+1} - 1$.

$F_{n+m} = F_{n-1} \times F_m + F_n \times F_{m+1}$.

性质 3.7 $F_{n+2}^2 - F_{n+1}^2 = F_n F_{n+3}$.

如：$2^2 - 1^2 = 1 \times 3$，$3^2 - 2^2 = 1 \times 5$，$5^2 - 3^2 = 2 \times 8$.

性质 3.8 除 0 与 1 外，唯一是平方数的斐氏数为 $F_{12} = 144$，也恰好为其指标 12 的平方；只有 1 及 8 是两个斐氏立方数.

性质 3.9 对于任意四个相继的斐氏数 a，b，c，d，有 $c^2 - b^2 = ad$.

性质 3.10 用一个固定正整数除所有各项，其余数都有周期性变化规律.

如：用 4 除后，得余数：1，1，2，3，1，0，1，1，2，3，1，0，1，1，2，3，1，0，….

用 3 除后，得余数：1，1，2，0，2，2，1，0，1，1，2，0，2，2，1，0，1，1，….

性质 3.11 若 $n \mid m$，则 $F_n \mid F_m$，即若 m 为 n 之倍数，则 F_m 为 F_n 之倍数.

如：$F_3 \mid F_{15}$，$F_5 \mid F_{15}$.

性质 3.12 每第三个数可以被 2 整除，每第四个数可以被 3 整除，每第五个数可以被 5 整除，每第六个数可以被 8 整除等，这些除数本身也构成斐氏数列.

性质 3.13 除 F_3 外，每一斐氏数若为素数，则其指标数亦为素数.

如：$F_7 = 13$，$F_{13} = 233$，13 与 233 均为素数，而 7 与 13 也均为素数，可以用性质 3.10 证明. 注意性质 3.13 的逆不成立. 如：虽然 19 为素数，$F_{19} = 4181 = 37 \times 113$. 又虽素数有无穷多个，但斐氏数列中是否有无限多个素数，至今还是一个谜.

性质 3.14（1953 年，Stancliff 给出）$\sum_{i=1}^{\infty} \dfrac{F_i}{10^{i+1}} = \dfrac{1}{89}$.

这里 89 是斐氏数列中第 11 项，且为一素数，该数的倒数为 44 位循环小数，这个结果是十分意外的，数学家认为这是斐氏数列之一古怪的性质. 因为斐氏数列都是正整数数列.

性质 3.15 以两序数的最大公约数为序数的项等于该两序数对应项的最大公约数.

即：$F_{(m,n)} = (F_m, F_n)$（法国数学家吕卡（F. E. Lucas，1842—1891）给出）.

性质 3.16 末位数字的周期性：末位数字的周期是 60，即 $U_{n+60} \equiv U_n (\bmod 10)$.

1，1，2，3，5，8，3，1，4，5，9，4，3，7，0，7，7，4，1，5，6，1，7，8，5，3，8，1，9，0，9，9，8，7，5，2，7，9，6，5，1，6，7，3，0，3，3，6，9，5，4，9，3，2，5，7，2，9，1，0，1，1，2，3，5，….

末二位数字的周期是 300，末三位数字的周期是 1500，末四位数字的周期是 15000；末五位数字的周期是 150000. 这一性质是惊人的.

3.1.3 斐氏数列趣话

斐氏数列有着广泛的应用，如在数学、物理、化学、天文学中经常出现，并且有许多有趣的性质；尤其是斐氏数列可以用于优选法，因而近年来研究斐氏数列的人越来越多.

有趣的是，斐氏数列从兔生小兔这一自然现象引出，而反过来又是大自然的一个基本模式. 科学家们发现，自然界中有许多有趣的现象与斐氏数列有关.

1. 自然界中花朵的花瓣中存在斐氏数列特征

生物学家们发现，花瓣数是极有特征的. 多数情况下，花瓣的数目都是 3，5，8，13，21，34，55，89，144，…，这些数恰好是斐波那契数列中的某些项. 例如：百合花有 3 瓣花瓣，至良属的植物有 5 瓣花瓣；许多翠雀属植物有 8 瓣花瓣；万寿菊的花瓣有 13 瓣，紫莺属的植物有 21 瓣花瓣；大多数雏花有 34，55，89 瓣花瓣. 在向日葵的花盘中葵花籽的螺旋模式中也可以发现斐氏数列，菠萝、冬青、球花、牛眼菊和其他许多植物的花的花瓣也恰好是斐波那契数列中的数. 更有趣的是：有一位学者细心地数过一朵花的花瓣，发现这朵花的花瓣刚好有 157 瓣；且他又发现其中 13 瓣与其他144瓣有显著的不同，特别长并卷曲向内，这表明这朵花的花瓣数目是由 $F_7 = 13$ 和 $F_{12} = 144$ 合成的. 这一模式几个世纪以来一直被广泛研究，但真正意义上的解释直到 1993 年才给出. 目前科学家们对这一模式还在不断研究.

2. 斐氏数列与游戏

一位魔术师拿着一块边长为 13 尺（1 尺 = 0.333 米）的正方形地毯，对他的地毯匠朋友说：“请你把这块地毯切成 4 块，再把它们缝成长 21 尺、宽 8 尺的长方形地毯.”地毯匠算了一下：$13^2 = 169$，$21×8 = 168$，两块地毯的面积相差 1 平方尺，这怎么可能呢？可魔术师让地毯匠用如图 3-1、图 3-2 所示的办法神奇地达到了目的，真是不可思议，那 1 平方尺跑到哪里去了呢？

这里，注意到斐氏数列有这样的性质（见性质 3.4）：

$$F_n^2 - F_{n+1} \to F_{n-1}(-1)^{n-1}\left[F_1^2 - F_2 F_0\right] = (-1)^n$$

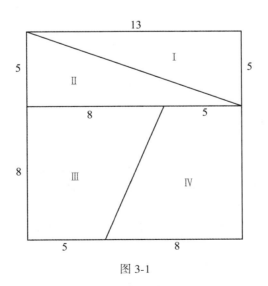

图 3-1

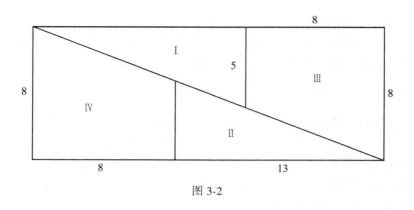

图 3-2

魔术师正是采用了斐波那契数之间的这一关系：$F_6 = 13$，$F_7 = 21$，$F_5 = 8$.

虽然有 $13^2 - 21 \times 8 = 1$，但若不仔细研究，那 1 平方尺竟不知道去向了.

3. 雄蜂家系与斐氏数列

众所周知，一般动物都有父亲和母亲，但雄蜂是例外，它只有母亲而没有父亲. 养过蜜蜂的人都知道，蜂后产的卵，若能受精则孵化成雌蜂；如果不受精，则孵化成雄蜂. 也即雄蜂是有母无父，雌蜂是有父有母的. 因此，我们若追溯一只雄蜂的祖先，则可以发现其第 n 代的祖先数目刚好就是斐氏数列的第 n 项 F_n.

4. 斐氏数列应用于生活（上台阶）

只有一个台阶时，只有一种走法，$F_1 = 1$.

两个台阶时，走法有 2 种，一阶一阶或者一步上两个台阶，所以 $F_2 = 2$.

三个台阶时，走法有一步一阶，2 阶再 1 阶，1 阶再 2 阶，因此，$F_3 = 3$.

四个台阶时，走法有（1，1，1，1），（1，1，2），（1，2，1），（2，1，1），（2，2），共 5 种走法. 故 $F_4 = 5$.

依此类推，有数列：1，2，3，5，8，13，21，34，55，89，144，233，377，…

用 1 元、2 元钞若干张能支付 1 元，2 元，3 元，4 元，…的支付方式，刚好成斐氏数列.

3.2 黄金分割

早在 2000 多年前，欧几里得就在《几何原本》一书中提出了"中外比"的几何作图问题，而卡勒说："几何学有两大宝藏，其一为毕达哥拉斯定理，其二为将一线段分成外内比. 前者如黄金，后者如珍珠."

外内比线段：如图 3-3 所示，将线段分为两段，使其中较短线段与较长线段的比等于较长线段与整个线段的比.

为了能够用尺规作出该点，人们往往是先求出它的代数表达式，为简便计算，设所给的 AB 的长为 1，且设 C 为所求的分点，同时设 $AC = x$，则 $CB = 1 - x$，依题意有：

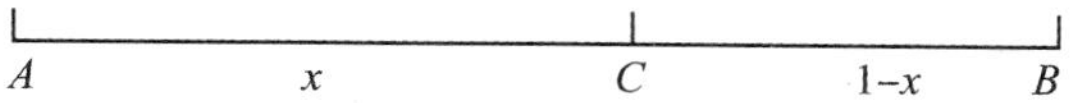

$$A \qquad x \qquad C \qquad 1-x \qquad B$$

图 3-3

$$\frac{x}{1} = \frac{1-x}{x} \ \text{或} \ x^2 + x - 1 = 0$$

解出 $x = \dfrac{-1+\sqrt{5}}{2}$，另一根 $x = \dfrac{-1-\sqrt{5}}{2} < 0$（舍去）.

注意到，上述长段与短段之比值，恰为斐氏数列后项与前项比的极限值（这是 Simson 在 1753 年首先发现的），这个数称为黄金比（golden ratio）、黄金分割（golden section）或黄金数（golden number）. 一线段中使长段与短段之比为黄金比的那一点，称为该线段的黄金分割点. 有时，人们对黄金比、黄金数、黄金分割不加区别，而实际意义的黄金数是指 $\dfrac{x}{1} = \dfrac{1-x}{x}$. 此时，$x = \dfrac{\sqrt{5}-1}{2} = 0.618$ 正好是 $x = \dfrac{1+\sqrt{5}}{2}$ 的倒数.

3.2.1　黄金分割的几何作图

如图 3-4 所示，设有线段 AB，过点 B 作 AB 之垂线，并取点 C，使 $CB = \dfrac{AB}{2}$，连接点 A、点 C，以点 C 为圆心、以 CB 为半径画弧，交 AC 于点 E，再以点 A 为圆心，AE 为半径，画弧交 AB 于点 D，则点 D 即为 AB 之黄金分割点.

$$AD : AB = \frac{\sqrt{5}-1}{2} = 0.6180339\cdots$$

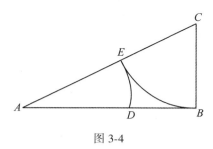

图 3-4

3.2.2　黄金长方形之作图

如图 3-5 所示，首先，作长方形 $ABCD$，取 DC 中点 E，以点 E 为圆心、BE 为半径画弧交 DC 之延长线于点 G，过点 G 作 DG 之垂线，交 AB 之延长线于点 H，则 $AHGD$ 为所求.

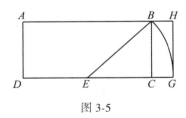

图 3-5

数学上认为黄金长方形为一极美的图形. 在数学、艺术、建筑、自然界,甚至广告等领域,处处可以见到黄金长方形. 心理学家曾做过实验,证实黄金长方形是让人看起来最顺眼且最舒服的一种长方形. 一般窗户的高与宽、矩形画面、照片、书籍等长与宽之比大多接近黄金分割比. 黄金长方形中截去以短边为边长的正方形,那么余下的长方形与原长方形相似,也是黄金长方形.

3.2.3 黄金三角形

称底腰之比为 0.618 的等腰三角形为黄金三角形.

在图 3-6 所示的黄金三角形 ABC 中,$\dfrac{BC}{AB} = 0.618$(这样的三角形底角、顶角分别为 $72°$,$36°$).

命题 3.1 如图 3-6 所示,黄金三角形中截去以腰为底的等腰三角形,余下的以底为腰的 $\triangle DBC$ 为黄金三角形.

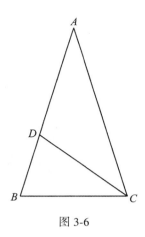

图 3-6

取 AB 上的点 D 设 $AD = BC$(底),从黄金三角形定义可知 $\triangle ABC$ 为等腰三角形,于是 $\triangle BCD$ 是黄金三角形.

命题 3.2 黄金三角形中以底为腰截去一小等腰三角形,使小等腰三角形与原来等腰三角形的面积之比为 0.618,则余下部分为等腰三角形.

3.2.4　五角星与黄金比

其实，毕达哥拉斯学派的学者们早已发现了五角星中蕴藏着许多中外比，如图 3-7 所示.

$$\frac{BC}{AB} = \frac{AC}{AD} = 0.618\cdots$$

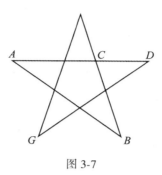

图 3-7

或许出于不解，或许出于新奇，毕达哥拉斯学派居然用五角星作为他们的徽标. 同时在五角星 5 个顶点上标着 ν，γ，ι，$\varepsilon\iota'$，α，它们恰好组成希腊文中的"健康"一词（$\nu\gamma\iota\varepsilon\iota'\alpha$），如图 3-8 所示.

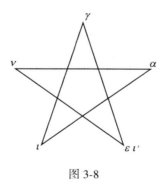

图 3-8

正五角星中还隐藏着两种特殊的等腰三角形，如图 3-7 所示：一种底角为 36°，如 $\triangle ABC$；一种是顶角为 36°，如 $\triangle AGD$.

3.2.5　黄金数趣谈

1. 优选法与黄金分割

美国学者基弗于 1953 年提出了一种多、快、好的科学试验方法——优选法，因此优选法也称为快速优选法. 20 世纪 70 年代，经过华罗庚教授的倡导和推广，优选法在我国的应用取得了巨大的成功.

所谓优选法,就是用最快的速度把最优的方案选出来. 优选法被广泛运用于科学实验、工业生产以及日常生活中. 在实际操作中,常用"折纸法"来安排实验,同时还要用到黄金分割数 0.618,因而优选法又被称为黄金分割法.

下面举例说明优选法的操作方法:

设某工厂为配制某种合金淬火用水溶液,应该放入多少氢氟酸才能达到最好的效果?为此,需在 1~100mL 之间比较选择. 可以离散地从 1mL 起每次实验增加 1mL,做 101 次实验,比较结果,筛选出最优方案. 能否少做一些实验? 能否兼顾到在两离散数之间可能存在的最优方案?

下面采用黄金分割法,如图 3-9 所示,AB 长表示 100mL,在其中取 D,C 两点为黄金分割点,使得 $AC:AB=DB:AB=0.618$.

图 3-9

做两次实验:$(100-61.8)=38.2(\text{mL},D)$,$61.8(\text{mL},C)$. 比较两者得到较优效果,不妨设 D 为优,则最优就肯定在 CA 之间,即 61.8~100mL 之间不可能出现最优方案,如果 C 为优,作类似的处理.

再做两次实验:在 AC 之间取两黄金分割点,其中一个是点 E,另一个就是点 D(由黄金数的性质). 取相应毫升数做实验,评比谁较优. 不妨设 E 最优,就舍去 DC 之间的毫升数. 再在 AD 之间求两个黄金分割点. 择优依次类推,就可以得到一个含所需精度的最优答案:在0~100mL 之间,取多少氢氟酸使结果为最优.

2. 用纸折出黄金分割点

如图 3-10 所示,取一张正方形纸片 $ABCD$,先折出 BC 的中点 E,然后折出直线 AE. 再通过折叠使得 EB 落到直线 EA 上,折出点 B 的新位置点 G,因而 $EG=EB$.

类似地,在 AB 上折出点 X,使得 $AX=AG$. 这时点 X 就是 AB 的黄金分割点.

3. 小康型购物公式

吴振奎先生曾以黄金数 0.618 为尺度,提出了一个"小康型购物公式",如图 3-11 所示.

小康型消费价格 $= 0.618×($高档消费价格$-$低档消费价格$)+$低档消费价格.

这就是说,在选购商品时,消费者可以根据自己的财力状况,若认为高档消费价格过于昂贵,而低档消费价格的商品又不尽如人意,则消费者可以选购价格为上面公式所给出的价格的商品——该价格中等偏上,称得上"小康"消费水准.

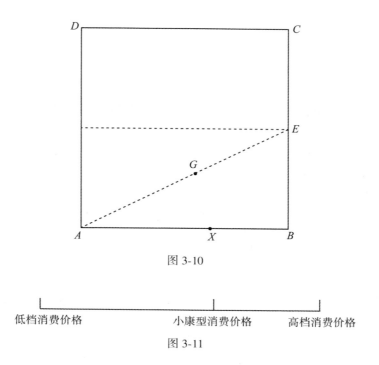

图 3-10

低档消费价格　　　　　小康型消费价格　　高档消费价格

图 3-11

举例来说：若消费者需要购买一台手提电脑，据调查，得知高档消费价格在 12800 元左右，低档消费价格在 2800 元左右，那么消费者的小康消费水准为

$$（12800-2800）元×0.618+2800 元=8980 元$$

换句话说，价格为 9000 元左右为宜．这正是大多数电脑爱好者喜欢且接受的价格．

上述公式对指导商品生产等也有实际价值．

4. 黄金分割与美学

黄金分割，顾名思义，应当有着黄金一样的价值，人们喜欢黄金分割．

所谓"黄金比"，即具有黄金一样宝贵的性质．事实上，黄金分割的确与众不同，黄金分割在艺术上和建筑业中都非常有用．无论是古埃及的金字塔、古希腊的巴特农神庙，还是巴黎圣母院、印度泰姬陵，以至于近代法国的埃菲尔铁塔、加拿大多伦多电视发射塔，等等，都有不少与黄金比有关的数据．人们发现，这种比例用于建筑物上，可以除去人们视觉上的凌乱，加强建筑物形体的美感．

达·芬奇还把黄金分割引入绘画艺术之中，其名画《蒙娜丽莎》就是按黄金矩形来构图的．

许多著名乐章高潮在全曲的 0.618 处．在艺术舞台上，一位有经验的节目主持人，报幕时所站的位置在离左边或右边的 $\frac{1}{3}$ 多一点的地方，这样会让观众在视觉上感到主持人自然大方，在听觉上感到音响效果比较好．用数学的观点来解释，就是主持人站的位置正好符合黄金分割的法则.

芭蕾舞演员之所以用脚尖跳舞，就是因为这样能使观众感到演员的腿长与身高的比例更加符合黄金分割的法则，舞姿显得更加优美.

有趣的是，人体中有着许多黄金分割的例子，如人的肚脐是人体长的黄金分割点，而膝盖又是人体肚脐以下部分体长的黄金分割点.

德国天文学家研究植物叶序（即叶子在茎上的排列顺序）问题时发现，叶子在茎上的排列也遵循着黄金分割.

三叶轮状排布的植物，其两叶在茎垂直平面上投影的夹角是 $137°28'$，这种角度恰好把圆分成 $1:0.618\cdots$ 时两半径的夹角.

科学家们研究发现叶子的这种排列对于植物通风、采光都是最佳的. 正因为如此，建筑学家们仿照植物叶子在茎上的排列方式设计，建造了新式仿生房屋，不仅外形新颖、别致、美观大方，同时还有优良的通风、采光性能.

5. 军事上的黄金分割数

上述所罗列的事例还仅仅是沧海一粟，因此在人们眼里，黄金分割数总是与美联系在一起的. 难怪有人称，黄金分割数具有黄金一样的价值. 然而，任何事物都有两面. 黄金分割数也不例外，在血与火的战场上，黄金分割数却给战争之神披上了神秘的面纱.

读过战争史的人们会发现，在战争中，攻击方选择主要攻击点大多在整个战线的黄金分割点上. 在马其顿帝国的亚历山大与波斯帝国大流士的阿贝拉之战中，亚历山大把他的攻击点选在了军队的左翼中央结合部，这个部位恰好是整个战线的"黄金分割点".

1942 年 6 月开始的苏联卫国战争的转折点——斯大林格勒战役，不早不晚，正好发生在战争爆发后的第 17 个月. 正是德军由盛转衰的 26 个月时间轴上的"黄金分割点". 更有趣的是，在海湾战争中，美国在发动地面战之前摧毁了伊军 4280 辆坦克中的 38%、2280 辆装甲车的 32%、3100 门火炮中的 47%，这时伊军的实力已经下降至 60% 左右，接近黄金分割数，这正是军队丧失战斗力的临界点.

3.3 连分数及其应用

在讨论斐波那契数列的性质时，我们见到了一个有趣的分数：

$$\frac{F_{n+1}}{F_n} \to 1+\cfrac{1}{1+\cfrac{1}{1+\cdots}}$$

其实这就是所谓的连分数，连分数有许多应用. 为此，先介绍一下几个有关的概念.

3.3.1 简单连分数

1. 连分数

若 a_0 为整数，a_1，a_2，$\cdots$ 皆为正整数，则

$$a_0 + \cfrac{1}{a_1 + \cfrac{1}{a_2 + \cfrac{1}{a_3 + \cdots}}}$$

称为简单连分数, 为了书写方便, 常用符号$[a_0,\ a_1,\ a_2,\ \cdots]$来表示, 分数

$$a_0 + \cfrac{1}{a_1 + \cfrac{1}{a_2 + \cfrac{1}{a_3 + \cdots + \cfrac{1}{a_n}}}}$$

称为有限连分数.

例 3.1　$[1,\ 2,\ 2,\ 2] = 1 + \cfrac{1}{2 + \cfrac{1}{2 + \cfrac{1}{2}}} = 1 + \cfrac{1}{2 + \cfrac{1}{\frac{5}{2}}} = 1 + \cfrac{1}{2 + \frac{2}{5}} = 1 + \cfrac{1}{\frac{12}{5}} = \frac{17}{12}.$

例 3.2　$\dfrac{37}{11} = 3 + \dfrac{4}{11} = 3 + \cfrac{1}{\frac{11}{4}} = 3 + \cfrac{1}{2 + \frac{3}{4}} = 3 + \cfrac{1}{2 + \cfrac{1}{\frac{4}{3}}} = 3 + \cfrac{1}{2 + \cfrac{1}{1 + \frac{1}{3}}} = [3,\ 2,\ 1,\ 3].$

或者

$$\frac{37}{11} = 3 + \cfrac{1}{2 + \cfrac{1}{1 + \cfrac{1}{2 + \frac{1}{1}}}} = [3,\ 2,\ 1,\ 2,\ 1].$$

结论 3.1　任何一个有理数都可以展开为有限简单连分数.

结论 3.2　任何一个有限简单连分数都可以化为一个有理数.

2. 渐近分数

渐近分数分别由原连分数在第一、第二、第三 ……处切断而得到, 这些分数分别称为连分数的第一个、第二个、第三个……渐近分数.

3.3.2　连分数在历法学中的应用

1. 为什么 4 年一闰, 而百年又少一闰

从天文学知道, 一年有 365.242200…个所谓的"平均日", 而不是 365 个平均日. 换句话说, 如果地球绕太阳一周是 365 天整, 那么我们就不需要分平年与闰年了. 也就是说, 没有必要每隔 4 年把 2 月份 28 天改成 29 天了. 如果地球绕太阳一周恰好是 365.25 天, 那么我们每四年加一天的算法就可以非常精确, 没有必要每隔 4 年又加一天了. 如果地球绕太阳一周恰好是 365.24 天, 那么一百年就有 24 个闰年. 四年一闰而百年少一闰就是我们用的历法的来源. 由$\dfrac{1}{4}$可知, 每四年加一天, 由$\dfrac{24}{100}$知, 每百年加 24 天, 但是事情

并不是那样简单. 地球绕太阳一周的时间是 365.24220… 个所谓的"平均日". 当然, 年与日这样复杂的比值在实际生活中根本是不方便的. 若用天文年则为 365.2422. 这一小误差逐渐引起了季节和日历关系之间的难以预料的大变动. 例如 16 世纪, 春分是 3 月 11 日, 而不是原来的 3 月 21 日. 中国历史上曾经有过多次重大的历法改革, 其根本原因就在于此.

为了比较精确地确定, 必须用更简单的数来代替"平均日". 即便是准确度差一点也行, 分解 365.24220… 成连分数, 我们得到

$$365.24220\cdots = 365 + \cfrac{1}{4 + \cfrac{1}{7 + \cfrac{1}{1 + \cfrac{1}{3 + \cdots}}}}$$

这里前几个渐近分数是:

$$365, \qquad 365\frac{1}{4}, \qquad 365\frac{7}{29}, \qquad 365\frac{8}{33}, \qquad 365\frac{31}{128}, \qquad 365\frac{163}{673}, \qquad 365\frac{10463}{43200}, \qquad \cdots$$

这些渐近分数也是一个比一个更精密. 这说明 4 年加 1 天是初步的最好的近似值. 但 29 年加 7 天则更精确些. 33 年加 8 天又更精确些. 而 99 年加 24 天正是我们的百年少一闰的由来. 由前面的数据也可以知晓, 128 年加 31 天更精确. 积少成多, 如果过了 43200 年, 照百年 24 闰的算法, 一共加了 $432 \times 24 = 10368$ 天, 但是照精确的计算算法, 却应该是 10463 天. 这样一来, 少加了 95 天. 这说明, 按照百年 24 润的算法, 过 43200 年后, 人们将提前 95 天过年, 也就是秋初就要过年了. 所以历法又规定每 400 年加一闰, 这样做闰年又多了. 所以进一步规定, 世纪数不能被 400 整除的世纪年如 1700 年、1800 年、1900 年、2100 年等不是闰年, 而其余的世纪年如 1600 年、2000 年、2400 年等是闰年.

2. 农历的月大月小、闰年闰月

为什么农历大月 30 天而小月 29 天? 我们知道, 朔望月是 29.5306 天, 把小数部分展成连分数:

$$0.5306 = \cfrac{1}{1 + \cfrac{1}{1 + \cfrac{1}{7 + \cfrac{1}{2 + \cfrac{1}{33 + \cfrac{1}{1 + \cfrac{1}{2}}}}}}}$$

其渐近分数是:

$$\frac{1}{1}, \qquad \frac{1}{2}, \qquad \frac{8}{15}, \qquad \frac{9}{17}, \qquad \frac{26}{49}, \qquad \frac{867}{1634}, \qquad \frac{893}{1683}$$

也就是说, 就一个月来说, 最近似的是 30 天, 两个月就应当一大一小, 而 15 个月中应当 8 大 7 小, 17 个月中 9 大 8 小等. 就 49 个月来说, 前两个 17 个月里, 都有 9 大 8 小,

最后 15 个月里，有 8 大 7 小，这样在 49 个月中，就有 26 个大月.

关于农历的闰月，因地球绕太阳一周需 365.2422··· 天，朔望月是 29.5306 天，而这正是我们通用的农历月. 因此，一年中应当有

$$\frac{365.2422}{29.5306} = 12\frac{10.8750}{29.5306}$$

个农历的月份，也就是说多于 12 个月. 因此农历有些年是 12 个月，有些年是 13 个月，称为闰年. 把分数部分展成连分数，得到

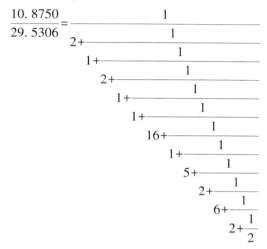

$$= [2,\ 1,\ 2,\ 1,\ 1,\ 16,\ 1,\ 5,\ 2,\ 6,\ 2,\ 2]$$

其渐近分数是：

$$\frac{1}{2},\quad \frac{1}{3},\quad \frac{3}{8},\quad \frac{4}{11},\quad \frac{7}{19},\quad \frac{116}{315},\quad \frac{123}{334},\quad \frac{731}{1935}$$

因此，2 年 1 闰太多，3 年 1 闰太少，8 年 3 闰太多，11 年 4 闰太少，19 年 7 闰嫌多.

📄 **附：**

斐波那契数列与人生

斐波那契数列来自自然，本质上代表了自然事物生成的一种模式——遗传规律，其后代由前两代决定. 事物的存在都有其模式，模式的背后都有其道理，也有其奥秘. 斐波纳拉契数列不仅具有许多美妙的性质，还有许多实际的应用.

其实，人生的几个重要节点基本都在斐波纳契数列节点(0，1，2，3，5，8，13，21，34，55，89，…)上，只要我们能很好地把握住这几个节点，我们的人生会更加出彩.

0 岁 生命降临，人生的开始.

1~2 岁 一个人开始学说话，学走路，是大脑发育的关键时期，是全脑启蒙的关键时期. 从运动敏感期到秩序敏感期、细小东西敏感期、感官敏感期、语言敏感期、社交敏感期等，一步一步成长，毫无保留地吸收各种刺激，获得各种技能，为下一阶段更好地探索社会、探索未来奠定良好的基础，这个阶段形成的各种行为习惯，也将内化成一种秉性，对其一生性格特质的形成都有非常重大的影响.

3 岁 一个人性格形成的重要时期，脑部的发育已经达到成人的90%. 而3岁是独立的开始，俗话说"三岁看老"就是这个道理，可见3岁的重要意义.

5 岁 人生开始发生重要变化，主要特点是开始追求独立.

8 岁 开始有计划地学习书本知识，规划自己的学习目标，甚至规划自己的终身目标.

13 岁 开始从小学到中学的转变，进入中学学习. 从小学到初中又是学生学习和心理上的一个重要过渡时期. 要学会制订学习计划，有计划地学习. 思想上不能松懈，时时刻刻提醒自己，要刻苦努力，不要掉队. 要摒弃小学毛躁、不安的学习心态，养成认真、踏实的学习习惯.

21 岁 基本确定志向，人生观、世界观已经形成，开始做出重要选择，有的已开始迈入社会，自身素质已经养成，此时尤其要把握好.

34 岁 应该是一个人成熟的开始，是人生事业发展的黄金期，每个人都有差异，一般在30~50岁之间，其重要性是不言而喻的，这就是人们常说的"三十而立".

55 岁 人生的价值基本定型.

……

由此可见，斐波那契数列的时间节点在人生中必定是至关重要的，掌握其规律，并高度重视这几个时间节点，必定会使自身成长少走弯路，创造不俗的人生.

现实生活中，孩子的教育是年轻父母绕不过去的话题，尤其是孩子叛逆，是家长最头疼最关注的问题之一. 其实，家长不明白的是，所有的叛逆都表示着孩子在长大. 在不同的年龄阶段，孩子会表现出不同的叛逆行为，如果家长能够理解这些行为背后隐藏的心理需求，也许所有的问题都会迎刃而解.

其实斐波那契数列在人生成长过程中还有一个重要作用，就是在掌握孩子较叛逆的3个年龄段上做好教育引导，效果会更好，比打骂管用很多倍.

而这较叛逆的 3 个年龄段正好是斐波那契数列节点(这是不是巧合?):

孩子的第一次叛逆期: 2~3 岁.

这是从婴儿过渡到幼儿的阶段. 英文"terrible two", 翻译过来就是"可怕的 2 岁". 2 岁之前, 孩子是一个只会乖乖服从大人命令的小天使. 而在 2 岁之后, 就会随时变身为"愤怒的小鸟", 爱和家长对着干, 越让他做什么他就偏不做什么, 自己还有很多小主意, 总是想方设法地实施自己的想法, 为一丁点儿的事情就乱发脾气等.

经过一年的酝酿, 叛逆在 3 岁达到了顶点. 面对两三岁孩子的不听话、难管教, 很多家长都不知所措, 轻则指责说教, 重则打骂. 其实, 3 岁是一个转折点, 所有的叛逆都代表孩子在长大, 有了主见和独立意识, 所以, 爸爸妈妈们一定要有耐心.

孩子的第二次叛逆期: 8 岁左右.

8 岁左右是孩子从幼儿过渡到少年的阶段. 强烈的逆反心理是这个阶段孩子的常见现象, 他们赖床、不收拾房间、挑食, 做作业拖拉、看电视毫无节制、厌学, 爱和父母对着干等.

孩子的第三次叛逆期: 13 左右的青春期.

从青春期一开始, 无论男孩还是女孩, 他们的身心就被一股巨大的力量所占据和控制, 想法和行为都将产生剧烈的变化. 这让他们就像长了犄角的小马, 既倔强又刺儿头, 以自我为中心, 易怒, 爱发脾气, 不听话. 而这股力量就是荷尔蒙. 科学家发现, 荷尔蒙是大脑中掌管情绪的地方——杏仁核特别活跃, 因此青少年的情绪起伏都比较大.

而掌管理智、决策的大脑总指挥, 一般要到 21 岁左右成熟. (注意, 21 仍然是一个斐波那契节点数).

总之, 在我们的人生中, 始终存在着斐波那契现象, 让我们的生活甚至人生以一种斐波那契数列"优化方式"进行规划, 值得人们思考.

复习与思考题

1. 试列出两部斐波那契名著的名称.
2. 试写出斐波那契数列的第 11~13 项.
3. 试写出斐波那契数列的通项公式.
4. 黄金数是指什么?
5. 斐波那契数列与黄金数有什么关系?
6. 试给出生活中黄金分割的例子(2 个以上)?
7. 为什么四年一闰, 而百年又少一闰?
8. 试给出自己认为最有趣的斐波那契数列的三个性质.
9. 试将实数 365.24220 进行连分数展开, 写出其前 4 个渐近分数.
10. 试分析目前纪年方式中四年一闰、百年少一闰的局限性.

第 4 章　幻方文化——数学文化的起源

4.1　幻方基本知识

4.1.1　从河洛文化说起

中国《易经》上记载了两个有趣的故事：

其一，在远古的伏羲时代，有一匹神奇的龙马背负着一张神秘的图，出现在黄河水面，人们把那张图称为"河图".

其二，据传说，大约公元前 2000 年，陕西洛河的洪水常常泛滥成灾，威胁着两岸人们的生活与生产. 于是，大禹日夜奔忙，三过家门而不入，带领人们开沟挖渠，疏浚河道，驯服了河水，感动了上天. 事后，一只神龟从河中跃出，驮着一张图献给大禹，图上有 9 个数字，大禹因此得到上天赐给的 9 种治理天下的方法. 这张图，就是闻名于世的"洛书"，如图 4-1 所示. 洛书中每个小圆圈都代表一个数. 所以把该图写成现在的形式就是图 4-2.

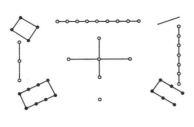

4	9	2
3	5	7
8	1	6

图 4-1　　　　　　　　　　　　　　　　图 4-2

图 4-2 是由三行三列 9 个数字组成的正方形排列，图 4-2 中的每一行、每一列、每条对角线上的 3 个数字的和都是同一个常数 15. 这种美妙的正方形排列，在我国历史上，曾称为"九宫图"，亦称为"纵横图". 后来，人们称它为"幻方". 因为图 4-2 是由三行三列组成的，所以该图被称为 3 阶幻方. 现已确认，洛书是世界上最古老的幻方.

"河图""洛书"的出现带有十分神秘的色彩，被当作圣人出世的预兆和安邦治世的奇珍.《周易》中就有"河出图，洛出书，圣人则之"的说法. 孔夫子曾满怀抱负，周游列国，但都不能被重用.他的主张无法实现,他感到心灰意冷,叹息道:"凤鸟不至,河不出图,吾已矣夫!"(《论语·子罕》),其意思是"吉祥的凤凰没有飞来,神奇的河图未能出现,不会有圣人来采纳我的主张,一切算了吧!"

去掉那神秘的传说,且看这"河图""洛书"到底是什么.根据宋人著作中的图示,可见"河图""洛书"上那神秘的地方,就是两张点阵图(见图 4-1).而那些点阵图转换成数字,就得到一个由 1~9 这 9 个数字排成的 3×3 方阵(见图 4-2).在这个 3×3 的方阵中,每行(横的称为行)每列(纵的称为列)以及两条对角线上的 3 个数之和都是 15.宋朝著名的数学家杨辉称这种图为"纵横图",对该图进行深入的研究,并找到了"洛书"的构作方法:"九子斜排,上下对易,左右相更,四维推进,戴九履一,左三右七,二四为肩,六八为足."把这段话翻译成现代汉语是:

(1)将 1~9 这 9 个数字按顺序排成图 4-3(a)所示的三个斜行(九子斜排);

(2)将上面的 1 与下面的 9 对调(上下对易),左边的 7 与右边的 3 对调(左右相更),如图 4-3(b)所示;

(3)将上下左右 4 个凸出的数推进到相邻的 4 个空格内(四维挺进 1,就得到一个 3 阶幻方);

(4)可以看到:(5 在中央)头上 9,脚下是 1,左右是 3 和 7,两肩是 2 和 4,两脚是 6 和 8,如图 4-3(c)所示.

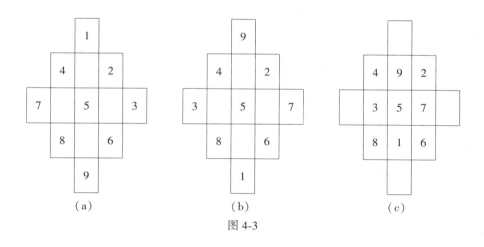

图 4-3

再把凸出的 4 个小方块折叠到空白处便是"洛书",杨辉还把"洛书"推广为:将 1,2,…,$n^2(n \geqslant 3)$ 这 n^2 个连续的自然数排成一个 $n \times n$ 阶方阵,使得方阵的每行每列及两对角线上的 n 个数之和都相等.称满足这种要求的方阵为"n 阶纵横图",也称为"n 阶幻方".显然,"洛书"解决了 3 阶幻方的存在问题;而杨辉的工作,就是今天组合数学的构造问题.

4.1.2 幻方的基本知识

在一个方阵中,如果每行、每列以及两主对角线上自然数之和分别都等于某一定值,则称该方阵为幻方.这个特定值称为幻和,每格内的自然数称为元素.幻方每边格数 n 称为幻方的阶. 如果每一对角线上的元素之和也都等于幻和, 则称该方阵为完美幻方. 幻方内元素全体的和称为幻方和. 在幻方中所有与其中心对称的两元素的和如果都相等, 则该幻方称为对称幻方. 幻方以阶数的奇偶分类, 即:

$$\text{幻方}\begin{cases}\text{奇数}(2n+1)\text{阶幻方} \\ \text{偶数}(2n)\text{阶幻方}\begin{cases}\text{奇数}(2(2m+1))\text{阶幻方} \\ \text{偶数}(4m)\text{阶幻方}\end{cases}\end{cases}$$

由于幻方的神奇, 故称之为"魔方", 并附上许多神秘色彩, 如在印度的一座古老神庙的门楣上, 发现了一个 4 阶幻方, 这个 4 阶幻方雕刻在石头上, 就像我国庙宇前的门神, 是吉祥物, 古印度人认为, 把幻方画在门楣上可以避邪, 戴在脖子上或腰上可以护身.

在西方最早提到幻方的是公元 130 年土耳其西部港口城市伊士麦的勒恩的著作, 公元 9 世纪幻方在占星学领域逐步发展, 阿拉伯占星家用幻方来占星和算命. 大约在公元 1300 年, 通过希腊数学家莫斯切普罗的著作, 幻方及其性质被传到西半球.

富兰克林是一个幻方迷. 他曾承认, 当他任宾夕法尼亚州议会的职员时, 为了消磨那乏味的办公时间, 他填出一些特殊的幻方, 甚至幻圆. 富兰克林的幻圆的彩色作品在纽约的一次拍卖中被一个私人收藏家高价买去了.

"河图""洛书"虽然只是一种简单的数字排列, 但对中国古代数学却产生了深远的影响. 我国不少著名数学家都认为"河图""洛书"是数学的本原, 数学起源于"河图""洛书". 除了杨辉, 宋朝数学家秦九韶就把数学的起源与"河图""洛书"关联起来, 他写道: "爰自河图洛书, 闿发秘奥; 八卦九畴, 错综精微, 极而至于大衍皇极之用."

明朝数学家程大位也把"河图""洛书"画在他的著作《直指算法统宗》的封面上, 并在序言中写道: "数何肇? 其肇自图书乎? 伏羲得之而画卦, 大禹得之以序畴……故今推明直指算法, 则揭河图洛书于自, 见数有本原云."

由此可见"河图""洛书"对中国古代数学的影响之大. 近年来, 我国对幻方的研究也颇为重视. 各种杂志上不断刊载对幻方研究的新成果, 这些成果大大地开拓了幻方研究的视野, 使幻方具有更多独特而深邃的性质, 在构造的难度和奥妙的深度上都已大大超过以往. 幻方这个起源于我国的神秘的数学问题, 其研究虽然曾一度落后于西方, 但最终在我国形成了一个丰富多彩的体系, 并逐步成为数学研究的重要课题.

4.2 妙趣横生的幻方

下面我们精选一些例子供读者赏析.

4.2.1 洛书图

前面提到的洛书图, 是唯一的 3 阶幻方. 但该幻方却有 8 种不同排列形式, 如图 4-4 所示.

读者可以观察这些图的变化: 将图Ⅰ中两列对调得到图Ⅴ, 将这两个 3 阶幻方分别以 5 为中心, 经过 3 次顺时针旋转 90° 后, 连同原来的可共得 8 种幻方, 但这 8 种不同的 3 阶幻方仅形式上不同, 我们认为是同一类型. 类型不同的幻方, 应该是两幻方涉及的所有算式的数字组合至少有一个不同:

用(i, j)表示第i行第j列元素. $(i, j)(m, n)$表示将第i行第j列元素与第m列第n行元素组合的数, 观察图 V 发现: 如果从元素 2(3, 1)开始, 取逆时针方向, 则$(1, 1)$为$4 = 2^2$, $(1, 3)$为$8 = 2^3$. 而$(2, 3)(1, 3)$为$16 = 2^4$; 再从元素 3(1, 2)起, 按顺时针方向: $(2, 1)$为$9 = 3^2$, $(3, 1)(3, 2)$为$27 = 3^3$, 而$(1, 3)(2, 3)$为$81 = 3^4$, 前者是 2, 2^2, 2^3, 2^4, 而后者恰是 3, 3^2, 3^3, 3^4. 注意 3 阶幻方有 8 种形式. 为什么"河图"正好选中这个(其他 7 个不具有上面的性质)? 这是巧合吗?

2	9	4
7	5	3
6	1	8

图 I

6	7	2
1	5	9
8	3	4

图 II

8	1	6
3	5	7
4	9	2

图 III

4	3	8
9	5	1
2	7	6

图 IV

4	9	2
3	5	7
8	1	6

图 V

8	3	4
1	5	9
6	7	2

图 VI

6	1	8
7	5	3
2	9	4

图 VII

2	7	6
9	5	1
4	3	8

图 VIII

图 4-4

4.2.2　九九图

我国宋朝数学家杨辉在《续与摘奇算法》中给出了一个 9 阶幻方, 如图 4-5 所示.

31	76	13	36	81	18	29	74	11
22	40	58	27	45	63	20	38	56
67	4	49	72	9	54	65	2	47
30	75	12	32	77	14	34	79	16
21	39	57	23	41	59	25	43	61
66	3	48	68	5	50	70	7	52
35	80	17	28	73	10	33	78	15
26	44	62	19	37	55	24	42	60
71	8	53	64	1	46	69	6	51

图 4-5

该幻方中蕴含着许多奇特的性质.

(1)距离幻方中心 41 的任何中心对称位置上两数之和都为 82. 注意 $1^2 + 9^2 = 82$.

（2）将幻方按图 4-5 中粗线分为 9 块，即为 9 个 3 阶幻方.

（3）若把上述 9 个 3 阶幻方的每个幻方的"幻和"值写在九宫格中，如图 4-6 所示，又构成一个新的 3 阶幻方；并且幻方中的 9 个数分别是首项为 111，末项为 135，公差为 3 的等差数列. 将这些数按大小顺序的序号填写在九宫格中，这个九宫格又恰好是"洛书"幻方，如图 4-7 所示.

120	135	114
117	123	129
132	111	126

图 4-6

4	9	2
3	5	7
8	1	6

图 4-7

（4）将幻方对角线上的数字全部圈起来，再从外向里用方框框上，则每个"回"形上圈里的 8 个数字与中心数 41 又分别构成 3 阶幻方（共四层，即 4 个）. 图 4-5 嵌套着 4 个 3 阶幻方，如图 4-8 所示.

31	81	11
21	41	61
71	1	51

（1）

40	45	38
39	41	43
44	37	42

（2）

49	9	65
57	41	25
17	73	33

（3）

32	77	14
23	41	59
68	5	50

（4）

图 4-8

4.2.3 素数幻方

素数幻方，顾名思义，就是全由素数构成的幻方. 我们已知素数的分布没有规律可循，因此要用素数构成幻方实在是一件难事. 可幻方爱好者们还是作出了一些幻方，如图 4-9、图 4-10 所示.

569	59	449
239	359	479
269	659	149

图 4-9

17	317	397	67
307	157	107	227
127	277	257	137
347	47	37	367

图 4-10

其中：图 4-9 所示幻方中各个元素中尾数全是 9，幻和为 1077；图 4-10 所示幻方中各个元素尾数全是 7，幻和为 798.

4.2.4 黑洞数幻方

图 4-11、图 4-12 所示的两个幻方堪称"两姐妹".

1341	1791	1476	1566
1836	1206	1701	1431
1611	1521	1746	1296
1386	1656	1251	1881

图 4-11

207	109	179
137	165	193
151	221	123

图 4-12

对于图 4-11 所示幻方，是 6174 的天下. 该幻方中，4 行 4 列 4 斜对角线及 4 副斜对角线上的 4 个四位数之和统统是 6174. 每一个田格中的 4 数之和都是 6174. 若再有规律地截得长方形、平行四边形、梯形等几何图形的 4 角中的四数之和，也是 6174 这个精灵.

更神奇的是 4 阶幻方中的 16 个数，通过一定的四则运算，它们个个可以变成 6174. 比如，我们任取一个数，如 1341，第一步将这个数按数字大小从大到小重新排序→从小到大重新排序→大数减小数.

$$1341 \to 4311 \to 1134 \to 4311 - 1134 = 3177$$

继续按大小重新排序，得出两个新数，并作差，即：

$$7731 - 1377 = 6354$$

再接着计算下去，就有：

$$6543 - 3456 = 3087, \quad 8730 - 0378 = 8352$$
$$8532 - 2358 = 6174, \quad 7641 - 1467 = 6174$$

在计算到第 5 次时，幻和 6174 出现了. 而且幻和出现以后，若再用这种运算法则计算一次，所得到的还是这个 4 阶幻方的幻和. 很显然，即使再计算一万次，还会是这个幻和 6174. 读者也可以再任取另一个数，用同样的算法，最多 6 次可到达 6174. 真是奇妙！

对于图 4-12 所示幻方，幻和为 495. 它与 6174 幻方一样美妙，它们像是两姐妹，在幻方舞台上，不断变化魔术，给人一种艺术美的感受. 数学中把 6174 和 495 这类数叫作黑洞数.

4.2.5 回文数幻方

全由回文数构成的幻方，称为回文数幻方. 图 4-13 所示为一个 4 阶回文数幻方. 这个回文数幻方的幻和是 13992. 该幻方还是一个 4 阶完美数幻方. 回文数本身具有对称的结构，而完美幻方又具有对称的特征. 数字的对称与幻方结构的对称相互映射，使得幻方表现出更美的趣味.

5665	1001	4664	2662
2442	4884	3443	3223
2332	4334	1331	5995
3553	3773	4554	2112

图 4-13

4.2.6 马步幻方

这里马步是指下象棋时，纵向二格、横向一格或横向二格、纵向一格的路线. 数学大师欧拉所作 5 阶幻方可以作为代表作. 这种幻方除具有对称性外，还具有一个特异的性质：从元素 1 开始，以自然数为序，按马步指向 1，2，…，25 等 25 个元素，时上时下，忽左忽右. 虽如闲庭信步，其结果恰好走完全局，如图 4-14 所示. 无一重逢，也无一空格，怎不令人拍案叫绝！

图 4-15 所示也是一个马步幻方，图 4-16 也是一个循马步路线走遍 7×7 格的例子.

23	18	11	6	25
10	5	24	17	12
19	22	13	4	7
14	9	2	21	16
1	20	15	8	3

图 4-14

1	14	9	20	3
24	19	2	15	10
13	8	25	4	21
18	23	6	11	16
7	12	17	22	5

图 4-15

11	22	33	44	13	24	3
32	43	12	23	2	45	14
21	10	39	34	37	4	25
42	31	36	1	40	15	46
9	20	41	38	35	26	5
30	49	18	7	28	47	16
19	8	29	48	17	6	27

图 4-16

4.2.7 方中含方

"幻方大王"弗里安逊（R. Frianson）所作 9 阶幻方，如图 4-17 所示，堪称幻方之绝. 该幻方中，方中含方、奇中有奇.

（1）用实线框出的正方形内，5×5 个小圆内 25 个元素构成了 5 阶幻方. 幻和为 205.

（2）虚线框出的正方形内其他 4×4 个元素构成一个 4 阶幻方. 幻和为 164.

42	58	68	64	①	8	44	34	50
2	66	54	㊺	11	㊲	78	26	10
12	6	㊲	53	21	69	㊿	46	20
52	⑦	35	23	31	39	67	㊺	60
㊲	65	57	49	41	33	25	17	⑨
22	㉗	15	43	51	59	47	㊻	30
62	36	⑲	13	61	29	③	76	70
72	56	4	⑤	71	㊲	28	16	80
32	48	38	74	㊱	18	14	24	40

图 4-17

（3）实线所框 5×5+4×4＝41 个数字全是奇数，而框外 40 个数全是偶数.

（4）关于中央行镜面对称的两个数，末尾数字都相同.

4.2.8　和、积幻方

图 4-18 与图 4-19 所示是两个和、积幻方，也称为加-乘幻方. 图 4-18 所示幻方的每一行和、列和、对角线和均为 840，图 4-19 的为 2115；图 4-18 所示幻方的每一行积（各数之积）、列积、对角线积均为 2058068231856000，图 4-19 的为 4006174536044515840000.

162	207	51	26	133	120	116	25
105	152	100	29	138	243	39	34
92	27	91	136	45	38	150	261
57	30	174	225	108	23	119	104
58	75	171	90	17	52	216	161
13	68	184	189	50	87	135	114
200	203	15	76	117	102	46	81
153	78	54	69	232	175	19	60

图 4-18

86	264	315	240	414	47	400	153	196
441	50	225	135	172	352	282	336	92
184	376	144	357	98	300	44	225	387
141	192	368	294	350	102	405	43	220
308	90	258	46	235	432	204	392	150
250	459	49	344	132	180	96	276	329
51	245	450	176	360	129	322	94	288
384	138	188	100	306	343	215	396	45
270	301	88	423	48	230	147	200	408

图 4-19

4.2.9　二次幻方

二次幻方就是它本身是一个幻方，同时幻方中各数的平方仍组成一个幻方．图 4-20 所示是一个 9 阶幻方，幻和是 20049.

10	47	57	42	76	5	71	27	34
79	8	45	21	28	65	50	60	13
31	68	24	63	16	53	2	39	73
23	33	67	52	62	18	75	1	38
56	12	46	4	41	78	36	70	26
44	81	7	64	20	30	15	49	59
9	43	80	29	66	19	58	14	51
69	22	32	17	54	61	37	74	3
48	55	11	77	6	40	25	35	72

图 4-20

4.2.10　雪花幻方

图 4-21 所示是一个全对称幻方．幻方中的数字对称中心"41"有对称性质，与 41 等距的两数之和总相等（如 62+20＝79+3＝67+15 等）．此外，将幻方左边第一列移动到最右边，上边第一行移动到最下边所组成的图形仍是一个 9 阶幻方．这类幻方称为"雪花幻方"．

54	8	68	47	1	70	49	6	66
37	25	58	42	21	63	44	23	56
30	18	80	32	11	73	34	13	78
65	46	7	67	51	3	72	53	5
60	39	27	62	41	20	55	43	22
77	29	10	79	31	15	75	36	17
4	69	48	9	71	50	2	64	52
26	59	38	19	61	40	24	57	45
16	76	33	12	81	35	14	74	28

图 4-21

4.2.11　纪念幻方

人们喜欢幻方、研究幻方，并给幻方赋予纪念意义. 比如将某些纪念日的数字嵌入其中. 图 4-22、图 4-23 两个幻方就是具有纪念意义的幻方.

24	75	46	93	12	26	100	7	59	63
13	94	25	47	71	98	57	29	61	10
72	48	14	21	95	9	28	65	97	56
50	11	92	74	23	60	64	96	8	27
91	22	73	15	49	62	6	58	30	99
42	69	86	18	40	34	51	2	85	78
68	90	17	39	41	55	77	33	1	84
89	16	38	45	67	3	35	81	79	52
20	37	44	66	88	82	4	80	53	31
36	43	70	87	19	76	83	54	32	5

图 4-22

16	3	2	13
5	10	11	8
9	6	7	12
4	15	14	1

图 4-23

图 4-22 是为纪念伟大领袖毛泽东主席 100 周年诞辰所设计的一个幻方. 这是一个 10 阶幻方. 其中的 100 个数代表毛主席自出生之日起已经历了 100 年. 幻方第一行中间四数，93，12，26，100，指明从 1993 年 12 月 26 日至幻方制作之年是毛主席诞生 100 周年，最后一行中的三个数 19，76，83 指明 1976 年，毛主席在 83 周岁去世.

图 4-23 是德国画家丢勒(A. Dürer，1471—1528)的名画《沉思》中右上方的一个 4 阶幻方，是西方所作幻方中的珍品，其幻和是 34，其中包括了许多奇特性质，如图 4-24 所示.

5	2		3	8		5	8		3	2
15	12		9	14		9	12		15	14

16	13		10	11		5	3		2	8
4	1		6	7		14	12		9	15

图 4-24

（1）第 4 行中间两数连在一起恰好是丢勒作品的年代——1514 年.

（2）这是对称幻方：关于中心对称两数和为 17.

（3）其中有 8 个方阵，元素和都是 34.

（4）上两行 8 数平方和、下两行 8 数平方和、一三行 8 数平方和、二四行 8 数平方和、两主对角线上 8 数平方和、非对角线上 8 数平方和也都相等，都等于 748.

（5）两主对角线上 8 数立方和、非对角线上 8 数立方和也都相等，都等于 9248.

其实，神奇的幻方数不胜数. 下面再来看幻圆.

4.2.12 本杰明·富兰克林的幻圆

幻圆最早是我国的数学家杨辉开始研究的，他构造了一些与幻方类似的幻圆. 杨辉在四个同心圆上构造了幻圆. 幻圆的各个路径上诸数之和均为 138，直线路径若均加中心位置的 9，则为 147. 现在人们称这类幻图为幻圆.

不过本杰明·富兰克林的幻圆在构造上与杨辉的并不完全相同. 其基本思路是这样的：在许多个按一定规则分布的互相相交的图的交点处，填上一定的数字，使得每个圆上的数字之和相等. 本杰明·富兰克林的发明又称为八轮幻圆. 其由 8 个圆环组成，8 条半径分割各环成 8 个块，构成 64 个扇形.

各扇形内填有 12~75 个数，中心则以 12 填之.

其性质有下列几种：

（1）各环内诸数之和加中心数都等于 360，正是圆圈 360 个分度之数.

（2）每两半径所夹诸数之和加中心数皆是 360.

（3）在水平直径上、下各半环内诸数之和加中心数之半皆是 180，正是平角之度数.

（4）任意连接成方之 4 数的和，加中心数之半皆是 180.

本杰明·富兰克林作这一幻圆花费了不少心血，用意也相当有趣，中心数 12 寓意着一年 12 个月，和数 360 又是圆周之度数，给人一种神秘感.

4.2.13 神奇的幻六边形

上述讨论的是在 n 阶正方形中进行填数. 人们自然要问：将正方形换成正六边形，按要求填数将会有什么规律？这就是幻六边形（或幻六角形），如图 4-25 所示.

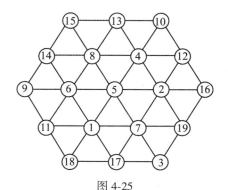

图 4-25

这看似一个简单的问题，竟花去了美国一位铁路职员亚当斯 47 年的业余时间. 从 1916 年开始到 1963 年，在这漫长的研究生涯里，他尝试过无数次失败，可是他从不灰心，甚至在他生病住院期间，也时刻不忘研究幻六边形. 1962 年 12 月的一天，突然他最关键的一个灵感来了，就在病床上，他终于实现了使 15 条线上各数和全等于 38 的美好愿望. 于是一个神奇而漂亮的殿堂在数学的领域中高高地矗立了起来. 可是它的竣工让一位铁路职员整整花了 47 年时间.

当然，这位铁路职员 47 年的辛勤劳动与执着追求，换来的不是金钱地位，而是兴趣和爱好的实现，是 19 个数字的和谐匹配、整齐划一的彻底呈现.

亚当斯认为这一来之不易的结果，应该尽快广泛流传，让那些还在研究这一问题的同行少走弯路. 于是他将他的幻六边形寄给一位有名的数学家，起初这位数学家并不以为意，认为不是什么重要结果，后来，经亚当斯再三督促，这位数学家才认真研究起来. 研究中他惊奇地发现，数学图中的任何数字所放的位置都是那样天然的巧合，想改变哪个数字都是不可能的. 这就使得这位数学家兴奋起来，他认为亚当斯的劳动成果是唯一的，显得十分珍贵，于是他便做了热情洋溢的赞扬和宣传，不久亚当斯的名字以及他的幻六边形传遍了世界各地.

4.2.14 幻星

除了幻方、幻圆，还有人研究幻星. 下面给出几个幻星的例子供读者欣赏，如图 4-26、图 4-27、图 4-28 所示.

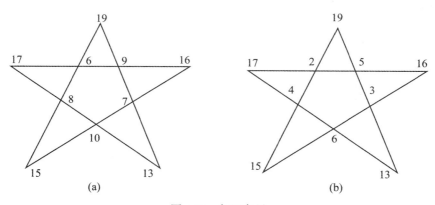

图 4-26 幻五角星

这四个图中，只有七角星使用的是 1~14 这 14 个连续自然数.

以上只是一些基本的幻方，下面介绍几种更加具有神奇色彩的幻方，如反幻方、颠倒幻方、偏心幻方等.

4.2.15 反幻方

最简单的反幻方是 3 阶幻方，而 8 阶的反幻方不存在. 至于 9 个空格的 3 阶幻方，要把 1、2、3、4、5、6、7、8、9 填入，共有 362880 种方法. 由于旋转和反射都是一种，所

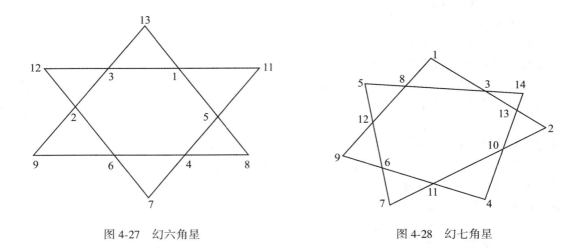

图 4-27 幻六角星   图 4-28 幻七角星

以共有45 360种方法. 这个数字还是比较大, 不如随便拿一个 (图4-29) 来看一看. 由于是任意写的一个, 故不具备幻方的性质, 但是读者也许会发觉图4-29中7+1+8 = 3+5+8 = 16. 也就是说, 在这个随便填写的 3 阶 3×3 的正方形列阵中, 某一行与某一列上的数字之和正好相等. 在普通的幻方中, 和相等是追求的目标, 而在反幻方中却是力图避开的, 就是要用1~9这9个数字填入3×3的正方形中, 必须使其中任意一行和任意一列乃至任意一条对角线上的三个数字之和都不相等. 能够满足上述条件的幻方有不少, 于是人们又添加各种附加条件, 其中较为引人注意的条件就是: 凡是填到3×3正方形列阵中的自然数必须按顺序邻接或呈螺旋状. 有人已经找到这样的螺旋反幻方, 只有两个, 如图4-30、图4-31所示.

图 4-29   图 4-30   图 4-31

4.2.16 颠倒幻方

在一张正方形的纸片上有 16 格, 其中已经填好 10 个两位数, 还有 6 个数字用英文字母代替. 请填进适当的数, 替换字母要使每个对角线上的 4 个数字之和都是相等的, 把它倒过来, 性质依然成立. 其奥妙是 6 个英文字母不是乱点鸳鸯谱, 之所以选定它们, 是因为倒过来还是原来的字母 I、N、O、S、H、X, 如图 4-32 所示.

由图 4-32 可以观察到, 在阿拉伯数字中, 像 3、4、5 等, 颠倒后, 就会面目全非, 让人不认识. 能够保持数字样貌的是 0、1、6、8、9, 然而, 以 0 开头的两位数, 通常并不认为它是真正的两位数, 由于不符合要求, 所以在组建幻方的时候, 不允许把以 0 开头

96	N	89	68
88	69	91	O
S	86	H	99
19	98	I	X

图 4-32

的两位数算在内. 作了以上的交代之后，我们就能轻而易举地找出答案，先从副对角线上的 4 个数字开始，求出幻方常数

$$19+86+91+68 = 264$$

然后分别求出 I、S、H、N、O、X 代表的数字，答案就出来了，如图 4-33、图 4-34 所示.

96	11	89	68
88	69	91	16
61	86	18	99
19	98	66	81

图 4-33

18	99	86	61
66	81	98	19
91	16	69	88
89	68	11	96

图 4-34

不难看出，图 4-33 倒过来就是图 4-34，就像照镜子一样，惟妙惟肖，你中有我，我中有你，分不清谁主谁从、谁正谁副了！

事实上，下面 7 对两位数互为镜像数，它们是 96 和 69、89 和 68、91 和 16、61 和 19、86 和 98、18 和 81、66 和 99. 而 11 和 88 是自对偶的. 英文大写字母中，颠倒过来看形状是不变的，除了上面的 6 个以外，还有一个 Z 也是.

4.2.17　偏心幻方

对于嵌套幻方，从古到今只知道是同心的，无论哪个层次奇数阶幻方只能有奇的幻方，偶数阶幻方只能有偶的幻方，奇偶之间没有中间状态. 以前，几乎所有的中国与西方的数学古籍，都找不到一个奇偶相间的幻方. 因此，偏心幻方的出现使人们大吃一惊，简直有点不相信自己的眼睛了，爱挑剔大概是人们普遍存在的一种毛病，于是大家便拼命地想在偏心幻方中找碴儿，找漏洞，企图证明偏心幻方是不成立的.

然而，证明偏心幻方不成立的一番努力是徒劳的. 由图 4-35 所示的 8 阶幻方不难看出，方阵中的元素，是自 1 至 64 的自然数，完全符合幻方的经典定义和模式. 这一 8 阶幻方的常数等于 260，与理论推算完全一样，然而，偏处一侧的 5 阶幻方，其幻方常数等于 164，有点离经叛道了.

不妨再来解剖一下这个怪异的 5 阶幻方究竟收罗了一批什么样的数字呢？不查不知道，清点以后倒是让人大有启发：

开头的 10 个数：　　　1，2，3，4，5，6，7，8，9，10

结尾的 10 个数：　　64，63，62，61，60，59，58，57，56，55

中间的 5 个数：　　30，32，34，36，38

标新立异在科学上从来就不是坏事.

50	12	13	52	47	26	37	23
24	32	6	55	7	64	51	21
22	62	63	5	30	4	29	45
53	9	56	8	57	34	18	25
28	2	3	38	60	61	19	49
33	59	36	58	10	1	43	20
39	40	42	27	35	16	15	46
11	44	41	17	14	54	48	31

图 4-35

4.3　幻方的应用

4.3.1　幻方在艺术等方面的应用

建筑学家索力拉东发现幻方的对称性相当丰富，他采用幻方组成了许多美丽的图案，把幻方中的那些方阵内的线条称为"魔线"，并应用于轻工业品、封面包装设计中. 加拿大滑铁卢大学的一位专家发现了幻方与"拉丁方"的内在联系，由于"拉丁方"在实验设计领域中有着无比的重要性，因而幻方原理成了正交试验设计的新思路.

幻方在美术绘画家眼里，也是一个五彩缤纷的宫殿. 如洛书数字依次连起来，形成"三三迷宫"，如图 4-36 所示.

4	9	2
3	5	7
8	1	6

图 4-36

如果在此基础上再作线形、黑白或多色彩处理，会产生出更多的意趣，将会出现一幅幅奇特的"魔方阵构图".

4.3.2　幻方与科学技术

幻方在计算机、图论、实验统计等方面都具有出色的应用. 幻方具有一种自然的属性，虽是数字关系，但往往抽象概括起来特别方便. 人们在反复思考后，就可能对某个学科理论产生出灵感来，从而推动其发展. 在中国的传统文化中，我们能看到洛书运用于军事、中医、天文、气象等领域，大量的资料说明幻方与各种学科密切相关. 如今，幻方在图论、人工智能、博弈论、组合分析、实验设计等方面也有着广泛运用. 幻方引出了电子方程式、自动控制论，从而促进了电子计算机的诞生. 电脑有三个来源，即二进制（八卦）、算盘和幻方. 日本飞机驾驶学员第一堂课学习的就是幻方知识，因为幻方的构造原理与飞机上的电子回路设置密切相关. 中国台湾电机专家吴隆生创造了 64 阶方阵仪，可以用于计算机、测量仪、通信交换机及水电、火电、航空等的管理系统. 对于海上漂浮建筑，首先要解决的问题就是要将建筑面分割成方阵格，每格的建筑质量的确定，需要像构造幻方一样巧妙布局. 因为只有各线各方向上的质量处处均衡，建筑物才不至于倾斜.

1977 年，人类向太空送去寻求太空理性生物的使者——宇宙飞船"旅行者"一号，为了使语言不通的太空理性生物知道人类已高度了解宇宙的某些奥秘，特别是数的奥秘，飞船上载有一块永不生锈、极难变形的合金板，其上刻的就是一个 4 阶幻方. 这个 4 阶幻方的构图同洛书一样，也是用不同数量的图点布局的，而且该幻方又是一个具有多种性质的 4 阶幻方，向宇宙人告示我们地球人的智慧. 这一行动，表明幻方的研究确实是人类智力水平的一杆标尺. 可以这样说，幻方文化在古老的过去，对人类文明作出了重大的贡献，而在信息时代的今天，也必将有一个广阔的应用前景.

📃 **附：**

幻方趣味诗

高治源先生作了如下幻方趣味诗：

九　　妹

二唱九妹四座惊，七颜五色三面捧；
六女一转八来风，唱遍祖国处处春.

九宫回环诗

<pre>
        图　　数
     古　　　　妙
  今　　九宫诗　　理
     传　　　　蕴
</pre>

书　　奇

古今传书奇蕴理，书奇蕴理妙数图；
图数妙理蕴奇书，理蕴奇书传今古.

别离情

四哥探望十四姐，七转石岭九道砭.
十五月亮一夜圆，十二月遇六天面.
十诉别情八回怨，十三等盼三日见.
五作别诗十一首，两地相望十六年.

《别离情》对应幻方如下图所示.

4	14	7	9
15	1	12	6
10	8	13	3
5	11	2	16

📋 复习与思考题

1. "河图""洛书"是指什么？

2. 什么叫作幻方？什么叫作纪念幻方？试举一个例子.

3. 是谁在任宾夕法尼亚州议院的办事员时，常以作幻圆来解除工作中的沉闷？

4. 试举一个素数幻方的例子.

5. 试简要说明幻方的重要意义.

第5章　数学问题、数学猜想与数学发展

数学问题与数学猜想是数学发展的力量源泉，并构成数学文化的一个重要组成部分．在数学发展的历史长河中，数学家们提出了许多著名的猜想，如哥德巴赫猜想、费尔马猜想和四色猜想等．这些猜想如一颗颗明珠，闪烁着人类智慧的光芒．有的数学问题解决了，有的数学问题至今还是一个谜，仍然在向人类的智力挑战．无论解决与否，数学问题与数学猜想对数学的发展、对数学的影响、对人类的进步，都起到了重要作用．在人们研究解决这些问题(猜想)的过程中产生了许多新的数学分支，它们成为数学发展水平的一项重要标志．数学家们在解决这些问题(猜想)的过程中所表现出的那种坚韧不拔的精神，更是给人们、给历史留下了许多宝贵的精神财富．数学上的问题和猜想实在太多了，1900年，希尔伯特(D. Hilbert)总结的23个问题在数学界几乎人人皆知．1976年，在美国伊利诺斯大学的一次国际学术会议上，专家曾提出了200多个问题和猜想．当然，我们这里仅介绍一些较著名的问题和猜想．历史上许许多多的数学问题和猜想尤以与自然数有关的问题与猜想更加引人注意．自然数之间的关系表面上看起来非常简单，但道理却相当深奥．关于自然数的著名猜想有：

（1）哥德巴赫猜想：$2N = P_1 + P_2$，$2N + 3 = P_1 + P_2 + P_3$（N 是正整数，P_1，P_2，P_3 是素数）．

（2）费尔马大定理：$x^n + y^n = z^n$ 无整数解.

（3）孪生素数猜想：差为 2 的孪生素数有无穷多对，这个猜想未被证明，目前知道的最大孪生数对是 $1159142985 \times 2^{2304} - 1$，$1159142985 \times 2^{2304} + 1$.

（4）在 n^2 与 $(n+1)^2$ 之间总有素数；$n^2 + 1$ 这种形式的素数有无穷多个．有的数学问题(猜想)甚至有数千年历史，如完全数是否有无穷多个，奇完全数是否存在等．

5.1　关于数学猜想

著名数学家高斯曾说：若无某种大胆放肆的猜想，一般是不可能有知识的进展的．

数学家在进行数学研究时，会有许多奇特的想法，有的自己能够解决，那么他会为自己得出一个漂亮的结论而兴奋，也会为自己的某些想法不能判断真伪而苦恼．但大多数数学家都有一个办法，把自己证明不了的、可能是正确的命题称为猜想．把这种猜想的真实性留给别人或者后人去判断，去证明真伪．

所谓数学猜想，是指依据某些已知事实和数学知识，对未知的量及其关系所作出的一

种似真的推断，这种推断既有一定的科学性，又有某种假定性. 其真伪性，一般说来是难以一时解决的. 这种推断是数学研究的一种常用的科学方法，又是数学发展的一种重要的思维方式.

5.1.1　数学猜想的类型

数学猜想作为一种科学方法和思维形式，大致可以划分为三种类型.

1. 存在型猜想

存在型猜想是指内容是讨论存在性问题的那些数学猜想. 这一类型的数学猜想，按其内容又可以分为两种.

（1）只讨论存在性，比如"克拉莫猜想"：当 $x=P_n$，$y=P_n^{0.5}\log P_n$ 时，在区间 $[x, x+y]$ 内必定有素数存在.

（2）既讨论存在性，又指明其内容或量的关系，如"伯特兰猜想"：在 $\dfrac{n}{2}$ 与 $n-2(n>6)$ 之间至少有一个素数. 又如"孪生素数猜想"：孪生素数有无穷多个，其中不仅肯定存在，而且还指明了存在的数量.

2. 规律型猜想

规律型猜想是指内容是揭示规律性的那些数学猜想. 这类猜想按其内容又可以划分为三类.

（1）揭示性质，比如"卡塔兰猜想"：除 $8=2^3$，$9=3^2$ 外，没有两个连续整数都是正整数的乘幂.

（2）揭示状态，比如"场站设置猜想"：在平面上 n 个点连线长度最短时，其连线之间的结点角皆不小于 $120°$.

（3）揭示量的关系，比如"黎曼猜想"：任意 n 个连续的整数 $m+1$，$m+2$，$\cdots$，$m+n$ 都可以重新排列成 $m+i_1$，$\cdots$，$m+i_n$，使得 $(m+i, j)=1(j=1, 2, \cdots, n)$. 该猜想揭示了整数 $m+i$ 与自然数 j 的关系，$(m+i, j)=1$ 表示互素.

3. 方法型猜想

方法型猜想是指内容是阐述解决问题的方法与途径的那些数学猜想. 比如：20 世纪 30 年代，运筹学研究人员提出了场站设置问题：已知平面上有 n 个点，每个点都对应一个重量，今在平面上求一点 x，使之每个已知点的重量集中在 x 点上的吨公里数（这里假定重量单位为吨，距离单位为公里）为最小. 又比如：在最优化的研究中，出现了各种各样的算法，其中有些算法在相当长的时间内给不出理论上的证明. 在没有给出理论论证之前的那些算法，实质上都是方法型猜想.

5.1.2　数学猜想的特征

因为数学猜想是一种数学的潜形态，所以作为潜形态数学猜想表现出与显形态不同的一些特征. 这些特征表现为以下三种.

1. 真伪的待定性

数学猜想的科学性及其具有某种假定性，决定了数学猜想是处于孕育阶段的尚待证实和公认的科学思想. 也就是说，数学猜想必然表现出真伪的待定性，其结果可能被肯定，也可能被否定，还可能是不可判定的.

2. 思想的创新性

数学猜想作为一种数学潜形态，常常是数学理论的萌芽和胚胎，因而必然具有创新性. 创新是数学猜想的灵魂，没有创新就没有数学思想. 数学猜想的创新性首先表现在提出新的见解上. 比如"欧氏第五公设可证"这一数学猜想就提出了与《几何原本》不同的新观点. 也正因为如此，这一数学猜想便引起了许多数学家的兴趣，使其进行了大量的试证工作. 其次，数学猜想的创新性还表现在预见新的事实上. 比如，瑞士数学家伯努利对自然数平方的倒数这一无穷级数之和，长期想求但一直求不出来，深为其艰难而感叹. 后来，欧拉对这一难题进行了深入的研讨，他运用大胆而巧妙的类比，提出了

$$\frac{\pi^2}{6} = 1 + \frac{1}{2^2} + \frac{1}{3^2} + \cdots$$

这一数学猜想. 这一猜想预示了一个新的事实，即自然数平方的倒数这一无穷级数之和等于 $\frac{\pi^2}{6}$. 后来，从理论上证明了这一预见是正确的. 再次，数学猜想的创新也表现在提示新的规律上. 比如，尺规作图问题是几何当中一个极其重要的问题. 在这一问题的探讨中人们总是力图弄清几何图形中的哪些图能够用尺规作出，哪些图不能用尺规作出，即揭示和发现其中的规律性. 正是为了适应这种需要，德国数学家高斯提出猜想：所有的边数等于费尔马数 $F(n) = 2^{2^n} + 1$ 中素数的正多边形，均可以用尺规作出. 这一猜想明确揭示了一些特殊的正多边形是可以用尺规作出的规律，从而将这一问题的探讨向前推进了一大步.

事实上，后来高斯不仅亲自作出了一些符合上述猜想条件的正多边形（如正 17 边形），而且还从理论上证明了这一猜想的正确性，肯定了这一规律.

3. 目标的具体性

一般来说，数学猜想中所给出的结论是确定的、具体的，诸如"有解""无解""可证""不可证""可作""不可作"等. 但是一般数学问题并非这样明确、具体，因此与一般数学问题相比较，目标的具体性是数学猜想的一个明显特征. 事实上，无论哪种类型的数学猜想，都具有这种具体性. 比如，存在型猜想，这种猜想有时是明确指出要解决的目标是具体的某种对象存在还是不存在，如"费尔马大定理"这一猜想，就明确指出要解决的具体目标 n 为大于 2 的整数时，方程 $x^n + y^n = z^n$ 无整数解. 这类猜想有时不仅具体指出这种存在性，而且还指出存在的具体内容或多少. 比如"杰波夫猜想"则在指出具体平方数之间存在素数的同时，又具体指出"至少有两个". 规律型猜想与方法型猜想也是如此.

5.1.3 数学猜想的意义

如前所述，数学猜想是解决数学理论自身矛盾和疑问的一个有效途径. 研究数学猜

想，对数学理论的发展有着极其重要的意义.

1. 数学猜想的研究可以丰富数学理论

在数学研究中，数学猜想起着"中介"和"桥梁"作用. 数学猜想的研究与解决必然丰富数学理论，促进数学的发展，具体表现在：

第一，假若某个数学猜想最后被证明是正确的，那么这个数学猜想就转化为数学理论，从而丰富了数学内容. 一般说来，数学猜想被肯定之后，即成为数学定理. 这是数学猜想"中介"和"桥梁"作用的具体表现. 比如"四色猜想"（后文将介绍）于 1840 年被提出后，一直到1976 年才获得证明，这 136 年间始终以猜想的形式存在着，但从获证那天起就转化为"四色定理"，即成为科学的数学理论了.

第二，即使某个数学猜想未获得最后解决，但在研讨的过程中往往能创造出一些意想不到的理论成果. 比如，自 1859 年提出"黎曼猜想"后，经过 100 多年，直到今天仍未获得证明. 但是人们却在探讨这一猜想的过程中，尤其在假定某猜想是正确的基础上获得了一系列新的结论. 比如，1965 年数学家朋比利在研讨哥德巴赫猜想过程中，采用"大筛法"证明了"偶数＝1+3"，从而取得了当时这一结果的最好成果，因而得到了数学界的高度评价，并荣获了"菲尔兹奖".

第三，虽然某个数学猜想被否定了，但在否定的过程中，有时却能发现一些其他方面的数学理论. "欧氏第五公设可证"这一猜想最后被否定了，但是这一猜想的否命题"欧氏第五公设不可证"却被证明是正确的. 特别应当指出的是，在这一证明获得成功的同时，人们奇妙地发现并建立了一种崭新的几何理论——非欧几何学，为几何学的发展作出了划时代的贡献.

2. 数学猜想的研究可以促进数学方法论的研究

数学方法论的研究也是研讨数学猜想的重要意义之一. 首先，数学猜想作为一种研究方法，其本身就是数学方法论的研究对象. 事实上，数学猜想的提出可以通过以下方法：不完全归纳法，如哥德巴赫猜想的提出；类比法；变换条件法；物理模拟法；逐步猜想法，等等. 这些内容和方法，实际上均属于数学方法规律性问题探讨. 其次，研究数学猜想的过程中，又创造了许多新的方法，从而丰富了数学方法论的研究对象. 如在探讨哥德巴赫猜想的过程中，1930 年史尼尔曼提出了"密率法"，1973 年陈景润改进了古老的"筛法"等. 最后，数学猜想作为数学发展的一种重要思维形式，是科学假说在数学中的具体表现，并深刻反映了数学发展的相对独立性与数学理论的相互导出的合理性.

正是因为数学的发展具有相对独立性，数学理论的相互导出具有合理性，所以数学家从数学理论自身的体系中提出的一些数学猜想，才有其科学的预见性，才可以吸引许许多多的数学工作者为之潜心研究，而且往往在相当长一段时间内还可以成为促进数学发展的中心课题，甚至代表着数学研究的方向.

1900 年，德国杰出数学家希尔伯特提出了包括数学猜想在内的 23 个问题，这在一定程度上影响着 20 世纪以来的数学发展. 实际上，100 多年来，世界各国的大量数学家被其中的一些著名的数学猜想（如"连续统假设"等）所吸引，进行了大量的研究工作，并且常常把在这些问题的研究上是否有进展作为衡量一个数学家乃至一个国家的数学水平的标志之一. 作为一种极高的数学荣誉, 1976 年, 美国一些著名数学家评选出了 1940 年以来数学十大成就. 其中 3 项是希尔伯特提出的第 1、第 5、第 13 问题的解答. 第 1 问题就是著名的数学猜想"连续统假设".

伟大的科学家牛顿曾深刻指出, 没有大胆的猜测就作不出伟大的发现. 数学的发展历史表明, 数学研究是一项富有创造性的工作. 数学研究的成果常常是通过猜想发现的.

下面介绍几个著名的数学猜想, 它们在数学发展史上被认为是数学皇冠上的明珠, 灿烂夺目.

5.2 哥德巴赫猜想

我国著名的数学家陈景润证明了哥德巴赫猜想的"1+2", 在摘取皇冠上的明珠的征途上迈出了重要一步. 这一纪录至今仍然还在国际数学界居于领先地位, 国人都为此而骄傲. 许多人也想知道, 什么是哥德巴赫猜想.

5.2.1 哥德巴赫猜想

哥德巴赫(Christian Goldbach, 1690—1764), 德国数学家, 出生于哥尼斯堡(现为加里宁城). 原学法学, 由于在访问欧洲各国期间结识了贝努利家族, 因而对数学研究产生了兴趣. 1725 年到俄国, 同年被选为彼得堡科学院院士. 1725—1740 年担任该院的会议秘书职务. 1742 年移居莫斯科, 并在外交部任职.

1729—1764 年, 哥德巴赫与大数学家欧拉保持过长期的书信来往. 关于数学方面的许多问题, 他们就是通过书信进行讨论的. 1742 年 6 月 7 日, 哥德巴赫在给欧拉的信中提出了关于正整数与素数之间关系的两个推测, 用现在确切的说法就是:

(1)每一个不小于 6 的偶数都是两个奇素数之和;

(2)每一个不小于 9 的奇数都是三个奇素数之和.

这就是著名的哥德巴赫猜想. 一般把猜想(1)作为"关于偶数的哥德巴赫猜想", 把猜想(2)作为"关于奇数的哥德巴赫猜想". 由于 $2n+1=2(n-1)+3$, 所以, 从猜想(1)的正确性可以推出猜想(2)的正确性. 欧拉虽然没有能够证明这两个猜想, 但是对于其正确性是深信不疑的. 1742 年 6 月 30 日, 在给哥德巴赫的一封信中, 欧拉写道:"我认为, 这是一个肯定的定理, 尽管我还不能证明出来."

为了能直观地理解哥德巴赫猜想, 这里举几个例子, 即:

$$6=3+3 \quad 8=3+5 \quad 10=3+7$$
$$12=5+7 \quad 14=3+11=7+7$$
$$16=3+13=5+11 \quad 18=5+13=7+11 \quad 20=3+17=11+13.$$

5.2.2 关于哥德巴赫猜想的研究

哥德巴赫猜想从提出到今天已有 280 多年了, 可是至今还不能最后肯定其真伪. 人们积累了许多的数值资料, 都表明这个猜想是合理的. 这种合理以及猜想本身所具有的极其简单明确的形式, 使人们和欧拉一样, 也不由得不相信哥德巴赫猜想是正确的. 因而 200 多年来, 这两个猜想一直吸引了许许多多数学家和数学爱好者们的注意和兴趣, 并为此作出了巨大的努力.

从提出哥德巴赫猜想到 19 世纪结束，虽然许多数学家对哥德巴赫猜想进行了研究，但并没有得到实质性的结果和提出有效的研究方法. 这些研究大多是对猜想进行数值的验证，提出一些简单的关系式，或者一些新的推测. 数学家们还想不出如何着手对这个猜想进行哪怕是有条件的、极初步的有意义的探讨. 难怪在 1900 年，在巴黎召开的第二届国际数学家大会上，德国数学家希尔伯特在展望 20 世纪数学发展前景的著名演讲中，提出了他以为的 23 个重要的没有解决的数学问题，将其作为今后数学研究的重要方向，并期待在下一个世纪里数学家们能够解决这些问题. 哥德巴赫猜想就是希尔伯特所提出的第 8 个问题.

但是，在此以后的一段时间里，对于哥德巴赫猜想的研究并未取得实质性进展. 1912 年，德国数学家朗道在英国剑桥召开的第五届国际数学家大会上十分悲观地说："即使要证明下面较弱的命题(3)，也是当代数学家力所不能及的."

(命题(3)：存在一个正整数 k，使每一个大于等于 2 的整数都不超过 k 个素数之和.)

1921 年，英国数学家哈代(G. H. Hardy)在哥本哈根数学会上作的一次演讲中表示，哥德巴赫猜想可能是没有解决的数学问题中最困难的一个.

就在一些著名数学家作出悲观预言和感到无能为力的时候，他们没有料到，或者没有意识到，对于哥德巴赫猜想的研究正在从几个不同方向取得重大突破. 这就是 1920 年前后英国数学家哈代和印度数学家 Ramanujan 所提出的"圆法"、1920 年前后挪威数学家 Brun 所提出的"筛法"以及 1930 年前后苏联数学家什尼列尔曼所提出的"密率". 在不到 50 年时间里，沿着这几个方向对哥德巴赫猜想的研究取得了十分惊人的成果，同时也有力地推进了数论和其他一些数学分支的发展.

迄今为止，得到的最好结果是：

(1) 1937 年维诺格拉多夫证明了：每一个充分大的奇数都是 3 个奇素数之和，任何一个偶数可以用不多于 4 个素数的和表示.

这个结果基本上证明了"猜想(2)"是正确的. 之所以说是"基本上"，是因为后来巴雷德金计算过，当奇数 $N > e^{e^{16.038}}$ 时，就能表示为 3 个奇素数之和. 这就是说，除有限个奇数外，"猜想(2)"都成立. 但那个数太大了，是一个比 10^{400} 还要大的数. 而对如此大的数字我们根本没有可能来一一验证对所有小于 N 的每一个奇数来说，"猜想(2)"是否成立.

尽管如此，现在人们说到哥德巴赫猜想，总是只指"猜想(1)"，即关于偶数的哥德巴赫猜想.

(2) 1966 年，我国数学家陈景润对"筛法"作改进，证明了"每一个充分大的偶数都可以表示为一个素数与一个不超过两个素数的乘积之和，即偶数 = 1+2"，这是一项十分杰出的成就.

从 1966 年陈景润宣布他的证明到今天，已经过了 50 多年，应当说在这个时期，对于哥德巴赫猜想的研究没有取得重大的实质性进展. 事情往往如此，研究一个问题时，完成这最后的一步所要克服的困难可能并不比我们已经走过的道路容易，我们还不能预测哥德巴赫猜想可能解决的最后日程.

1966 年我国数学家陈景润证明了"1+2"，作出蜚声中外创纪录的贡献. 国际数学界将该结论称为陈氏定理. 其证明属解析数论范畴，推理深邃，篇幅浩繁. 1978 年，潘承洞教授、丁夏畦研究员和王元研究员又证明了均值定理，对"1+2"的证明作了进一步简化，研究工作还在继续进行.

5.3　费尔马大定理

5.3.1　关于费尔马

皮埃尔·费尔马（P. de Fermat，1601—1665），1601 年 8 月 17 日，出生在法国南部土鲁斯附近的博蒙·德·洛马涅，父亲是一位皮革商. 1665 年 1 月 12 日逝世于土鲁斯或卡斯特. 他是 17 世纪最卓越的数学家之一，属于富裕中产阶层. 母系家庭是所谓"穿袍贵族"，其中许多人曾任法官，费尔马在大学里学法律. 1631 年前曾在波尔多做法官，以法律知识渊博、做事清廉而著称. 1631 年 5 月，费尔马成为土鲁斯地方高等立法议会议员. 与其表妹结婚，生有二子三女. 长子萨缪也是法官及土鲁斯议会议员.

费尔马是一位博览群书、见多识广的学者，又是精通多种文字的语言学家；业余时间喜欢恬静生活，全部精力花费在钻研数学和物理问题上，有时用希腊文、拉丁文和西班牙文写诗作词，自我朗诵以作为消遣.

虽然费尔马近 30 岁才认真注意数学，但他对数论、几何、分析和概率等学科做过深入的研究，有重大的发现. 他的名字几乎与数论是同义语，他给出了素数的近代定义，并提出了一些重要的命题，被誉为"近代数论之父". 他又同笛卡儿分享着创立解析几何的荣誉，被公认为数学分析的先驱之一. 他和帕斯卡同是概率论的开拓者，因此，费尔马被誉为"业余数学爱好者之王"，与同时代的数学大师笛卡儿、莱布尼茨齐名.

费尔马谦虚谨慎、淡泊名利，生前很少发表著作，他的卓识远见出于他与同时代学者的信件和一批以手稿形式传播的论文. 他的崇拜者常常催促他发表著述，但都遭到拒绝，他的很多论述特别是在数论方面的论述，从没有正式发表过. 费尔马死后，很多论述遗留在故纸堆里，或是阅读过的书的页边空白处，书写的年月无从考察，或是保留在他给朋友们的书信中. 他的儿子 S. 费尔马将遗物进行整理、汇编成册，共分两卷，分别于 1670 年和 1679 年在土鲁斯出版. 第一卷有丢番图的《算术》，带有校订和注解；第二卷包括抛物线形求面积法极大、极小及重心的论述，以及各类问题的解答，这些内容后来成为微积分的一部分，还有球切面、曲线段求长等.

5.3.2　费尔马猜想

1. 费尔马定理的产生

前面提到过毕达哥拉斯定理：直角三角形的两直角边的平方和等于斜边的平方：
$$x^2+y^2=z^2.$$

这是一个古老的数学定理，它有熟知的正整数解（3，4，5），所有的正整数解都可以写出来，该数学定理称为勾股定理. 那么人们自然会问：如果把这里的平方改成立方，四次方，…，一般的 n 次方，是否仍有正整数解呢？

1630 年左右，法国数学家费尔马买到一本古希腊数学家丢番图著的《算术》（拉丁文版)，并对其中的数论问题产生了浓厚的兴趣. 业余之时，他开始对希腊数学家的一些问题进行研究和推广. 当他读到第二卷第八命题"将一个平方数分为两个平方数"时，他想到了更一般的问题，于是，他在页边空白处用拉丁文写了如下一段话："将一个立方数分为两个立方数，一个四次幂分为两个四次幂，或者更一般地将一个高于二次的幂分为两个同次幂，这是不可能的. 关于此，我确信发现了一种奇妙的证法，可惜这里的空白太小了，写不下."这段叙述用现代数学语言来说，就是当整数 $n > 2$ 时，方程 $x^n + y^n = z^n$ 没有正整数解. 这就是费尔马猜想.

费尔马猜想又称为费尔马问题，但更多地叫作费尔马最后问题(Fermat's Last Theorem，简记为 FLT). 我国普遍将费尔马定理叫作费尔马大定理，主要是为了区别费尔马小定理. 名字的来源很大程度上是费尔马提出的很多数论命题，经过数学家长期努力，证明大多是正确的，只有一个是错误的. 到 1840 年左右，只剩下 FLT 没有被人证明，因此称为"最后问题".

FLT 的好处是简洁易懂，简单得可以在大街上向任何行人解释清楚，正因为如此，才会引起人们的兴趣.

2. 费尔马定理证明之谜

早期，人们很想从费尔马的论著中找到费尔马是怎么样证明 FLT 的，但查遍了他的所有著作，结果令人们大失所望，人们开始产生怀疑，有人认为他根本没有给出证明，用费尔马时期的数学知识不可能给出证明. 有人认为他给出过证明，不过证明中有错误，其理由是：

其一，从费尔马的品德和才智来说，他不会自我欺骗.

其二，费尔马在同一本书上还写了几个研究结果，如：

(1)任何形如 $4n+1$ 的素数可以唯一地表示成两个整数的平方和，而形如 $4n-1$ 的素数则不可能.

(2)对于整数 n 和素数 p，p 不整除 n，则 $n^p - n$ 可以被 p 整除，此即费尔马小定理.

(3)费尔马自己证明了 $n = 4$ 情形的 FLT. 使用的是他发现的"无穷递降法"，后来发现无穷递降法对一般情形不适用. 费尔马可能在这方面犯了错误，而误认为发现了"奇妙的证明". 最后，在数论历史上，就是大数学家也难免犯错误. 正是"智者千虑，必有一失"，费尔马本人也不例外，他也曾有过错误的猜想. 形如 $F_n = 2^{2^n} + 1$($n = 0$，1，2，3，…)的数叫费尔马数. 1640 年费尔马验证了 $F_0 = 3$，$F_1 = 5$，$F_2 = 17$，$F_3 = 257$，$F_4 = 65537$ 是素数后，就猜想 $n^3 \geq 0$ 时，F_n 都是素数. 1732 年欧拉证明 $F_5 = 2^{25} + 1 = 641 \times 6700417$，从而否定了这个猜想. 现在看来，论证这个历史悬案对我们并不重要，关键是如何解决这个 FLT.

FLT 开始并没有引起人们的关注，在一些著名的数学家受挫后，才普遍引起人们的重视. 许多知名的数学家都研究过 FLT，包括欧拉、勒让德、高斯、阿贝尔、狄利克雷、柯西和库默尔等，有的人为此献出了毕生精力(库默尔就是其中一个).

数学家们继往开来，不畏劳苦，奋勇攻坚，在解决 FLT 上取得了很大的成绩，并且发现了一些新的方法和新的理论，同时也从中得到了磨炼和启迪.

19 世纪 20 年代，许多法国数学家和德国数学家们试图证明 FLT.

1823 年，71 岁高龄的勒让德给出了 $n=5$ 情形的证明.

1832 年，狄利克雷给出了 $n=7$ 情形的证明.

1844—1857 年，库默尔证明了 $n<100$ 的情形，但是对于任意的 n 还没有被证明.

3. 悬赏 10 万马克奖金

1823 年和 1850 年，法国科学院曾先后两次提供金质奖章和 3000 法郎奖金，奖励证明 FLT 的数学家，1856 年的鉴定人有柯西、刘维尔、拉梅和沙尔.

布鲁塞尔科学院也以重金悬赏.

1908 年德国达姆施塔特城的数学家佛尔夫斯克尔留有遗言，把 10 万马克的巨款赠给哥廷根皇家科学院. 有一个附加条件，将该款项作为奖金授给第一个证明 FLT 的人. 按照哥廷根皇家科学院的决定，这种证明必须在一种杂志上或者作为单行本发表，这项奖金限期为 100 年，到 2007 年取消. 在奖金发出之前，所得利息用来奖励在数学上作出重大贡献的人.

10 万马克的奖金推动了 FLT 的研究，消息传出后，在德国和世界各地掀起了一股研究 FLT 的热潮，应征者不仅有数学家，还有许多工程师、牧师、教员、大中学校学生、银行职员和政府官员等，不仅有德国人，还有大量的外籍人，人数之多、阶层之广，都是空前的.

1918 年 11 月第一次世界大战结束后，德国成为战败国，马克贬值，10 万马克只能买几张纸. 解答 FLT 的热潮至此才算告一段落. 那些为奖金而努力的人不再作尝试，继续注意这个问题的大多是数学爱好者. 因此，以后的研究才向着满足知识及创造成绩两大方向迈步. 英国数学家莫德尔深有感触地说："如果你想发财，任何一种方法都比证明费尔马猜想容易得多."

然而，在过了 360 多个春夏秋冬后，FLT 才由英国数学家怀尔斯（A. Wiles）证明.

5.3.3 怀尔斯其人其事

1. 关于怀尔斯

怀尔斯是英国数学家，1953 年 4 月 11 日生于英国剑桥，由于他在数论及相关领域的杰出贡献，于 1998 年荣获菲尔兹特别贡献奖，时年 45 岁. 他是迄今为止唯一荣获此奖的 50 岁以下的数学家. 1996 年，他还荣获了奥尔夫奖，时年 43 岁，他也是迄今为止获得此奖的数学家中最年轻的一位.

怀尔斯 1971 年进入牛津大学学习，1974 年获得学士学位，同年，进入剑桥大学攻读博士，1977 年获博士学位. 其后任克莱尔学院的初级研究员和美国哈佛大学的本杰明、皮尔斯助理教授. 1981 年赴德国波恩大学任理论数学访问教授，同年末，去普林斯顿高等研究院任研究员，同时还到欧洲多所大学访问讲学. 1982—1987 年，任普林斯顿大学教授. 1988—1990 年，任英国皇家学会设在牛津大学的研究教授. 1994 年起，任普林斯顿大学尤金·希金斯讲座教授. 1989 年，当选为英国皇家学会会员. 1996 年，当选为美国国家科学院外籍院士.

2. 登山者的足迹

怀尔斯 10 岁时，在剑桥一个公共图书馆看到一本书上提到费尔马猜想，就立刻为之心驰神往，并花了不少时间和精力试图证明这个猜想，虽然没有成功，但费尔马猜想却深深地印入了他的脑海，并促使他爱上了数学，立志要做一个数学家，要致力于证明费尔马猜想. 当成了一名职业数学家后，他才懂得要证明费尔马猜想这类难题只有激情是远远不够的，还必须有坚实的数学基础和顽强的毅力.

怀尔斯是一个安静腼腆的人，脸上总是带有微笑，他多年深居简出，潜心研究数学问题，并被誉为解决难题的能手. 他对费尔马猜想的证明就是建立在许多人工作基础上的. 1986 年，他在证明方面已经做了一系列重要工作. 就在利贝证明了弗雷构思的 1 个月之后，怀尔斯在一个朋友家里饮冰茶时知道了这个消息，受到了极大的鼓舞. 后来他回忆说："我记得那个时候，那是改变我生命历程的时刻，因为这意味着为了证明费尔马猜想，我必须做的一切就是证明谷山-志村猜想." 从那天起，怀尔斯放弃了所有与证明该猜想无关的研究，决心不参加任何学术活动. 除教书以外，他回避一切分心的事情，经过 5 年奋斗，到 1991 年的夏天，为了了解数学界最新成果，他参加了在波士顿举行的国际数论会议. 这次出山，他了解了许多新方法、新技术. 1993 年 6 月 23 日，怀尔斯在演讲中宣布他证明了 FLT. 这是一个令人心醉的时刻，E-mail 在全球飞驰，全世界的报纸都在大力宣传说："这个貌似简单，却曾使许多人求索而久攻不下的难题，终于土崩瓦解了."

3. 有惊无险

怀尔斯证明了费尔马大定理，对于这个"世纪性的成就"，宣传的热潮一浪高过一浪. *People* 杂志还将他和戴安娜王妃、迈克尔·杰克逊、克林顿总统等一起列为"本年度 25 位最有魅力的人物"之一. 然而宣传的热潮还未来得及降温，同年 11 月 15 日，他的老师柯兹证实怀尔斯的论文有漏洞. 12 月 4 日，怀尔斯向数学界发了一个电子邮件，承认了证明中的漏洞，但信中说："对于我关于 TS 猜想和费尔马大定理的推测，我将对此作一简要说明，在审稿过程中，发现了一些问题，绝大多数都已经解决了，但是其中一个特殊问题我至今仍未解决，我相信在不久的将来，我将用我在剑桥演讲时说的想法解决这个问题."

西方新闻媒体大多对此表达了宽容，当他说其中出现一些漏洞时，对此事的报道并没有像先前那样放在显著的位置，并肯定怀尔斯的工作大大打破了世界纪录. 尤其是 1994 年 8 月，在瑞士苏黎世召开的国际数学家大会上，怀尔斯还应邀作了大会最后一个报告，而且获得热烈的掌声. 这肯定了他部分地证明了 TS 猜想和其他方面对数论的重要贡献.

1994 年 10 月 14 日，怀尔斯又一次将他 108 页的论文《模形式椭圆曲线和费尔马大定理》送交当代最权威的数学杂志——普林斯顿的《数学年刊》. 1995 年 5 月，《数学年刊》用一期发表了他的论文. 1996 年 3 月，怀尔斯站到了沃尔夫奖领奖台上，费尔马大定理的证明最终使其成为一个真正的定理. 怀尔斯也真正笑到了最后.

4. 故事还没有结尾

历时 300 余年的费尔马大定理的证明，因为怀尔斯的努力宣布结束. 然而，世界上的数学迷们不必担心没有事可做，更不必有失落感. 虽然我们失去了曾经与我们相处这么长时间的某种东西——那种把我们许多人引向数学的东西(其实这只不过是研究数学问题必然会经历的过程),世界上还有大量未解决的数学难题,这些不解之谜,叙述起来是那么简洁易懂——中学生都可以理解,解决起来却是那么艰深,这也许就是这些问题的迷人之处.

比如,完美数,即其因数之和等于自身的那些数,数千年来我们见到的完美数只有30多个,且均为偶数,那么问题是:

(1)完美数都是偶数吗?

接下来的问题是:

(2)完美数是有限的,还是有无穷多个?

又比如,2000多年前,欧几里得证明了素数都是无穷无尽的.那么孪生素数呢?数学家们发现孪生素数似乎散布在整数序列之中,他们越是努力寻求孪生素数,他们发现的孪生素数就越多.现在的未解之谜是:

(3)孪生素数到底有多少对?

关于素数的谜,还有我们前面讨论过的哥德巴赫猜想,即:

(4)每一个偶数都可以分解为两个素数之和,能判断该命题是真的还是假的?

费尔马定理还有两个有趣的推广:

(5)费尔马-卡塔兰猜想(the Fermat-Catalan Conjecture):若 a,b,c 是互素的,则当 t,u,v 满足 $\frac{1}{t}+\frac{1}{u}+\frac{1}{v}<1$ 时,方程 $a^t+b^u=c^v$ 只有有限个解.

1995年,达蒙(H. Damon)和格兰维勒(A. Granville)找到10个解.

$$1+2^3=3^2,$$
$$2^5+7^2=3^4,$$
$$7^3+13^2=2^9,$$
$$2^7+17^3=71^2,$$
$$3^5+11^4=122^2,$$
$$17^7+76271^3=21063928^2,$$
$$1414^3+2213459^2=65^7,$$
$$9262^3+15312283^2=113^7,$$
$$43^8+96222^3=30047907^2,$$
$$33^8+1549034^2=15613^3.$$

(6)比尔猜想(The Beal Conjecture):对于 A,B,C,x,y,z 是正整数,而 x,y,z 至少使3,A,B,C 互素,则方程 $A^x+B^y=C^z$ 无解.

毕尔提出这一猜想时很得意,并愿意为猜想的解答者提供5000美元的奖金,并且每年增加5000美元,最高为5万美元.

这些问题已足够数学爱好者研究的了.然而,在所有可能取代费尔马大定理作为数学中最重要的未解决的问题中,"开普勒球填装问题"是最重要的一个,有兴趣的读者可以查看相关资料.

5.4　地图上的数学文化

如同费尔马大定理一样，还有许多著名的猜想，其叙述简单，但解决很困难，甚至在相当长的一段时间内无法获得解决. 四色定理就是其中之一，四色定理又称四色猜想（Four-color Conjecture），或四色问题（Four-color Problem）.

地图和地图学的发展在很大程度上借助于数学的推动. 自从公元前 4 世纪亚里士多德论证了地球是球形以后，有人开始测量地球的周长，并出现了圆柱地图投影. 公元 2 世纪，古罗马地理学家、天文学家托勒密编著的《地理学指南》，附有 27 幅世界地图，提出了地图圆锥投影和地图球面投影学说，影响西方达千年之久. 公元 3 世纪，中国裴秀编制了《禹贡地域图》和《地形方丈图》，提出"制图六体"，是中国古代关于地图编制原理的最精辟论述，形成了东方独特的地图技术途径，在中国影响了近千年. 托勒密和裴秀这两位古代地图学家，都是按照数学法则来建立描述地理位置的经纬线和方里网的. 这些内容至今仍然是地图数学基础.

5.4.1　四色问题的提出

1852 年，刚从伦敦大学（University of London）毕业的学生费南西斯·古德里（Guthrie）在研究英国地图时想到了一个奇怪的问题. 这个问题被称为世界近代三大数学难题之一，这就是著名的"四色猜想"，问题的起源是这样的：

古德里望着一张挂在墙上的英国地图发呆，他边数着英国的行政区域，边查找它们的位置，同时还注意各区域的地图着色，看着看着他突然发现，该地图仅用四种不同颜色便可以将地图中相邻区域区分开.

古德里无法解释这一现象，于是他写信给仍在大学读书的弟弟，让他向该校有名的数学家德·摩根（A. de Morgan）请教.

德·摩根首先注意到：区分地图上的不同区域少于四种颜色不行，比如图 5-1 所示四个区域仅用三种颜色无法将它们彼此区分开.

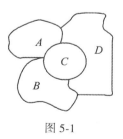

图 5-1

遗憾的是：德·摩根本人也未能解决这个问题.

1878 年，英国数学家凯莱（A. Cayley）在伦敦数学年会上正式提出该问题——平面或球面上的地图仅需四种颜色就可以将任何相邻的两区域区分开——且征求解答. "四色猜想"问题从此便引起了世界数学界的重视. 许多一流的数学家纷纷参加了"四色猜想"的大会战.

5.4.2 四色猜想的解答

在"四色猜想"提出之后的 1878—1880 年间，后来担任伦敦数学会会长的热爱数学的律师肯普(Kempe)和泰勒两人分别提交了证明四色猜想的论文，宣布证明了四色定理，大家都认为四色猜想从此就解决了.

但在 1890 年，Durham 大学的年轻数学教授赫伍德(Hedwood)指出肯普的证明有一漏洞. 不久，泰勒的证明也被人们否定了. 后来，越来越多的数学家虽然对此绞尽脑汁，但一无所获. 于是，人们开始认识到，这个貌似简单容易的题目，其实是一个可以与费尔马猜想相媲美的难题. 先辈数学大师们的努力，为后世的数学家揭示四色猜想之谜铺平了道路.

进入 20 世纪以后，科学家们对四色猜想的证明基本上是按照肯普的想法在进行，并陆续有所进展.

1913 年，伯克霍夫在肯普的基础上引进了一些新技巧. 1939 年，美国数学家富兰克林证明了 22 个以下区域都可以用四色着色. 1968 年，对于 40 个以下的区域，Ore 与 Stemple 证出了四色足够. 随后又推进到了 50 个区域，直到 1976 年初，人们仅对区域数是 96 的地图着色的四色猜想给出证明，但这对区域数是一般自然数的情形来讲远远不够.

20 世纪 70 年代初，德国数学家希斯提出了解决四色猜想的"放电算法"，为此，人们将注意力转移到了电子计算机上，希望借助电子计算机来完成一般地图着色的四色猜想证明.

1976 年 6 月，美国伊利诺伊大学的黑肯(W. Haken)和阿佩斯(K. I. Appel)，经过四年的艰苦工作，在两台不同的电子计算机的帮助下完成了四色猜想的证明(共花了 1200 小时，作了 100 亿个逻辑判断)，因而猜想变成了定理. 四色猜想的计算机证明，轰动了世界，该证明不仅解决了一个历时 100 多年的难题，而且有可能成为数学史上一系列新思维的起点. 不过也有不少数学家并不满足于计算机取得的成果，他们还在寻找一种简洁明快的书面证明方法.

为了纪念"四色猜想"的证明，伊利诺伊州地方邮局还发行了首日封，纪念这个困扰人们一个世纪之久的问题的解决，邮戳上刻着"四种颜色就足够了"(Four Colors Suffice).

黑肯和阿佩斯的证明是如此的长(打字后，总论的页数便有 100 页，细节也有 100 页，再加上 700 页的补充，以及 1200 小时的计算机时间)，因此产生了两个困扰. 第一个是验证不易，一个很长的证明，要花很长的时间去检验，因此，会让大部分人却步. 第二个是有人心存疑惑，检验要靠计算机，难道计算机就不会出错吗? 从这个意义上讲，对于简化黑肯和阿佩斯的证明，或给出另一完全不同但较清晰的证明，无可置疑，数学家都会去尝试. 但无论如何，黑肯和阿佩斯的贡献是无与伦比的. 自他们证出四色定理之后，地图绘制者终于高兴地知道，原来他们由经验中所得到的绘制地图只需要四种颜色，果然是正确的.

5.5　世纪数学问题欣赏

5.5.1　希尔伯特的 23 个数学问题

1900 年 8 月 6 日这一天，巴黎圣母院的钟声迎来了数学界圣会——国际数学家大会，开幕式上，年方 38 岁的法国数学家大卫·希尔伯特（David Hilbert，1862—1943）走上讲台，第一句话就说道："揭开隐藏在未来之中的面纱，探索未来世纪的发展前景，谁不高兴呢?"接着，他根据过去特别是 19 世纪数学研究的成果和发展趋势，向与会者及国际数学家大会发表了题为《数学问题》的著名演讲——提出了 23 个数学问题. 这 23 个问题通称"希尔伯特问题"，后来成为许多数学家力图攻克的难关，对现代数学的研究和发展产生了深刻的影响，并起了积极的推动作用. 希尔伯特问题中有些现已得到圆满解决，有些至今仍未解决. 他在演讲中所阐发的相信每个数学问题都可以解决的信念，对于数学工作者是一种巨大的鼓舞. 这一演讲，成为世界数学史上的重要里程碑，为 20 世纪的数学发展揭开了光辉的一页！

希尔伯特的 23 个问题分属四大块：第 1 个到第 6 个问题是数学基础问题；第 7 个到第 12 个问题是数论问题；第 13 个到第 18 个问题属于代数和几何问题；第 19 个到第 23 个问题属于数学分析问题.

这 23 个问题分别是：

（1）康托的连续统基数问题.

1874 年，康托猜测在可数集基数和实数集基数之间没有别的基数，即著名的连续统假设. 1938 年，侨居美国的奥地利数理逻辑学家哥德尔证明连续统假设与 ZF 集合论公理系统的无矛盾性. 1963 年，美国数学家科恩（P. Cohen）证明连续统假设与 ZF 公理彼此独立. 因而，连续统假设不能用 ZF 公理加以证明.

（2）算术公理系统的无矛盾性.

欧几里得几何的无矛盾性可以归结为算术公理的无矛盾性. 希尔伯特曾提出用形式主义计划的证明论方法加以证明. 1931 年，哥德尔发表不完备性定理. 1936 年，根茨（G. Gentaen，1909—1945）使用超限归纳法证明了算术公理系统的无矛盾性.

（3）只根据合同公理证明等底等高的两个四面体有相等之体积是不可能的.

问题的意思是：存在两个等高等底的四面体，它们不可能分解为有限个小四面体，使这两组四面体彼此全等. 德恩（M. Dehn）1900 年已解决此问题.

（4）两点间以直线为距离最短线问题.

这个问题是就一般情况而言的，满足这个性质的几何例子很多，因而需要加某些限制条件. 1973 年，苏联数学家波格列洛夫（Pogleov）宣布，在对称距离情况下，问题获得解决.

（5）拓扑学成为李群的条件（拓扑群）.

这个问题简称连续群的解析性，即是否每一个局部欧氏群都一定是李群. 1952 年，此问题由格里森（Gleason）、蒙哥马利（Montgomery）、齐宾（Zippin）共同解决. 1953 年，日本学者山迈英彦已得到完全肯定的结果.

（6）对数学起重要作用的物理学的公理化.

1933 年，苏联数学家柯尔莫哥洛夫将概率论公理化. 后来，在量子力学、量子场论方面取得成功. 但对物理学各个分支能否全盘公理化，很多人持怀疑态度.

（7）某些数的超越性的证明.

需证：如果 α 是代数数，β 是无理数的代数数，那么 α^β 一定是超越数或至少是无理数（例如，$2^{\sqrt{2}}$ 和 e^π）. 苏联的盖尔方德（Gelfond）于 1929 年，德国的施奈德（Schneider）及西格尔（Siegel）于 1935 年分别独立地证明了其正确性. 但超越数理论还远未完成. 目前，确定所给的数是不是超越数，尚无统一的方法.

（8）素数分布问题，尤其是黎曼猜想、哥德巴赫猜想和孪生素数问题.

素数是一个很古老的研究领域. 希尔伯特在此提到黎曼（Riemann）猜想、哥德巴赫猜想以及孪生素数问题. 黎曼猜想至今未解决. 哥德巴赫猜想和孪生素数问题目前也未最终解决，其最佳结果均属中国数学家陈景润.

（9）一般互反律在任意数域中的证明.

该证明 1921 年由日本学者高木贞治、1927 年由德国学者阿廷（E. Artin）分别给出. 而类域理论至今仍在发展之中.

（10）能否通过有限步骤判定不定方程存在有理整数解？

求出一个整数系数方程的整数根，称为丢番图（210—290，古希腊数学家）方程可解. 1950 年前后，美国数学家戴维斯（Davis）、普特南（Putnam）、罗宾逊（Robinson）等取得关键性突破. 1970 年，巴克尔（Baker）、费罗斯（Philos）对含两个未知数的方程取得肯定结论. 1970 年，苏联数学家马蒂塞维奇最终证明：在一般情况下答案是否定的. 尽管得出了否定的结果，却产生了一系列很有价值的副产品，其中不少和计算机科学有密切联系.

（11）一般代数数域内的二次型论.

德国数学家哈塞（Hasse）和西格尔在 20 世纪 20 年代获重要结果. 20 世纪 60 年代，法国数学家魏依（A. Weil）取得了新进展.

（12）类域的构成问题.

类域的构成问题即将阿贝尔域上的克罗内克定理推广到任意的代数有理数域上去. 这个问题仅有一些零星结果，距彻底解决还很远.

（13）一般 7 次代数方程以二变量连续函数之组合求解的不可能性.

7 次方程 $x^7 + ax^3 + bx^2 + cx + 1 = 0$ 的根依赖于方程中的 3 个参数 a、b、c，$x = x(a, b, c)$. 这一函数能否用两个变量函数表示出来？这个问题已接近解决. 1957 年，苏联数学家阿诺尔德（Arnold）证明了在 $[0, 1]$ 上任一连续的实函数 $f(x_1, x_2, x_3)$ 可以写成形式 $\sum_{i=1}^{9} h_i(\xi_i(x_1, x_2), x_3)$，这里 h_i 和 ξ_i 为连续实函数. 柯尔莫哥洛夫证明 $f(x_1, x_2, x_3)$ 可以写成形式 $\sum_{i=1}^{7} h_i(\xi_{i1}(x_1) + \xi_{i2}(x_2) + \xi_{i3}(x_3))$，这里 h_i 和 ξ_i 为连续实函数，ξ_{ij} 的选取可以与 f 完全无关. 1964 年，维土斯金（Vituskin）将其推广到连续可微情形，对解析函数情形则未解决.

（14）某些完备函数系的有限的证明.

域 K 上的以 x_1, x_2, $\cdots$, x_n 为自变量的多项式 $f_i (i = 1, 2, \cdots, m)$，$R$ 为

$K[x_1, x_2, \cdots, x_m]$ 上的有理函数 $F(x_1, x_2, \cdots, x_m)$ 构成的环，并且 $F(f_1, f_2, \cdots, f_m)$ $\in K[x_1, x_2, \cdots, x_m]$，试问 R 是否可以由有限个元素 F_1，F_2，$\cdots$，F_N 的多项式生成？这个与代数不变量问题有关的问题，日本数学家永田雅宜于 1959 年用漂亮的反例给出了否定的解决.

（15）建立代数几何学的基础，即舒伯特（Schubert）计数演算的严格基础.

荷兰数学家范·德·瓦尔登于 1938—1940 年、魏依于 1950 年已分别解决.

一个典型的问题是：在三维空间中有四条直线，试问有几条直线能与这四条直线都相交？舒伯特给出了一个直观的解法. 希尔伯特要求将问题一般化，并给予严格的基础. 现在已有了一些可以计算的方法，这些计算方法和代数几何学有密切的关系. 但严格的基础至今仍未建立.

（16）代数曲线和曲面的拓扑研究.

这个问题前半部分涉及代数曲线含有闭的分支曲线的最大数目. 后半部分要求讨论 $\dfrac{dx}{dy} = \dfrac{Y}{X}$ 的极限环的最多个数 $N(n)$ 和相对位置，其中 X、Y 是 x、y 的 n 次多项式. 对 $n=2$（即二次系统）的情况，1934 年福罗献尔得到 $N(2) \geq 1$；1952 年鲍廷得到 $N(2) \geq 3$；1955 年苏联的彼德罗夫斯基宣布 $N(2) \leq 3$，这个曾震动一时的结果，由于其中的若干引理被否定而成疑问. 关于相对位置，中国数学家董金柱、叶彦谦于 1957 年证明了 E_2 不超过两串. 1957 年，中国数学家秦元勋和蒲富金具体给出了 $n=2$ 的方程具有至少 3 个成串极限环的实例. 1978 年，中国的史松龄在秦元勋、华罗庚的指导下，与王明淑分别举出至少有 4 个极限环的具体例子. 1983 年，秦元勋进一步证明了二次系统最多有 4 个极限环，并且是（1，3）结构，从而最终解决了二次微分方程的解的结构问题，并为研究希尔伯特的上述问题提供了新的途径.

（17）半正定形式的平方和表示.

实系数有理函数 $f(x_1, x_2, \cdots, x_n)$ 对任意数组 $(x_1, x_2, \cdots, x_n)$ 都恒大于或等于 0，确定 f 是否都能写成有理函数的平方和？1927 年阿廷已肯定地解决.

（18）用全等多面体构造空间.

德国数学家比贝尔巴赫（Bieberbach）于 1910 年和莱因哈特（Reinhart）于 1928 年作出部分解决.

（19）正则变分问题的解是否总是解析函数？

德国数学家伯恩斯坦（Bernstein）于 1929 年，苏联数学家彼德罗夫斯基于 1939 年已分别解决.

（20）研究一般边值问题.

这个问题进展迅速，已成为一个很大的数学分支，目前还在继续发展.

（21）具有给定奇点和单值群的 Fuchs 类的线性微分方程解的存在性证明.

这个问题属线性常微分方程的大范围理论. 希尔伯特本人于 1905 年、勒尔（H. Rohrl）于 1957 年分别得出重要结果. 1970 年法国数学家德利涅（Deligne）对此问题作出了出色贡献.

（22）用自守函数将解析函数单值化.

这个问题涉及艰深的黎曼曲面理论，1907 年克伯解决了一个变量的情形，而使问题的研究获得重要突破. 其他方面尚未解决.

(23) 发展变分学方法的研究.

这不是一个明确的数学问题. 20 世纪变分法有了很大发展.

科学发展的每一个时代都有自己的问题, 希尔伯特站在当时数学研究的最前沿, 高瞻远瞩地用 23 个数学问题, 预示 20 世纪数学发展的进程. 现在, 时光已过去了 100 多年, 这 23 个问题约有一半获得解决. 100 多年来, 人们把解决希尔伯特问题, 哪怕是其中一部分, 都看成是至高无上的荣誉.

重要的问题历来是推动科学前进的杠杆. 但一位科学家如此自觉、如此集中地提出一整批问题, 并且如此持久地影响一门学科的发展, 在科学史上实属罕见. 难怪大数学家外尔 (Weyl, 1885—1955) 在悼念希尔伯特时曾经这样说: "希尔伯特就像穿杂色衣服的风笛手, 他那甜蜜的笛声诱惑了如此众多的老鼠, 跟着他跳进了数学的深河. 对于有志于此的人们来说, 这 23 个问题正是这样一种甜蜜的笛声, 我们至今似乎仍能听到他的召唤."

值得高兴的是, 中国数学家在问题 (8) 和问题 (16) 上作出过一些贡献.

5.5.2 未来世纪的数学问题

希尔伯特所提出的 23 个数学问题, 对 20 世纪的数学发展影响深远. 那么, 21 世纪应该提出怎样的数学问题呢? 而且, 现在的数学面广量大, 分支既多又细, 显然已不是一个人可以驾驭得了的. 因此, 国际数学联盟 (IMU) 希望由蜚声世界的俄国数学家 V. I. 阿诺尔德牵头, 邀请世界数学家共同解决. 希望集中当今主要数学家的智慧, 来预测未来数学的发展.

1997 年 6 月, 在加拿大多伦多的菲尔兹数学科学研究所举行庆祝阿诺尔德 60 寿辰的学术讨论会, 斯梅尔在会上作了《未来世纪数学问题》的报告, 作为对阿诺尔德邀请函的答复. 斯梅尔的讲稿在《数学信使》(*Mathematical Intelligencer*) 1998 年第 2 期上发表, 其中提出了 18 个未来世纪的重大的数学问题:

(1) 黎曼猜想;

(2) 庞加莱猜想;

(3) $P = NP$ 问题;

(4) 多项式的整数零点;

(5) 丢番图曲线高度的界;

(6) 天体力学可以相对平衡态数目的有限性;

(7) 二维球面上点的分布;

(8) 把动力学引进经济学理论中;

(9) 线性规划的多项式时间计算问题;

(10) 流形上可微逼近封闭定理;

(11) 一维动力学通常是双曲线吗;

(12) 微分同胚的"中心化子";

(13) 希尔伯特的问题 (16);

(14) 洛伦兹吸引子;

(15) 雅可比猜想;

（16）纳维-斯托克斯方程；

（17）解多项式方程组；

（18）人工智能是否有极限.

斯梅尔选择这 18 个问题的原则是：陈述简单；斯梅尔本人比较熟悉；问题十分重要.

2000 年 5 月，美国 CLAY 数学促进会（CMI）在巴黎法兰西学院举行特别活动，悬赏解决 7 个数学问题，每个问题 100 万美元. 这 7 个问题是：黎曼猜想，庞加莱猜想，Hodge 猜想，Birch 猜想，$P = NP$ 吗？Navier-Stokes（纳维-斯托克斯）方程组，杨振宁-赖斯理论.

附:

数学家轶事

一、媒体关于陈景润"1+2"证明的报道

陈景润

日前媒体广泛报道了陈景润"1+2"手稿被发现的消息. 记者近日从有关方面获悉, 所发现手稿并非数十页的"1+2"简化证明论文的手稿, 而是 12 页的中英文"1+2"论文简要手稿. 该手稿将和陈景润先生的其他珍贵遗物一起, 于本月下旬陈景润逝世两周年之际由陈景润夫人由昆捐赠给中国革命博物馆. 有关人士称, 这份发表于 1966 年的"1+2"论文简要和 7 年之后始得发表的"1+2"简化证明论文, 其发表和发现的历史沿革形象地折射出国家的命运对科学事业和科学家命运的影响.

据中国科学院数学所所长李炳仁介绍, 这次发现的"1+2"论文(简要)手稿是陈景润于 1966 年向《科学通报》的投稿, 发表于该刊 1966 年第 17 期. 此后, 该刊即因"十年动乱"开始而被迫停刊, 陈景润此后完成的论文全文发表无门. 1973 年, 随着邓小平同志恢复工作, 科研环境有所好转,《中国科学》杂志即将复刊, 陈景润便将耽搁数年的"1+2"简化证明论文投出, 并发表于复刊第 1 期上, 共计 30 多页. 根据国际惯例, 简要论文不能被正式承认为研究成果, 据此, 陈景润"1+2"成果被世界承认的时间整整被"十年动乱"耽误了 7 年.

据悉, 陈景润"1+2"简化证明论文发表后, 在国际数学界引起极大反响, 而该论文的排版也颇费周折. 由于论文中数学公式极多, 符号极繁, 且很多是多层嵌套, 拼排十分困难. 科学院印刷厂派资深排版师傅欧光弟操作, 整整排了一星期. 1973 年, 毛泽东主席在一份新华社记者写的内参上看到关于该重大研究成果的报道后, 提出要看论文手稿. 有关单位便将出版的论文放大样呈交毛主席.

根据当时有关科技论文编辑出版部门的规定, 论文发表后, 原稿不退还本人, 因此, 陈景润 7 年前后相继发表的两篇"1+2"论文的手稿均无下落. "文革"以后, 中国科学院数学所曾到有关部门寻找"1+2"手稿, 被明确告知发表于 1973 年的"1+2"简化证明论文的手稿已被销毁, 而发表于 1966 年的论文简要的手稿下落不明.

1997 年初, 数学所根据中国科学院办公厅档案处给下属各单位的通知精神对该所科技档案进行系统整理, 同年 4 月, 档案室工作人员李春英在"文革"期间曾被认为是可以销毁的麻袋所装数万页的文字中发现了这份沉寂了 30 余年的手稿. 据介绍, 这篇"1+2"论文简要写在普通稿纸上, 中、英文各一份, 共 12 页, 标题为《表大偶数为一个素数及一个不超过两个素数的乘积之和》, 标题下有陈景润的署名. 手稿纸面已变脆发黄, 发现后一直由陈景润夫人由昆保管. 李炳仁所长认为, 陈景润能在"十年动乱"中坚持科研并公开发表自己的科研成果, 反映了他追求科学的执着和气魄. 这次发现的手稿, 其科学价值已随着论文的发表而消失, 但其历史价值和文物价值却历久弥珍. 另据知情者说, 陈景润在世时从未提到过奠定了他在国际数学界地位的"1+2"手稿, 也不会想到论文简要的手稿

会重新被发现. 如今手稿已被珍藏和展出, 算是对先生的极大告慰.

还有一批珍贵的陈景润遗物于陈景润逝世两周年之际和"1+2"手稿一起捐赠给中国革命博物馆, 其中包括陈景润当年栖居于 88 楼锅炉房改制的房间中搞研究时使用的煤油灯, 以及陈景润使用过的计算器和半导体收音机等.

陈景润夫人由昆提起她决定捐赠陈景润手稿的初衷时说: "陈先生是新中国培养的第一代大学生, 他的一切包括他的研究成果和手稿都已不属于他自己, 而是属于国家." 据由昆透露, 陈景润逝世后, 曾有拍卖公司和她联系公开拍卖陈景润"1+2"手稿. 在致由昆的一封十分感人的信函中称, 该公司的拍卖行为不是一般的商业行为, 而是出于对陈先生由衷的尊敬, 并试图以此反映陈景润的手稿在 30 年后的今天的价值评估. 而由昆认为, 捐给国家才是先生手稿的最佳归宿. 为此, 她于 1998 年 11 月致函中国革命博物馆, 联系捐赠一事. 中国革命博物馆认为, 该手稿是该馆近十几年来收集到的比较珍贵的文物之一.

二、费尔马大定理与怀尔斯的因果律①

数学爱好者费尔马提出的这个问题非常简单, 该问题可用一个中学生熟悉的数学定理——毕达哥拉斯定理来表达. 两千多年前诞生的毕达哥拉斯定理: 在一个直角三角形中, 斜边的平方等于两个直角边的平方之和, 即 $x^2+y^2=z^2$. 大约在 1637 年前后, 当费尔马在研究毕达哥拉斯方程时, 他在《算术》这本书靠近问题 8 的页边处写下了这段文字: "设 n 是大于 2 的正整数, 则不定方程 $x^n+y^n=z^n$ 没有非整数解, 对此, 我确信已发现一个美妙的证法, 但这里的空白太小, 写不下." 费尔马

费尔马

大定理是其中困扰数学家们时间最长的, 所以被称为 Fermat's Last Theorem (费尔马最后的定理)——公认为有史以来最著名的数学猜想.

在畅销书作家西蒙·辛格 (Simon Singh) 的笔下, 这段神秘留言引发的长达 358 年的探寻充满了惊险、悬疑、绝望和狂喜. 这段历史先后涉及最多产的数学大师欧拉、最伟大的数学家高斯、由业余转为职业数学家的柯西、英年早逝的天才伽罗瓦、理论兼试验大师库默尔和被誉为"法国历史上知识最为高深的女性"的苏菲·姬曼等. 法国数学天才伽罗瓦的遗言、日本数学界的明日之星谷山丰的神秘自杀、德国数学爱好者保罗·沃尔夫斯凯尔最后一刻的舍死求生等, 都仿佛是冥冥间上帝导演的宏大戏剧中的一幕, 为最后谜底的解开埋下伏笔. 终于, 普林斯顿的怀尔斯出现了, 他找到了谜底, 把这出戏推向高潮并戛然而止, 留下一段耐人回味的传奇.

对于怀尔斯而言, 证明费尔马大定理不仅是破译一个难解之谜, 更是去实现一个儿时的梦想. "我 10 岁时在图书馆找到一本数学书, 告诉我有这么一个问题, 300 多年前就已经有人解决了它, 但却没有人看到过它的证明, 也无人确信是否有这个证明, 从那以后, 人们就不断地求证. 这是一个 10 岁小孩就能明白的问题, 然而历史上诸多伟大的数学家们却不能解答. 于是从那时起, 我就试过解决它, 这个问题就是费尔马大定理."

怀尔斯于 1970 年先后在牛津大学和剑桥大学获得数学学士和数学博士学位. "我进入

①　摘自美国公众广播网对怀尔斯的专访《358 年的难解之谜》.

剑桥时，我真正地把费尔马大定理搁在一边了．这不是因为我忘了它，而是我认识到我们所掌握的用来攻克它的全部技术已经反复使用了 130 年．而这些技术似乎没有触及问题根本．"因为担心耗费太多时间而一无所获，他"暂时放下了"对费尔马大定理的思索，开始研究椭圆曲线理论——这个看似与证明费尔马大定理不相关的理论，后来却成为他实现梦想的工具．

时间回溯至 20 世纪 60 年代，普林斯顿数学家朗兰兹提出了一个大胆的猜想：所有主要数学领域之间原本就存在着统一的链接．如果这个猜想被证实，则意味着在某个数学领域中无法解答的任何问题都有可能通过这种链接被转换成另一个领域中相应的问题——可以被一整套新方案解决的问题．而如果在另一个领域内仍然难以找到答案的问题，那么可以把问题再转换到下一个数学领域中，直到该问题被解决为止．根据朗兰兹纲领，有一天，数学家们将能够解决曾经是最深奥最难对付的问题——"办法是领着这些问题周游数学王国的各个风景胜地"．这个纲领为饱受哥德尔不完备定理打击的费尔马大定理证明者们指明了救赎之路——根据不完备定理，费尔马大定理是不可证明的．

怀尔斯后来正是依赖于这个纲领才得以证明费尔马大定理的：他的证明——不同于任何前人的尝试——是现代数学诸多分支（椭圆曲线论、模形式理论、伽罗华表示理论等）综合发挥作用的结果．20 世纪 50 年代由两位日本数学家（谷山丰和志村五郎）提出的谷山-志村猜想（Taniyama-Shimura Conjecture，TS 猜想）暗示：椭圆方程与模形式两个截然不同的数学岛屿间隐藏着一座沟通的桥梁．随后在 1984 年，德国数学家格哈德·费赖（Gerhard Frey）给出了如下猜想：假如谷山-志村猜想成立，则费尔马大定理为真．这个猜想紧接着在 1986 年被肯·里贝特（Ken Ribet）证明．从此，费尔马大定理不可摆脱地与谷山-志村猜想连接在一起，如果有人能证明谷山-志村猜想（即"每一个椭圆方程都可以模形式化"），那么就证明了费尔马大定理．

1. 人类智力活动的一曲凯歌

怀尔斯诡秘的行踪让普林斯顿的著名数学家同事们困惑．彼得·萨奈克（Peter Sarnak）回忆说："我常常奇怪怀尔斯在做些什么？……他总是静悄悄的，也许他已经'黔驴技穷'了．"尼克·凯兹则感叹道："一点暗示都没有！"对于这次惊天"大预谋"，肯·里贝特曾评价说："这可能是我平生见过的唯一例子，在如此长的时间里没有泄露任何有关工作的信息，这是空前的．"

1993 年晚春，经过反复试错和绞尽脑汁地演算后，怀尔斯终于完成了谷山-志村猜想的证明．作为一个结果，他也证明了费尔马大定理．彼得·萨奈克是最早得知该消息的人之一，"我目瞪口呆、异常激动、情绪失常……我记得当晚我失眠了"．

1993 年 6 月，怀尔斯决定在剑桥大学的大型系列讲座上宣布这一证明．"讲座气氛很热烈，有很多数学界重要人物到场，当大家终于明白已经离证明费尔马大定理一步之遥时，空气中充满了紧张．"肯·里贝特回忆说．巴里·马佐尔（Barry Mazur）永远也忘不了那一刻："我之前从未看到过如此精彩的讲座，充满了美妙的、闻所未闻的新思想，还有戏剧性的铺垫，充满悬念，直到最后到达高潮．"当怀尔斯在讲座结尾宣布他证明了费尔马大定理时，他成了全世界媒体的焦点．《纽约时报》在头版以《终于欢呼"我发现了！"，久远的数学之谜获解》(*At Last Shout of "Eureka!" in Age-Old Math Mystery*)为题报道费尔马大定理被证明的消息. 一夜之间, 怀尔斯成为世界上唯一的数学家.《人物》杂志将怀尔斯与戴安娜王妃一起列为"本年度 25 位最具魅力者".

与此同时, 认真核对这个证明的工作也在进行. 遗憾的是, 如同这之前的"费尔马大定理终结者"一样, 他的证明是有缺陷的. 怀尔斯现在不得不在巨大的压力之下修正错误, 其间数度感到绝望. John Conway 曾在美国公众广播网(PBS)的访谈中说:"当时我们其他人(怀尔斯的同事)的行为有点像'苏联政体研究者', 都想知道他的想法和修正错误的进展, 但没有人开口问他. 所以, 某人会说, '我今天早上看到怀尔斯了.''他露出笑容了吗?''他倒是有微笑, 但看起来并不高兴.'"

撑到 1994 年 9 月时, 怀尔斯准备放弃了, 但他临时邀请的研究搭档泰勒鼓励他再坚持一个月. 就在截止日到来之前两周, 9 月 19 日, 一个星期一的早晨, 怀尔斯发现了问题的答案, 他叙述了这一时刻:"突然间, 不可思议地, 我发现了它……它美得难以形容, 简单而优雅. 我对着它发了 20 多分钟呆. 然后我到系里转了一圈, 又回到桌子旁看看它是否还在那里——它确实还在那里."

怀尔斯的证明为他赢得了最慷慨的褒扬, 其中最具代表性的是他在剑桥时的导师、著名数学家约翰·科茨的评价:"它(指证明)是人类智力活动的一曲凯歌."

一场旷日持久的猎逐就此结束, 从此费尔马大定理与安德鲁·怀尔斯的名字紧紧地被绑在了一起, 提到一个就不得不提到另外一个. 这是费尔马大定理与安德鲁·怀尔斯的因果律.

2. 历时八年的最终证明

在怀尔斯为数不多的接受媒体采访中, 美国公众广播网 NOVA 节目对怀尔斯的专访相当精彩有趣, 本书节选部分以飨读者.

NOVA：通常人们通过团队来获得工作上的支持, 那么当你碰壁时是怎么解决问题的呢?

怀尔斯：当我被卡住时我会沿着湖边散散步, 散步的好处是使你处于放松状态, 同时你的潜意识却在继续工作. 通常遇到困扰时你并不需要书桌, 而且我随时把笔纸带上, 一旦有好主意我会找个长椅坐下来打草稿……

NOVA：这七年一定交织着自我怀疑与成功……你不可能绝对有把握证明.

怀尔斯：我确实相信自己在正确的轨道上, 但那并不意味着我一定能达到目标——也许仅仅因为解决难题的方法超出现有的数学, 也许我需要的方法下个世纪也不会出现. 所以即便我在正确的轨道上, 我却可能生活在错误的世纪.

NOVA：最终在 1993 年, 你取得了突破.

怀尔斯：对, 那是 5 月末的一个早上. Nada, 我的太太和孩子们出去了. 我坐在书桌前思考最后的步骤, 不经意间看到了一篇论文, 上面的一行字引起了我的注意. 它提到了一个 19 世纪的数学结构, 我霎时意识到这就是我该用的. 我不停地工作, 忘记下楼吃午饭, 到下午三四点时我确信已经证明了费尔马大定理, 然后下楼. Nada

很吃惊，以为我这时才回家，我告诉她，我解决了费尔马大定理.

……

NOVA：《纽约时报》在头版以《终于欢呼"我发现了!"，久远的数学之谜获解》，但他们并不知道这个证明中有个错误.

怀尔斯：那是个存在于关键推导中的错误，但它如此微妙以至于我忽略了. 它很抽象，我无法用简单的语言描述，就算是数学家也需要研习两三个月才能弄懂.

NOVA：后来你邀请剑桥的数学家理查德·泰勒来协助工作，并在 1994 年修正了这个最后的错误. 问题是，你的证明和费尔马的证明是同一个吗？

怀尔斯：不可能. 这个证明有 150 页，用的是 20 世纪的方法，在费尔马时代还不存在.

NOVA：那就是说费尔马的最初证明还在某个未被发现的角落？

怀尔斯：我不相信他有证明. 我觉得他说已经找到解答了是在哄自己. 这个难题对业余爱好者如此特别是因为它可能被 17 世纪的数学证明，尽管可能性极其微小.

NOVA：所以也许还有数学家追寻这最初的证明. 你该怎么办呢？

怀尔斯：对我来说都一样，费尔马是我童年的热望. 我会再试其他问题……证明了它我有一丝伤感，它已经和我们一起这么久了……人们对我说"你把我的问题夺走了"，我能带给他们其他的东西吗？我感觉到有责任. 我希望通过解决这个问题带来的兴奋可以激励青年数学家们解决其他许许多多的难题.

（摘自《科学时报》，胡惊雷编译）

三、数学家希尔伯特

希尔伯特

希尔伯特，德国数学家，生于东普鲁士哥尼斯堡(苏联加里宁格勒)附近的韦劳. 在中学时代，希尔伯特就是一名勤奋好学的学生，对于科学特别是数学表现出浓厚的兴趣，善于灵活和深刻地掌握以至应用老师讲课的内容. 1880 年，他不顾父亲让他学法律的意愿，进入哥尼斯堡大学攻读数学. 1884 年获得博士学位，后来又在这所大学里取得讲师资格和升任副教授. 1893 年被任命为正教授. 1895 年，转入哥廷根大学任教授，此后一直在哥廷根生活和工作，于 1930 年退休. 在此期间，他成为柏林科学院通讯院士，并曾获得施泰讷奖、罗巴切夫斯基奖和波约伊奖. 1930 年获得瑞典科学院的米塔格-莱福勒奖，1942 年成为柏林科学院荣誉院士.

希尔伯特是一位正直的科学家，第一次世界大战前夕，他拒绝在德国政府为进行欺骗宣传而发表的《告文明世界书》上签字. 战争期间，他敢于公开发表文章悼念"敌人的数学家"达布. 希特勒上台后，他抵制并上书反对纳粹政府排斥和迫害犹太科学家的政策. 由于纳粹政府的反动政策日益加剧，许多科学家被迫移居外国，曾经盛极一时的哥廷根学派衰落了，希尔伯特也于 1943 年在孤独中离世.

希尔伯特是对 20 世纪数学有深刻影响的数学家之一. 他领导了著名的哥廷根学派, 使哥廷根大学成为当时世界数学研究的重要中心, 并培养了一批对现代数学发展作出重大贡献的杰出数学家. 希尔伯特的数学工作可以划分为几个不同的时期, 每个时期他几乎都集中精力研究一类问题.

按时间顺序, 他的主要研究内容有不变式理论、代数数域理论、几何基础、积分方程、物理学、一般数学基础, 其间穿插的研究课题有狄利克雷原理和变分法、华林问题、特征值问题、希尔伯特空间等. 在这些领域中, 他都作出了重大的或开创性的贡献.

希尔伯特认为, 科学在每个时代都有它自己的问题, 而这些问题的解决对于科学发展具有深远意义. 他指出: "只要一门科学分支能提出大量的问题, 它就充满着生命力, 而问题缺乏则预示着独立发展的衰亡和终止." 在 1900 年巴黎国际数学家代表大会上, 希尔伯特发表了题为《数学问题》的著名演讲. 他根据过去特别是 19 世纪数学研究的成果和发展趋势, 提出了 23 个最重要的数学问题. 这 23 个问题通称 "希尔伯特问题". 他在演讲中所阐发的相信每个数学问题都可以解决的信念, 对于数学工作者来说是一种巨大的鼓舞. 他说: "在我们中间, 常常听到这样的呼声: 这里有一个数学问题, 去找出它的答案! 你能通过纯思维找到它, 因为在数学中没有不可知." 30 年后, 1930 年, 在接受哥尼斯堡荣誉市民称号的演讲中, 针对一些人信奉的不可知论观点, 他再次满怀信心地宣称: "我们必须知道, 我们必将知道."

希尔伯特的《几何基础》(1899) 是公理化思想的代表作, 书中把欧几里得几何学加以整理, 成为建立在一组简单公理基础上的纯粹演绎系统, 并开始探讨公理之间的相互关系与研究整个演绎系统的逻辑结构. 1904 年, 他又着手研究数学基础问题, 经过多年酝酿, 于 20 世纪 20 年代初, 提出了如何论证数论、集合论或数学分析一致性的方案. 他建议从若干形式公理出发将数学形式化为符号语言系统, 并从不假定实无穷的有穷观点出发, 建立相应的逻辑系统, 然后再研究这个形式语言系统的逻辑性质, 从而创立了元数学和证明论. 希尔伯特的目的是试图对某一形式语言系统的无矛盾性给出绝对的证明, 以便克服悖论所引起的危机, 一劳永逸地消除对数学基础以及数学推理方法可靠性的怀疑. 然而, 1930 年, 年轻的奥地利数理逻辑学家哥德尔 (K. Gödel, 1906—1978) 对该方案获得了否定的结果, 证明了希尔伯特方案是不可能实现的. 但正如哥德尔所说, 希尔伯特有关数学基础的方案 "仍不失其重要性, 并继续引起人们的高度兴趣".

希尔伯特的著作有《希尔伯特全集》(三卷, 其中包括他著名的《数论报告》)、《几何基础》《线性积分方程一般理论基础》等; 与其他学者合著的有《数学物理方法》《理论逻辑基础》《直观几何学》《数学基础》等.

🔲 复习与思考题

1. 数学猜想有什么特征?
2. 数学猜想有什么意义?
3. 试简述哥德巴赫猜想. 其解决情况如何?
4. 试简述费尔马猜想. 其解决情况如何?

5. 是谁提出了四色问题？其解决情况如何？

6. 1900 年是谁提出了 23 个著名的数学问题？

7. 被称为数学界的诺贝尔奖的数学大奖是哪两个？这两个奖之间有什么区别？

8. 怀尔斯的主要贡献是什么？从 FLT（费尔马大定理）证明的整个历程中，他自己收获了什么？

第6章 数学悖论——从不和谐到和谐

6.1 数学的和谐

毕达哥拉斯认为，"美是和谐与比例"，"世界是严谨的宇宙"，"整个天体就是和谐与数"，美与和谐是毕达哥拉斯学派追求数学美的准则，也是其建立数学理论的依据.

美是和谐的，和谐性也是数学美的特征之一. 和谐即雅致、严谨或形式结构的无矛盾性. 高尔泰说，"数学的和谐"不仅是宇宙的特点. 为了追求严谨，追求和谐，数学家们一直在努力，以消除其中的不和谐的东西——比如悖论. 悖论是指一个自相矛盾、对广泛认同的见解的一个反例、一种误解，或看似正确的错误命题及看似错误的正确命题.

在很大意义上，悖论对数学的发展起着举足轻重的作用. 数学史上被称为"数学危机"的现象，正是由于某些理论不和谐所致. 但消除这些不和谐事例的研究，反过来却导致和促进了数学本身的进一步发展. 就像数学家 Bell 和 Davis 所说：数学过去的错误和未解决的困难，为数学未来的发展提供了契机.

数学的和谐还表现在数学能为自然界的和谐、生命现象的和谐、人自身的和谐等找到最佳的论证. 如整个自然界是有规律的. 这些规律用数学刻画时，应该是匀称和谐的. 倘若其中产生了"奇异"，则要么是数学工具有误，要么是规律中还蕴含未知的东西. 比如，1772 年，柏林天文台台长、德国天文学家波德总结前人经验时，整理发表了一个"波德定理"，为人们提供了计算太阳与诸卫星之间距离的经验法则.

设地球与太阳之间的距离是 10，则太阳到各行星之间的距离如表 6-1 所示.

表 6-1

星　名	水　星	金　星	地　球	火　星	木　星	土　星
与太阳的距离	4	7	10	16	52	100
距离减 4 后	0	3	6	12	48	96

表 6-1 中最下一行数，若在 12 与 48 之间添加 24，不计首项，便是一个公比为 2 的等比数列.

1781 年，天王星被发现. 天王星与太阳的距离为 192（按上述规律应该是 $96 \times 2 + 4 = 196$，这个结果与 192 甚为接近）. 从数列的和谐性上看，人们便怀疑在距离为 28 的位置还应有一颗小的行星.

天文学家忙碌了 20 年，1801 年 1 月 1 日，意大利天文学家皮亚齐偶然在那个位置发现了一颗行星，数学家高斯给出了确定行星轨道的方法. 同年 12 月 7 日，人们找到了这颗小行星，且将其命名为"谷神星".

利用宇宙的和谐，从数学反映的不和谐去发现新东西，说明数学美的价值.

又如，人和动物的血液循环中，血管不断地分成两个同样粗细的支管. 它们的直径之比是 $\sqrt[3]{2} : 1$. 由数学计算知道，这种比在分支导管系统中，液流的能耗最少.

"蜂房结构"问题也是一个很好的例子. 人们很久以前就注意到了蜂房的构造. 蜂房乍看上去是一些正六边形的筒，然而每个筒底是由三块同样大小的菱形所拼成的. 1712 年，法国自然科学工作者马拉尔蒂经测量发现菱形的钝角都为 109 度 28 分，锐角都为 70 度 32 分. 对于蜂房的造型，我们不禁要问：

（1）蜂房的开口为什么是正六边形？

（2）为什么蜂房底部菱形钝角为 109 度 28 分，锐角都为 70 度 32 分？

法国物理学家奥姆赫猜想：蜂房的这种造型是蜜蜂为了尽量节省建筑材料（即蜡）而选择的设计. 后来巴黎科学院院士数学家寇尼格经实算证明了这个猜想. 这也是世界上优秀的建筑师称赞不已的造型和建筑.

下面再看数学内部和谐的例子：

已知平面上矩形的两边 a，b，那么对角线 c 便满足 $c^2 = a^2 + b^2$，这就是毕达哥拉斯定理. 然而在空间里，立方体的三边为 a，b，c，其对角线为 d，则 d 满足：$d^2 = a^2 + b^2 + c^2$.

上述现象可以向更高维空间推广.

总之，数学是和谐的，不仅数学内部是和谐的，而且数学还可以用来解释和谐的宇宙，如果何时发现了不和谐，那一定是我们的判断有误. 数学中的悖论就是最好的例证.

6.2　数学悖论

"悖论"一词来源于哲学和逻辑学，意指一种自相矛盾的论述. 中国古代关于"矛盾"的故事是对悖论的最通俗的解释.

数学中的悖论内容广泛，包括自相矛盾的陈述、对广泛认同的事实的误解和反驳、形似正确的错误命题和形似错误的正确命题等.

悖论实际上蕴含着真理. 不过悖论是真理的倒置. 当人们把悖论倒过来的时候，或者把悖论解释清楚之后，便会获得认识上的飞跃.

数学中的悖论极具魅力，常常使人流连忘返，乐在其中，却又常常令人焦躁不安，欲罢不能.

下面给出历史上的一些重要悖论，供读者欣赏.

6.2.1　芝诺悖论

第 2 章已叙述，芝诺悖论除了涉及空间和时间的概念外，还与无限问题有密切联系.

这表明当时人们对无限的认识是缺乏严密逻辑基础的. 因此, 芝诺悖论的提出也影响了数学的发展.

6.2.2　理发师悖论

数学中最著名的悖论是罗素(B. Russell, 1872—1970)于 1902 年提出的. 这位英国近代哲学家和数学家对新创立的集合论发动了进攻, 使整个数学界极为震惊, 让逻辑学家们不知所措. 悖论是这样叙述的:

一理发师宣称: 他给所有自己不刮脸的人刮脸, 而不给自己刮脸的人刮脸.

一智者问: 理发师先生, 你是否应该为自己刮脸呢?

理发师无言以答. 假如他给自己刮脸, 就与他宣称的"不给自己刮脸的人刮脸"相矛盾. 假如他不给自己刮脸, 根据他的原则, 他就应该给自己刮脸, 也产生了矛盾.

高明的罗素让当时所有信赖集合论的数学家掉进了陷阱, 他真正的悖论是针对集合定义的. 什么是集合? 集合论者给出了明确的定义: 把一些确定的可以区别的事物看作一个整体, 这个整体就是集合.

罗素对集合论者的定义针锋相对地制造了一个集合

$$A = \{z \mid z \notin Z\}$$

即集合 A 是由那些不属于自身的那些集合所构成的集合, 换言之, 对任一集合 Z, 如果 $z \notin Z$, z 就是 A 的元素; 反之, 如果 $z \in A$, 则 $z \notin Z$.

现在的问题是 A 是否属于 A 呢?

如果 A 是 A 的元素, 应该有 $A \notin A$; 如果 A 不是 A 的元素, 按 A 的定义, A 应该属于 A, 得到不可调和的矛盾. 罗素制造的集合 A, 让集合的定义者们出了一身冷汗, 不知如何是好.

这个悖论的通俗解释就是理发师的那个宣言.

罗素的悖论从根本上动摇了康托的集合论体系, 使数理逻辑学家不得不创造新的公理化体系, 再也不敢对集合作严格的定义, 只好把"集合"当作不定义的"原始项", 如平面几何中把点、直线和平面当作不加定义的原始项一样. 这种做法是合理的. 用甲、乙、丙去理解丁……那么用什么解释最先的一个事物甲呢? 最好的办法是对于甲不作任何解释, 否则就会出现循环.

6.2.3　说谎悖论

公元前 6 世纪, 古希腊克里特岛的哲学家伊壁门尼德斯有如下断言: "所有的克里特岛人所说的每一句话都是谎话."

试问这句话是真话还是假话? 如果这句话是真的, 由于伊壁门尼德斯本人也是克里特岛人, 从而可以推出这句话假, 因而由这句话为真可以导致这句话为假; 反之, 由这句话为假并不导致任何矛盾. 但是经过公元 4 世纪欧几里得的改进, 这句话就变成了悖论. 说谎者悖论: "我现在所说的是假话."

如果这句话为真, 则可以推出这句话为假; 反之, 由这句话的假, 可以导致这句话为真.

6.2.4 康托悖论

康托是集合论的创始人，集合论逐渐成为现代数学的基石. 但是康托在1899年却发现了如下的矛盾，该矛盾被称为康托悖论.

设集合 M 是所有集合的集合. 试问：集合的基数 $\overline{\overline{M}}$ 与集合 M 的幂集 $P(M)$ 的基数 $\overline{\overline{P(M)}}$ 哪个大？

根据康托定理，任何集合 A 的基数 $\overline{\overline{A}}$ 皆小于其幂集 $P(A)$ 的基数 $\overline{\overline{P(A)}}$. 故可以推得

$$\overline{\overline{M}} < \overline{\overline{P(M)}} \tag{6-1}$$

另一方面，由于 $P(M)$ 是 M 的幂集，可知 $P(M)$ 的任一元素 X 都是 M 的子集，即 x 是集合，从而 $x \in M$（因 M 是所有集合的集合）. 又可以推得 $P(M) \in M$，即 $P(M)$ 是 M 的子集，从而又有

$$\overline{\overline{M}} > \overline{\overline{P(M)}} \tag{6-2}$$

根据集合论的 Bernstein 定理，式(6-1)、式(6-2)不能同时成立.

6.2.5 理查德悖论

1905年，理查德（Richard）提出悖论："不可用少于100个字而定义的最小自然数，实际上可由本语句在100个字内定义."这是一个矛盾.

这个悖论实际上是希腊的克里特岛说谎者悖论的发展.

6.2.6 毕达哥拉斯悖论

古希腊时期，毕达哥拉斯学派认为宇宙中一切现象都可以归纳为整数与整数之比，所谓"万物皆数"，后来该学派发现了毕达哥拉斯定理，由此产生了毕达哥拉斯悖论，该悖论说：正方形的对角线和边长之比不能用整数或整数之比来表示.

具体来说，设两直角边为1的直角三角形的斜边长为 $\dfrac{p}{q}$，p，q 是既约整数，则 p，q 至少有一个是奇数，按照毕达哥拉斯定理，$\dfrac{p^2}{q^2} = 1^2 + 1^2 = 2$，从而 $p^2 = 2q^2$，p 必为偶数，设 $p = 2r$，则 $4r^2 = 2q^2$，$q^2 = 2r^2$，q 必为偶数.

这一悖论是由认为线段长总是有理数这一错误而产生的，当人们的认识从有理数域扩展为实数域后，这一悖论自然消失. 该悖论正是 $\sqrt{2}$ 是无理数的证明.

6.2.7 伽利略悖论

伽利略指出，在正整数与它们平方之间可以建立一一对应关系 $n \to n^2$，$n = 1$，2，$\cdots$，这样一来，整体和部分相等了. 这与传统的认识"整体大于部分"相矛盾. 我们知道整体大于部分是有限集的特征. 对于无限集来说，其特征是"整体可以和部分相等". 因为无限集就是能和自己的某一子集基数相等的集合. 随着集合论的出现，伽利略悖论也就不是悖论了.

集合论悖论对于数学家们的震动是巨大的. 由于集合论成为现代数学的基础, 因此集合论悖论的威胁不只局限于集合论, 而遍及整个数学甚至还包含逻辑. 这就不得不使希尔伯特感叹道: "必须承认, 在这些悖论面前, 我们目前所处的情况是不能长久忍受下去的. 试想, 在数学这个号称可靠性和真理性的典范里, 每一个人所学的、教的和应用的那些概念结构和推理方法竟会导致不合理的结果, 如果甚至数学思考也失灵, 那么应该到哪里去寻找可靠性和真理性呢?"

著名数学家外尔曾说: "数学的最后基础和终极意义仍旧没有解决, 我们不知道沿着哪一个方向去寻找最后的解答, 甚至也不知道我们是否能够找到一个最后的客观的回答."

著名逻辑学家兼数学家弗雷格在即将完成他的巨著《算术基础》第二卷时, 接到罗素的一封信, 信中把集合论的悖论告诉了他. 弗雷格在第二卷的末尾说: "一个科学家不会碰到比这更难堪的事情了, 即在工作完成的时候, 它的基础坍塌了. 当这部著作只等付印时, 罗素先生的一封信就使我处于了这种境地." 现在人们把集合论悖论的出现和引起的争论称为数学史上第三次危机.

6.3　数学大厦基础上的裂缝——三次数学危机

数学是精确的, 数学是严密的, 甚至可以说数学是美的, 这是人们对号称"天衣无缝"、绝对正确的数学的美誉. 然而, 这里的精确、严密、美, 都是来之不易的. 其实数学的发展也经历了大风大浪, 经历了磨难. 只要细看一下整个数学的发展史, 就会明白, 数学贯穿着矛盾的斗争和解决, 而当矛盾达到白热化以至于影响数学基础时, 就产生了数学危机. 数学史上的三次危机, 都与悖论的出现有关.

从历史的阶段上看, 数学的三次危机分别发生在公元前 5 世纪、公元 17 世纪和 19 世纪, 都发生在西方文化发展的时期. 因此数学危机的产生, 都有一定的文化背景. 第一次危机是古希腊时代, 由不可公度线段——无理数的发现与一些直觉的经验相抵触而引发; 第二次危机是在微积分理论出现后, 由对无穷小量的理解未及深透而引发的; 第三次危机则是由罗素发现了集合论悖论, 危及了整个数学基础而引起的. 不过因为这三次危机都发生在西方, 对东方(中国和印度)无其影响, 因此也称为三次西方数学危机.

三次数学危机对数学及哲学都造成了巨大的影响. 三次数学危机虽然使当时某个时期的数学陷入某种困境, 然而一直未妨碍数学的发展与应用, 而是在困境过去后, 数学迎来了新的生机.

6.3.1　第一次数学危机

1. 第一次数学危机的产生

第一次数学危机发生的时间最早, 而危机从根本上消除花费的时间又最长. 此次危机最有名. 公元 5 世纪, 古希腊的数学非常发达, 尤以毕达哥拉斯创立的学派最为有名. 毕达哥拉斯学派对几何学的贡献很大, 最著名的是毕达哥拉斯定理(我国称为勾股定理)的发现. 据说当时屠牛百头欢宴庆贺.

毕达哥拉斯学派倡导一种"唯数论"的哲学观. "数"与"和谐"是他们主要的哲学思想.

他们认为，宇宙的本质是数的和谐，一切事物都必须且只能通过数学得到解释．他们坚持的信条是："宇宙间的一切现象都可以归为整数与整数之比．"也就是说，一切现象都可以用有理数来描述．例如，他们认为"任何两条不等线段，总有一个最大公度线段"．其求法如图 6-1 所示．

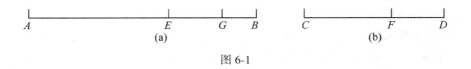

图 6-1

设两条线段 $AB>CD$，在 AB 上用圆规从一端 A 起，连续截取长度为 CD 的线段，使截取的次数尽可能多．若没有剩余，则 CD 就是最大公度线段；若有剩余，则设剩余线段为 $EB(EB<CD)$，再在 CD 上截取次数尽可能多的 EB 线段．若没有剩余，则 EB 就是最大公度线段；若有剩余，则设为 $FD(FD<EB)$．再在 EB 上连续尽可能多地截取线段长度等于 FD 的线段．如此反复下去．由于仅用尺规，总会出现没有剩余的现象，也即最大公度线段总是可以求得的．例如图 6-1(a)，最后设 $FD=2GB$，所以 GB 就是 AB 和 CD 的最大公度线段．故而有 $\dfrac{CD}{AB}=\dfrac{8}{27}$，即为两个整数的比．

然而，毕达哥拉斯学派的希帕斯发现了等腰直角三角形的直角边与斜边无最大公度（不可通约），也即在等腰直角三角形中直角边与斜边的比值不能表示为两个整数的比．不可公度线段的发现，本来是人类对数认识的一次重大飞跃，是数学史上的伟大发现，但毕达哥拉斯学派的哲学偏见，使他们陷入了极度不安的深渊中．这一发现不仅对毕达哥拉斯学派的学说是致命的挑战，而且对人们当时的见解也是极大的冲击．

当时人们对数的认识刚由自然数扩大到有理数．根据经验完全确信"一切量都可以用有理数来表示"，也就是说，在任何精度范围内的任何量，都可以表示成有理数，当时这在希腊是人们的一种普遍信仰．这是毕达哥拉斯学派的基本信条．因此，按照毕达哥拉斯学派的这种信念，不可公度线段是不存在的．但是，可以证明正方形的对角线和边长就是不可公度线段，由此引出矛盾．这就形成了悖论．这一悖论人们叫作毕达哥拉斯悖论．这一悖论触犯了毕达哥拉斯学派的根本信条，因此在当时这一悖论就直接导致了认识上的危机，从而产生了第一次数学危机．

这场危机，当然只是古希腊数学理论的危机．这场危机从公元前一直拖到了公元 19 世纪才完全解决．所谓完全解决，就是说新的理论建立起来了．在新的理论体系下，数学扩张了，被认为是"异物"的东西成了这个体系合理的"存在物"．

相传，希帕斯的科学发现，若是在今天，给他授予菲尔兹奖也不为过．然而，他不但没有获得应得的奖赏，反而被同窗处以"死刑"的惩罚．希帕斯为发现真理而献出了宝贵的生命．

2. 第一次数学危机的产物——数学基础更加牢固

为什么危机拖了那么久并未从根本上影响数学的发展呢？事实上，影响是存在的．例如，算术的基础地位动摇了，几何的地位上升了，几何的地位支撑着数学的发展．此外，虽然在理论上还无法解释这种数的时候，也无可奈何地要跟这种数打交道，只不过把这种数叫作"无理数"罢了. 不管怎样，可以肯定地说：直线上如果仅有相应于有理数（可比数）的点，那么，就还有空隙.

希帕斯的发现，一方面促进人们进一步去认识和理解无理数，另一方面致使公理几何和古典逻辑的诞生.

几何量不能完全由整数及其比表示. 反之，数都可以由几何量表示. 整数受人尊崇的地位动摇了. 几何学开始在希腊数学中占有特殊的地位. 同时也反映出，直觉和经验不一定靠得住，推理证明才是可靠的. 从此希腊人开始重视几何的推理，并由此建立了几何的公理体系. 这是数学思想史上的一次巨大革命.

第一次数学危机的最后解决还要归功于 19 世纪戴德金实数理论的建立. 在实数理论中，无理数可以定义为有理数的极限，且这种数填满了直线，直线上再无空隙，这样又恢复了毕达哥拉斯的"万物皆数"的思想.

6.3.2　第二次数学危机

17 世纪，牛顿和莱布尼茨微积分的发现，无疑是一件划时代的事件. 该事件迎来了 18 世纪的繁荣，这个时期的数学家在几乎没有逻辑支撑的前提下，勇敢地开拓并征服了众多的科学领域，他们把微积分应用于天文学、力学、光学、热力学等各个领域，并获得了丰硕的成果. 在数学本身，他们又发展了微分方程、无穷级数的理论，大大地扩展了数学研究的范围. 但是，其中许多结果只是依靠经验和观测，微积分概念是模糊的，证明也是不充分的，其中最突出的是天文学的预言——哈雷彗星的再度出现. 数学家们坚信，上帝数学化地设计了世界，而他们正在发现和揭示这种设计. 可以说，这种信仰支撑着他们的精神和勇气；而丰硕的科学成果则养育着他们的心智，成为他们追求的精神食粮，并迫使数学家们急于去攫取新的成果，而无暇顾及"基础问题". 正如达朗贝尔所说："向前进，你就会有信心！"

然而，一方面是丰硕的成果，另一方面，由于在研究和应用中出现越来越多的谬论和悖论，暴风骤雨正一步步地向数学家们袭来. 贝克莱大主教的批评给人一种"数学的基础是建立在沙滩上"的感觉. 数学的发展又遇到了深刻的令人不安的危机——数学史上的第二次危机.

1. 第二次数学危机的产生

17 世纪建立起来的微积分理论在实践中取得了成功的应用，大部分数学家对这一理论的可靠性深信不疑. 但在 100 多年以内，这门学科缺乏令人信服的严格的理论基础，存在着明显的逻辑矛盾.

例如：对于 $y=x^2$ 而言，根据牛顿的流数计算法，有

$$y+\Delta y = (x+\Delta x)^2 \tag{6-3}$$

$$x^2+\Delta y = x^2+2x\Delta x+(\Delta x)^2 \tag{6-4}$$

$$\Delta y = 2x\Delta x+(\Delta x)^2 \tag{6-5}$$

$$\frac{\Delta y}{\Delta x} = 2x+\Delta x \tag{6-6}$$

$$\frac{\Delta y}{\Delta x} = 2x \qquad\qquad (6\text{-}7)$$

在上面的推导过程中，从式(6-5)到式(6-6)，要求 Δx 不等于零. 而从式(6-6)到式(6-7)，又要求 Δx 等于零.

正因为在无穷小量中存在着这类矛盾，才引发当时颇具影响的红衣大主教贝克莱对无穷小的抨击. 1734 年，贝克莱在其所著的一本书名为《分析学家》的小册子里说 Δx 为"逝去量的鬼魂"，意思是说，在微积分中，有时 Δx 作为零，有时又不作为零，自相矛盾. 贝克莱的指责，在当时的数学界中引起混乱.

另外，下面的论断也让人不可小视：$x = 1-1+1-1+1-1+\cdots$，首先这个 x 应该等于 0，这是因为

$$x = (1-1)+(1-1)+\cdots = 0$$

其次，可以证明 x 等于 1，因为

$$x = 1-(1-1)-(1-1)-\cdots = 1$$

最后，还可以证明 x 等于 $\frac{1}{2}$，因为

$$x = 1-(1-1+1-1+\cdots)$$
$$x = 1-x$$
$$2x = 1$$
$$x = \frac{1}{2}$$

零表示没有，由于这个 x 可以等于零，等于 1，等于 $\frac{1}{2}$，所以 $0 = 1 = \frac{1}{2}$！而 1 和 $\frac{1}{2}$ 表示确确实实地有啊！这不是"没有"等于"有"么！

还不止于此，格兰第还说："你想创造什么数，我就可以创造出什么数." 比如说想创造 16，因为 $16 \times x = 16 \times x$，既然 x 可以等于 0，也就可以等于 1. 这时

$$16 \times 0 = 16 \times 1$$

得到 $0 = 16$，说明从"无"中创造出 16.

虽然贝克莱对微积分的激烈攻击是出于他的政治目的，他极端恐惧当时自然科学的发展对宗教信仰造成的日益增长的威胁，但在微积分产生初期，由于还没有建立起坚实的理论基础(主要是极限理论)，出现了这样那样的问题，确实让一些别有用心的人钻了空子. 数学分析领域中的一个个成就不断涌现，但与这个相对照的却是由基础的含糊不清所导致的矛盾愈来愈尖锐，这就迫使数学家认真对待贝克莱悖论，从而开始了柯西-魏尔斯特拉斯的微积分理论的奠基时代.

2. 第二次数学危机的产物

为了解决第二次数学危机，数学家们做了大量的工作，其中柯西是起着承前启后作用的人. 19 世纪，出现了一批杰出的数学家，他们积极为微积分的奠基工作而努力. 首先要提到的是捷克的哲学家和数学家波尔查诺(B. Bolzano，1781—1848)，他开始将严格的论证引入数学分析中. 1816 年，他在二项式展开公式的证明中，明确地提出了级数收敛的概

念，同时对极限、连续和变量有了较深入的理解．

分析学的奠基人，公认是法国多产的数学家柯西，他是最伟大的近代数学家之一．他给出了数学分析一系列基本概念的精确定义．例如，他给出了精确的极限定义，然后用极限定义连续、导数、微分、定积分和无穷级数的收敛性．这些定义基本上就是今天我们微积分教材里面使用的定义．不过现在写得更加严格一些．

1874 年，德国数学家魏尔斯特拉斯（K. T. W. Weierstrass，1815—1897）进一步改进了柯西的工作．魏尔斯特拉斯通过：

（1）逻辑地构造实数系，

（2）从实数出发定义极限概念、连续性、可微性、收敛和发散，

（3）引进精确的"ε-δ"语言，

终于使数学分析从完全依靠运动学、直觉理解和几何概念中解放出来，并消除了历史上各种模糊的用语，诸如"最终化""无限地趋近于零"等．

总之，第二次数学危机的核心是微积分的基础不稳固．柯西的贡献在于将微积分建立在极限论的基础上．魏尔斯特拉斯的贡献在于先逻辑地构造实数论，进而建立分析基础的逻辑顺序是实数系—极限论—微积分．

魏尔斯特拉斯对数学分析的贡献是卓越的，并得到希尔伯特的高度评价．

6.3.3　第三次数学危机

1. 第三次数学危机的产生

17 世纪、18 世纪、19 世纪都是近代数学蓬勃发展的时期．前两个世纪是迅猛地前进，广为开拓，后一世纪是走向更加成熟，重大理论成果累累．非欧几何的出现，使几何理论更加扩展和完善；实数理论（极限理论）的出现，使微积分有了牢靠的基础；群的公理、算术公理的出现，使算术、代数的逻辑基础更为明晰，等等．然而，人们还在思考：整个数学的基础在哪里？正是这个时候，19 世纪末，集合论出现了．事实上，严格的微积分理论是以实数理论为基础的，严格的实数理论又以集合论为基础．集合论似乎给数学家们带来了一劳永逸地摆脱危机的希望．尽管集合论的相容性尚未证明，但许多人认为这只是时间问题．正因为如此，法国数学家庞加莱在 1900 年巴黎召开的第二届国际数学家大会上宣称："数学的严格性直至今天可以说是严格实现了．"因而，他对实数理论和极限理论的基础集合论给予很高的评价．然而，暴风雨正在酝酿，数学史上一场新的危机正在降临．时隔两年，即在 1902 年，突然传出了一个惊人的消息：著名的哲学家和数学家罗素发现集合论的概念出现了矛盾．这就是著名的罗素悖论（也称为集合论悖论）．

这一新发现，使刚刚平静的数学界又掀起"轩然大波"．整个数学界为之大震，好多数学家大惊失色、不知所措．

实际上，在罗素悖论之前，已出现了布拉里-福蒂最大序数悖论和康托最大基数悖论，只是在此之前那些知情的数学家们并没有像对罗素悖论那样感到不安，因此在此之前数学界依然是一片太平盛世．

为什么罗素悖论使整个数学界大受震动呢？这是因为罗素悖论不仅涉及集合论中最基本的概念"集合"，而且还涉及集合论中经常使用的一个基本原则．只要承认并使用了这个

原则和过程，则牵一发而动全身，数学中许多原有结论就失效了．集合论悖论的出现引起了数学界的争论，同时又伴随尖锐的哲学思想的争论，这就是所谓的第三次数学危机．

2. 第三次数学危机的产物——数理逻辑的发展与一批现代数学产生

摆脱第三次数学危机的出路在哪里？途径之一是抛弃整个集合论，把数学建立在别的什么理论基础上；途径之二是对康托的集合论加以改造，以便建立新的理论体系．经过一番探索，人们选择了第二条道路．

为了排除集合论悖论，策墨罗等人用公理集合论致力于集合论改造．罗素等人用类型论致力于集合论的改造．这是两个主要的改造方案．除此之外，数学在实践中还提出了另一些可以排除悖论的方法．

对罗素悖论研究与分析的一个间接结果就是哥德尔获得如下不完备性定理：

如果形式算术系统是无矛盾的，则存在着这样一个命题，该命题与其否定命题在该系统中不能证明，亦即这形式算术系统是不完备的．

这一定理是数理逻辑发展史上的重大研究成果，是数学与逻辑发展史上的一个里程碑．时至今日，数学界还未提出一个完善的解决方案，所以，最终人们只得在承认数学自身也存在矛盾的前提下，对集合论的思想和方法进行广泛的应用．

应该指出的是，数学史上的三次危机对中国几乎无甚影响．西方所谓的数学危机，本质上不是自身操作系统出现了危机，而是文化传统对数学操作系统的解释出现了危机．从数学危机的结果上分析，西方数学的危机不是自身形式的改变，而是人们对数学认识的改变，是人们对数学的理解发生了改变．

6.4 数学哲学

罗素的集合论悖论使数学家们感到不安全，面对这样的危机，数学家们努力设法消除这个"怪物"．他们不断地探索，除了修补集合论本身及在公理化方面寻求出路，还思考更根本的问题．即使是集合论公理，也出现了好几种体系，形成了关于数学基础的三大学派：以罗素为代表的逻辑主义、以布劳威尔为代表的直觉主义和以希尔伯特为代表的形式主义．究竟哪一种更可靠？数学推理究竟在什么情况下有效，什么情况下无效？数学命题在怎样的情况下具有真理性？在怎样的情况下可能失灵？这事实上是一个数学基础的问题．在这场对数学基础的严密考察中，开始所显示的还是不太明显的意见分歧，而后便渐渐发展成了不同流派．各种数学流派的争论显示了各流派的智慧．这种争论有时十分激烈，有时又使流派之间相互吸收观点，从而客观上有利于各流派自身的改进和发生各种积极变化，表现出互相影响、互相渗透的特征．

6.4.1 逻辑学派

逻辑学派的主要代表是罗素和弗雷格．其基本思想在罗素 1903 年发表的《数学原理》(*The Principles of Mathematics*)中有大概轮廓．罗素后来与怀特黑德(A. Whitehead，1861—1947)合著的三大卷《数学原理》(*Principia Mathematics*)是逻辑学派的权威性论述．按照逻辑主义的观点：数学乃逻辑的一个分支．逻辑不仅是数学的工具，逻辑还成为数学的祖师. 所有数学的概念要用逻辑概念的术语来表达，所有数学定理要作为逻辑的定理被推演. 逻辑的展开，则依靠公理化的方法进行，即从一些不定义的逻辑概念和不加证明的逻辑公理出发，通过符号演算的形式来建立整个逻辑体系. 为了避免悖论，罗素创造了一套"类型论"，类型论将对象区分为不同的层次，处于最底层的是 0 类型的对象，属 0 类型的元素构成 I 类型不同的对象，I 类型的元素构成 II 类型不同的对象，如此等等. 在应用类型的理论中，必须始终贯彻如下原则：一定类的所有元素必须属于同一类型. 类相对于其自身成员是高一级类型的对象. 这样，集合本身就不能是它自己的成员，类型论避免了集合论悖论的产生. 在《数学原理》中还有各种等级内的各种等级，导致所谓盘根错节的"类理论". 为了得到建立分析所需要的非断言定义，必须引进"可化归性公理"，该公理的非原始性和随意性引起严重的批评. 可化归性公理被指出是非逻辑公理，不符合将数学化归为逻辑的初衷. 按类型论建立数学，开展起来极为复杂. 事实上，罗素和怀特黑德的体系一直是未完成的，在许多细节上是不清楚的.

所以逻辑学派将数学还原为逻辑的企图不得不以失败而告终. 逻辑学派之所以会失败，最根本的原因在于过分夸大了数学与逻辑的同一性，而完全抹杀了数学与逻辑之间质的区别. 事实上，数学与逻辑既有同一性，又有差别性. 它们的同一性首先表现在相互依赖上. 数学离不开逻辑，如数学中的公理化方法实质上就是逻辑方法在数学上的直接应用，在公理系统中所有的命题和有关概念都是逻辑地联系起来的. 另一方面，数学也促进了逻辑的发展. 由传统的逻辑向数理逻辑的演进正是数学方法的应用结果. 其次，数学与逻辑的同一性表现在两者的共同特征上，这种共同特征最重要的表现在于它们研究对象的高度抽象性. 数学与逻辑的差异性主要表现在研究对象不同上，尽管它们都是抽象的，但抽象的内容不同：逻辑研究如何单纯地依据语义的逻辑结构去解决推理的有效性问题；而数学舍弃了事物质的属性，从量的侧面研究客观世界的量的规律性.

尽管逻辑学派的数学哲学观点是错误的，带有唯心主义色彩，现在追随者甚少，但他们在数学研究方面的贡献是不可磨灭的.

第一，逻辑主义以纯粹符号的形式实现逻辑的彻底公理化. 特别是罗素和怀特黑德《数学原理》第二卷、第三卷提出的"关系自述理论"，建立了完整的命题演算与谓词演算系统. 这一切构成了对现代数理逻辑的重大贡献，对当今计算机的研究和人工智能的研究具有重大现实意义.

第二，《数学原理》已相当成功地把古典数学纳入了一个统一的公理系统，这就为公理化方法的近代发展奠定了必要的基础.

第三，罗素的类型论对于排除悖论具有重要的意义.

罗素活了 98 岁，于 1970 年去世，他是一位著名的和平主义者. 晚年长期领导禁止核武器运动. 1950 年，获得诺贝尔和平奖.

6.4.2　直觉主义学派

直觉主义学派的主要代表人物是荷兰数学家布劳威尔（L. E. Brouwer, 1881—1966）. 布劳威尔 1907 年在他的博士论文《论数学基础》中搭建了直觉主义数学的框架，1912 年以后又大大发展了这方面的理论. 直觉主义学派的基本思想是数学独立于逻辑，认为数学理论的真伪，只能用人的直觉去判断，基本的直观是按时间顺序出现的感觉. 例如，由于无限反复,头脑中形成了一个接一个的自然数概念,一个接一个,无限下去.这是可以承认的(哲学上称为潜无限),因为人们认为时间不是有限的,可以一直持续下去,但永远达不到无限(即实无限).所谓"全体实数"是不可接受的概念,"一切集合的集合"之类更是不能用直观解释的.因而不承认集合的合理性,"悖论"自然也就不会产生了.

直觉主义学派认为,集合论悖论也不是偶然现象,而是整个数学所感染的疾病的一种症状.因此,悖论问题不可能通过对已有数学作某些局部修改和限制加以解决,而必须依据可信性对已有的数学作全面审视和改造.那么,什么样的概念才是可信的呢?在直觉主义学派看来就是"直觉上的可构造性".直觉主义学派有句著名的口号:"存在必须是被构造的."这就是说数学中的概念和方法都必须是构造性的,非构造性的证明是直觉主义者所不能接受的.这一学派的另一代表人物克罗内克有一句名言:"上帝创造自然数,别的都是人造的."

据说,希尔伯特的老师林德曼曾证明 π 是超越数.克罗内克对他说:"无理数是不存在的.你对于 π 的美丽的探讨有什么用处?"

希尔伯特还有一个惊人的主张,即不承认排中律,不准用反证法证明一命题为真.例如,如果已证明在某个无穷集合中,并不是所有元素都具有某性质,按布劳威尔的观点,不能说至少有一元素具有该性质,除非把这个元素具体指出来.他的理由是:没有构造出来,就不能说"存在",在无穷集合中,无法一个一个地拿出来检验是否真有某性质,怎么能说至少有一个元素呢?否定无限多个都具有某性质,并不能直觉地告诉我哪一个元素具有该性质.因此,反证法不能适用.

直觉主义学派从"存在必须被构造"的原则出发,对古典逻辑中的排中律、双重否定律等相当一部分原则持排斥态度,对古典数学中的非构造性的结论采取否定态度,对数学中的实无限的对象和方法采取不承认的态度,从而也就抛弃了相当多的数学理论.因此,按照直觉主义学派的观点来重建数学是失败的.其失败的症结在于他们完全否定了数学的客观性.否定非构造性数学和传统逻辑是行不通的.由于直觉主义学派在本质上是主观和荒谬的,因此,他们以直觉上的可构造性为由来绝对地肯定直觉派数学就必定是不正确的.离开实践就不可能真正解决数学理论的可靠性.

当然,虽然直觉主义学派的数学哲学理论观点在总体上是错误的,但他们所进行的具体数学工作仍有一定的意义.他们强调并积极探讨的能行性方法,至今在计算机科学中有着重大的现实意义.

庞加莱在某种程度上也支持直觉主义.许多数学家都认为能够"构造"出对象而不是纯粹地谈它的存在是有益的.但布劳威尔的观点起初并不为大家所接受.希尔伯特曾说,"不准数学家使用排中律,就和不准天文学家使用望远镜,不准拳师使用拳头一样",甚至说,"数学家中居然有人不承认排中律,这是数学家的羞耻".其实这些话都是没有了解布劳威尔观点的精髓.现在,大多数学家都认为构造性方法是很对的,很重要的.后来希尔伯特也吸收了布劳威尔的长处,坚持有穷性观点最可靠.这正是直觉主义的核心.

6.4.3　形式主义学派

形式主义学派的代表人物是希尔伯特.希尔伯特于 1899 年写了一本《几何基础》,在书中,他把欧几里得的素材公理和当代的形式公理的数学方法深刻化.在集合论悖论出现之后，希尔伯特没有气馁，而是奋起保卫"无穷"，支持康托尔反对克罗内克，给纯粹性证明打气. 为了解决集合论悖论，希尔伯特指出，只要证明了数学理论的无矛盾性，那么悖论自然就永远被排除了. 1922 年在汉堡的一次会议上，希尔伯特提出了数学基础研究规划，就是首先将数学理论组织成形式系统，然后再用有限的方法证明这一系统的无矛盾性. 这里所说的形式系统就是形式公理化. 一个数学理论的形式公理化，就是要纯化掉数学对象的一切与形式无关的内容和解释，使数学能从一组公理出发，构成一个纯形式的演绎系统. 在这个系统中那些作为出发点的命题就是公理或基本假设，而其余一切命题或定理都能遵循某些假定形式规则与符号逻辑法则，逐个地推演出来.

形式主义者认为，无论是数学的公理系统还是逻辑的公理系统，其中只要能够证明该公理系统是相容的、独立的和完备的，该公理系统便获得承认，该公理系统便代表一种真理. 悖论是不相容的一种表现.

从这个思想出发，希尔伯特打算把整个数学都公理化，并验证数学的无矛盾性. 他设想最后只需验证算术公理的无矛盾性，这一奢望后来被哥德尔打破了. 1931 年，哥德尔公布了"不完备性定理"，这一定理证明了希尔伯特的规划是不可能实现的. 希尔伯特之所以失败就在于他在基础研究中坚持的立场是错误的，他完全否认了无限概念和方法的客观意义，过分夸大了形式研究的作用. 事实上，数学的真理性并不存在于严格证明里，而归根结底要在物质世界的实践过程中去验证. 关于形式主义的争论是最激烈的.

尽管希尔伯特的规划失败了，但他对数学的发展还是作出了重大的贡献.

第一，希尔伯特奠定的形式化研究方法具有广泛的应用价值，具有重大的方法论意义.

第二，希尔伯特在进行形式公理化研究时，涉及作为研究对象的系统，简称为对象系统，而对"对象系统"进行研究时所用到的数学理论，即"元数学"，亦即形式化研究导致"元数学"的产生. 把数学证明作为对象进行研究就产生了"证明论". 证明论这个新兴数学分支的产生，正是希尔伯特致力于其规划的结果，其意义在于证明论使数学研究达到一个新的高度.

上述关于数学基础的三大学派，在 20 世纪前 30 年间非常活跃，相互争论非常激烈.

迄今为止，这场争论尚未停止，当今的数学家，已不再划分为三派，他们各取所长，且发展各派所长，形成统一的数学分支——"数学基础"，向着人类思维深处探索规律，将人们对数学基础的认识引向了空前的高度. 数学家们更多专注于数理逻辑的具体研究，三大学派在基础问题上积累的深刻结果，都被纳入数理逻辑研究的范畴，从而极大地推动了现代数理逻辑的形成与发展.

综上所述，数学悖论的产生与消除是数学由不和谐过渡到和谐的过程. 悖论的产生引发了人们对数学概念的改进或重塑.

📑 **附:**

关于康托尔集合论的评价

一、集合论的产生

康托尔(G. Cantor)是 19 世纪末 20 世纪初德国伟大的数学家、集合论的创立者,是数学史上最富有想象力、最有争议的人物之一. 19 世纪末他所从事的关于连续性和无穷的研究从根本上背离了数学中关于无穷的使用和解释的传统,从而引起了激烈的争论乃至严厉的谴责. 然而数学的发展最终证明康托尔是正确的. 他所创立的集合论被誉为 20 世纪最伟大的数学创造,集合概念大大扩充了数学的研究领域,给数学结构提供了一个基础. 集合论不仅影响了现代数学,而且也深深影响了现代哲学和逻辑.

1. 康托尔的生平

1845 年 3 月 3 日,乔治·康托尔生于俄国的一个丹麦-犹太血统的家庭. 1856 年,康托尔和他的父母一起迁到德国的法兰克福. 像许多优秀的数学家一样,他在中学阶段就表现出一种对数学的特殊敏感,并不时得出令人惊奇的结论. 他的父亲力促他学工,因而康托尔在 1863 年带着这个目的进入了柏林大学. 这时柏林大学正在形成一个数学教学与研究的中心. 康托尔很早就向往这所由魏尔斯特拉斯占据着的世界数学中心之一. 所以在柏林大学,康托尔受了魏尔斯特拉斯的影响而转到纯粹的数学. 他在 1869 年取得在哈勒大学任教的资格,不久后就升为副教授,并在 1879 年升为正教授. 1874 年康托尔在克列勒的《数学杂志》上发表了关于无穷集合理论的第一篇革命性文章. 数学史上一般认为这篇文章的发表标志着集合论的诞生. 这篇文章的创造性引起人们的注意,在以后的研究中,集合论和超限数成为康托尔研究的主流,他一直在这方面发表论文直到 1897 年,过度的思维劳累以及强烈的外界刺激曾使康托尔患精神分裂症. 这一难以消除的病根在他后来 30 多年间一直断断续续影响着他的生活. 1918 年 1 月 6 日,康托尔在哈勒大学的精神病院中去世.

2. 集合论的背景

为了较清楚地了解康托尔在集合论上的工作,先介绍一下集合论产生的背景.

集合论在 19 世纪诞生的基本原因,来自数学分析基础的批判运动. 数学分析的发展必然涉及无穷过程,无穷小和无穷大这些无穷概念. 在 18 世纪,由于无穷概念没有精确的定义,使微积分理论不仅遇到严重的逻辑困难,而且还使实无穷概念在数学中信誉扫地. 19 世纪上半叶,柯西给出了极限概念的精确描述. 在这基础上建立起连续、导数、微分、积分以及无穷级数的理论,正是在 19 世纪发展起来的极限理论相当完美地解决了微积分理论所遇到的逻辑困难. 但是,柯西并没有彻底完成微积分的严密化. 柯西思想有一定的模糊性,甚至产生逻辑矛盾. 19 世纪后期的数学家们发现使柯西产生逻辑矛盾的问题的原因在奠定微积分基础的极限概念上. 严格地说,柯西的极限概念并没有真正地摆脱几何直观，确实地建立在纯粹严密的算术的基础上. 于是，许多受分析基础危机影响的数学家致力于分析的严格化. 在这一过程中，都涉及对微积分的基本研究对象——连续函数的描述. 在数与连续性的定义中，有涉及关于无限的理论. 因此，无限集合在数学上的存在问题又被提出来了. 这自然也就导致寻求无限集合的理论基础的工作. 总之，为寻求微积分彻底严密的算术化倾向，成了集合论产生的一个重要原因.

3. 集合论的建立

康托尔在柏林大学的导师是魏尔斯特拉斯、库默尔和克罗内克. 库默尔教授是数论专家，他以引进理想数并大大推动费尔马大定理的研究而闻名于世. 克罗内克是一位大数学家，当时许多人都以得到他的赞许为荣. 魏尔斯特拉斯是一位优秀教师，也是一位大数学家，他的演讲给数学分析奠定了一个精确而稳定的基础，例如，微积分中著名的观念就是他首先引进的. 正是由于这些人的影响，康托尔对数论较早产生兴趣，并集中精力对高斯所留下的问题作了深入的研究. 他的毕业论文就是关于高斯在《算术研究》中提出而未解决的素数问题. 这篇论文写得相当出色，足以证明作者具有深刻的洞察力和对优秀思想的继承能力. 然而，康托尔关于超穷集合论的创立，并没有受惠于早期对数论的研究. 相反，他很快就接受了数学家海涅的建议转向了其他领域. 海涅鼓励康托尔研究一个十分有趣，也是较困难的问题：任意函数的三角级数的表达式是否唯一？对康托尔来说这个问题是促使他建立集合论的最直接原因. 函数可以用三角级数表示，最早是 1822 年傅立叶提出来的. 此后对于间断点的研究，越来越成为分析领域中引人注目的问题，从 19 世纪 30 年代起，不少杰出的数学家从事着对不连续函数的研究，并且都在一定程度上与集合这一概念挂钩，这就为康托尔最终建立集合论创造了条件. 1870 年，海涅证明，如果表示一个函数的三角级数在区间 $[-\pi, \pi]$ 中去掉函数间断点的任意小邻域后剩下的部分上是一致收敛的，那么级数是唯一的. 至于间断点的函数情况如何，海涅没有解决. 康托尔开始着手解决这个以如此简洁的方式表达的唯一性问题. 于是，他跨出了集合论的第一步.

康托尔一下子就表现出比海涅更强的研究能力. 他决定尽可能多地取消限制，当然这会使问题本身增加难度. 为了给出最有普遍性的解，康托尔引进了一些新的概念. 在其后的 3 年中，康托尔先后发表了 5 篇有关这一题目的文章. 1872 年当康托尔将海涅提出的一致收敛的条件减弱为函数具有无穷个间断点的情况时，他已经将唯一性结果推广到允许例外值是无穷集的情况. 康托尔 1872 年的论文是从间断点问题过渡到点集论的极为重要的环节，使无穷点集成为明确的研究对象.

集合论的中心、难点是无穷集合这个概念本身. 从希腊时代以来，无穷集合很自然地引起数学家们和哲学家们的注意. 而这种集合的本质以及看来是矛盾的性质，很难像有穷集合那样来把握. 所以对这种集合的理解没有任何进展. 早在中世纪，人们已经注意到这样的事实：如果从两个同心圆出发画射线，那么射线就在这两个圆的点与点之间建立了一一对应，然而两圆的周长是不一样的. 16 世纪，伽利略还举例说，可以在两个不同长的线段 *ab* 与 *cd* 之间建立一一对应，从而想象出它们具有同样的点.

不仅是伽利略，在康托尔之前的数学家大多不赞成在无穷集之间使用一一对应的比较手段，因为该方法将出现部分等于全体的矛盾. 高斯明确表态："我反对把一个无穷量当作实体，这在数学中是从来不允许的. 无穷只是一种说话的方式……"柯西也不承认无穷集合的存在．他不能允许部分同整体构成一一对应这件事．当然，潜无穷在一定条件下是便于使用的，但若把潜无穷作为无穷规则是片面的．数学的发展表明，只承认潜无穷，否认实无穷是不行的．康托尔把时间用到对研究对象的深沉思考中．他要用事实来说明问题，说服大家．康托尔认为，一个无穷集合能够和它的部分构成一一对应不是什么坏事，这种对应恰恰反映了无穷集合的一个本质特征．对康托尔来说，如果一个集合能够和它的一部分构成一一对应，该集合就是无穷的．康托尔定义了基数、可数集合等概念．并且证明了实数集是不可数的，代数数是可数的．康托尔最初的证明发表在 1874 年的一篇题为《关于全体实代数数的特征》的文章中，该文标志着集合论的诞生．

随着实数不可数性质的确立，康托尔又提出一个新的、更大胆的问题．1874 年，他考虑了能否建立平面上的点和直线上的点之间的一一对应．从直观上说，平面上的点显然要比直线上的点要多得多．康托尔自己起初也是这样认识的．但 3 年后，康托尔宣布：不仅平面和直线之间可以建立一一对应，而且一般的 n 维连续空间也可以建立一一对应！这一结果是出人意料的．就连康托尔本人也觉得"简直不能相信"．然而这又是明摆着的事实，该事实说明直观是靠不住的，只有靠理性才能发现真理，避免谬误．

既然 n 维连续空间与一维连续统具有相同的基数，于是，康托尔在 1879—1884 年间集中于线性连续统的研究，相继发表了 6 篇系列文章，汇集成《关于无穷的线性点集》．前 4 篇直接建立了集合论的一些重要结果，包括集合论在函数论等方面的应用．其中第 5 篇发表于 1883 年，该文的篇幅最长，内容也最丰富．该文不仅超出了线性点集的研究范围，而且给出了超穷数的一个完全一般的理论，其中借助良序集的序型引进了超穷序数的整个谱系．同时还专门讨论了由集合论产生的哲学问题，包括回答反对者们对康托尔所采取的实无穷立场的非难．这篇文章对康托尔是极为重要的．1883 年，康托尔将该文以《集合论基础》为题作为专著单独出版．

《集合论基础》的出版，是康托尔数学研究的里程碑．其主要成果是引进了作为自然数系的独立和系统扩充的超穷数．康托尔清醒地认识到，他这样做是一种大胆的冒进．"我很了解这样做将使我自己处于某种与数学中关于无穷和自然数性质的传统观念相对立的地位，但我深信，超穷数终将被人们承认是对数概念最简单、最适当和最自然的扩充."《集合论基础》是康托尔关于早期集合理论的系统阐述，也是他将做出具有深远影响的特殊贡献的开端．

康托尔于 1895 年和 1897 年先后发表了两篇对超限数理论具有决定意义的论文．在这两篇文章中，他改变了早期用公理定义（序）数的方法，采用集合作为基本概念．他给出了超限基数和超限序数的定义，引进了它们的符号；依势的大小把它们排成一个"序列"；规定了它们的加法、乘法和乘方……到此为止，康托尔所能做的关于超限基数和超限序数理论已臻于完成．但是集合论的内在矛盾开始暴露出来．康托尔自己首先发现了集合论的内在矛盾．他在 1895 年的文章中遗留下两个悬而未决的问题：一个是连续统假设；另一个是所有超穷基数的可比较性．他虽然认为无穷基数有最小数而没有最大数，但没有明显地叙述其矛盾之处．一直到 1903 年罗素发表了他的著名悖论．集合论的内在矛盾才突出出来，成为 20 世纪集合论和数学基础研究的出发点．

4. 对康托尔集合论的不同评价

康托尔的集合论是数学上最具有革命性的理论. 他处理了数学上最棘手的对象——无穷集. 因此, 康托尔的探索道路也自然很不平坦. 他抛弃了一切经验和直观, 用彻底的理论来论证, 因此康托尔所得出的结论既高度地令人吃惊、难以置信, 又确确实实、毋庸置疑. 数学史上没有比康托尔更大胆的设想和采取的步骤了. 因此, 康托尔不可避免地遭到了传统思想的反对.

19 世纪被普遍承认的关于存在性的证明是构造性的. 若要证明什么东西存在, 那就要具体构造出来. 因此, 人们只能从具体的数或形出发, 一步一步经过有限多步得出结论. 至于"无穷", 许多人更是认为是一个超乎于人的能力所能认识的世界, 不要说去数无穷集, 就是无穷集是否存在也难以肯定, 而康托尔竟然"漫无边际地"去数无穷集, 去比较无穷集之间的大小, 去设想没有最大基数的无穷集合的存在……这自然遭到反对和斥责.

集合论最激烈的反对者是克罗内克, 他认为只有他研究的数论及代数才最可靠. 因为自然数是上帝创造的, 其余的是人的工作. 他对康托尔的研究对象和论证手段都表示强烈的反对. 由于柏林是当时的数学中心, 克罗内克又是柏林学派的领袖人物, 所以他对康托尔及其集合论的发展阻碍非常大. 另一位德国的直觉主义者魏尔斯特拉斯认为, 康托尔把无穷分成等级是雾上加雾. 法国数学界的权威人物庞加莱曾预言: 我们的"后一代将把(康托尔的)集合论当作一种疾病", 等等. 由于两千多年来无穷概念对数学带来的困难, 也由于反对派的权威地位, 康托尔的成就不仅没有得到应有的评价, 反而受到排斥. 1891 年, 克罗内克去世之后, 康托尔的处境开始好转.

另外, 许多大数学家支持康托尔的集合论. 除了狄德金以外, 瑞典数学家米塔格-列夫勒在自己创办的国际性数学杂志上把康托尔的集合论的论文用法文转载, 从而大大促进了集合论在国际上的传播. 1897 年在第一次国际数学家大会上, 霍尔维茨在对解析函数的最新进展进行概括时, 就对康托尔的集合论的贡献进行了阐述. 3 年后的第二次国际数学大会上, 为了捍卫集合论而勇敢战斗的希尔伯特又进一步强调了康托尔工作的重要性. 他把连续统假设列为 20 世纪初有待解决的 23 个主要数学问题之首. 希尔伯特宣称: "没有人能把我们从康托尔为我们创造的乐园中驱逐出去."特别是自 1901 年勒贝格积分产生以及勒贝格的测度理论充实了集合论之后, 集合论得到了公认, 康托尔的工作获得崇高的评价. 当第三次国际数学大会于 1904 年召开时, "现代数学不能没有集合论"已成为大家的共识. 康托尔的声望才得到举世公认.

5. 集合论的意义

集合论是现代数学中重要的基础理论. 集合论的概念和方法已经渗透到代数、拓扑和分析等许多数学分支以及物理学和质点力学等一些自然科学领域, 为这些学科奠定了坚实的基础, 改变了这些学科的面貌. 几乎可以说, 如果没有集合论的观点, 很难对现代数学获得一个深刻的理解. 所以集合论的创立不仅对数学基础的研究有重要意义, 而且对现代数学的发展也具有深远的影响.

康托尔一生受到磨难. 他以及其集合论受到粗暴攻击长达 10 年. 康托尔虽曾一度对

数学失去兴趣，而转向哲学、文学，但始终不能放弃集合论. 康托尔能不顾众多数学家、哲学家甚至神学家的反对，坚定地捍卫超穷集合论，与他的科学家气质和性格是分不开的. 康托尔的个性形成在很大程度上受到他父亲的影响. 他的父亲乔治·瓦尔德玛·康托尔在福音派新教的影响下成长起来，是一位精明的商人，明智且有天赋. 他的那种深笃的宗教信仰和强烈的使命感始终带给他勇气和信心. 正是这种坚定、乐观的信念使康托尔义无反顾地走向数学家之路并真正取得了成功.

今天集合论已成为整个数学大厦的基础，康托尔也因此成为世纪之交的最伟大的数学家之一.

二、生活中的悖论破解法

悖论，是一种奇特的逻辑矛盾. 悖论的奇特之处在于，当人们按常规推理要肯定某件事或某种道理时，却在不知不觉之中又把它们否定了. 在论辩中，某些论敌的辩词往往有意无意会含有悖论的因素，此时，论辩者如能慧眼明察，加以利用，并以此为突破口，巧妙地予以破解，必使论敌难以自圆其说而被击败. 这就是论辩中的"悖论破解法". 一般说来，"悖论破解法"有以下三种.

1. 用自我涉及方法使对方作茧自缚

一般的悖论，如果不涉及对方自我，往往不易发现其悖谬. 而一旦把对方牵涉进去，则悖论立现. 用对方自我涉及的方法来使对方作茧自缚，是破解对方悖论的绝妙方法. 某评论家评论某作家的作品，武断地说："您怎么能这样写呢？您已是第三次在作品里作这样的描写了. 难道您不知道'第一个把女人比喻为花的人是天才，第二个是庸才，第三个是蠢材'这句名言吗？"作家答道："是的，您说得很对. 不过您已经是第七次使用这句话了."在这里，评论家引用名言来批评作家屡次在作品中作相同的描写，作家及时抓住评论家多次用该名言去批评别人的把柄，让对方自我涉及，如果对方所讲的道理成立，那么，对方也就是名言中所说的"庸才""蠢材". 如此，对方只好无言以对了.

2. 用二难推理形式揭穿对方悖论的逻辑错误

凡是悖论，都隐含着自相矛盾的逻辑错误，破解对方的悖论，可以运用逻辑中的二难推理形式揭穿对方悖论的自相矛盾之处，对对方悖论构成夹击钳制之势，使对方陷入进退两难、难以自圆其说之境地. 有些诡辩学者主张"辩无胜". 对此，一位哲学家反驳道："你们既然和人辩论，又主张'辩无胜'之说，那么，请问，你们的'辩无胜'之说是对的呢，还是不对的呢？如果你们的说法是对的，那就是你们辩胜了；如果你们的说法是不对的，那就是你们辩败了，而别人辩胜了. 由此可见，不是你们辩胜，就是别人辩胜，怎么能说'辩无胜'呢？"在这里，哲学家慧眼识谬，机智地运用了逻辑中的二难推理形式，揭穿了对方"辩无胜"的矛盾，让对方自己打自己的耳光.

3. 用肯定其美言的方式，揭露对方言行相悖

在现实生活中，有的人说话冠冕堂皇，然而所作所为离其所讲的差距很大，这也是一种言行相悖的悖论. 在论辩中，如果遇到这种情况，可以先极力肯定、赞美对方所说的美

言，再以其美言反衬其丑行，达到揭露其心口不一、言行相悖的目的，使其不得不收敛自己的丑行. 下举一例：春节将至，某局长助理到下属单位找到该单位负责人，暗示该单位负责人在年终时到局里拜拜年. 这位下属单位负责人推辞说年终工作忙暂时去不了. 该助理却进一步明示，他说："我来时，局长说了，下属单位给我们送一点点，我们收一点点，但我们也要给上面送一点点，这样，我们局里的事就好办一点点，请你们还是要多多理解."话已到此，该单位负责人只好说："你说局长说的这些话，我没有亲耳听到，可是上次局里开廉政会议，我可是亲耳听到局长讲话要求大家要抵制不正之风，反腐倡廉，局长还说要做好表率. 你说局长讲的这些话，我感到和他在廉政会议上讲的正好相反，我们到底是按他在会上讲的还是按你传达的去执行呢？是否打电话请示一下局长？"说着，他就要去取电话. 该助理见状，急忙说："别，别！就算我白来一趟."说完，悻悻地走了. 在这里，这位下属单位的负责人，以其人之道，还治其人之身，当对方打出局长旗号时，他使用局长在廉政会议上冠冕堂皇的话来揭穿其言行相悖的悖论，终使对方悻悻离去.

复习与思考题

1. 试叙述数学史上三次数学危机. 这三次数学危机对数学发展起到哪些作用？
2. 什么叫作数学悖论？试举出两个数学悖论的例子.
3. 关于数学基础问题出现过哪三个数学流派？他们的代表人物分别是谁？
4. 试简述集合论的意义及康托尔关于集合论的工作.
5. 试简述数学悖论与数学危机的辩证关系.

第7章 变量数学的产生与发展

17 世纪对数学的发展具有重大意义的两个事件：一是解析几何的诞生，并开辟了几何代数化这一新的方向；二是创立了微积分，使数学从常量数学过渡到变量数学. 这些都是数学思想方法的重大突破.

7.1 笛卡儿和费尔马的解析几何思想

7.1.1 变量数学产生的历史背景

变量数学是相对于常量数学而言的数学领域. 常量数学的对象主要是固定不变的图形和常量. 常量数学是描述静态事物的有力工具. 但是，对于描述事物的运动和变化却是无能为力的. 因此，变量数学应运而生. 变量数学的产生有其经济背景和数学背景.

1. 社会生产力的发展是变量数学产生的强大动力

17 世纪的欧洲是一个经济迅速增长的时代. 经济的增长依靠机器的作用和改进，而机器的作用和改进则需要科学与技术的进步为其后盾. 于是，一个科技进步与经济增长的良性循环产生了. 生产力的发展对数学提出了新的要求，而数学的局限性越来越明显. 例如，航海业向天文学发展，实际上是对数学提出了如何精确测定经纬度问题；航海业促进了造船业的发展，造船业又向数学提出了描绘船体部位的各种形状、风帆的样式以及船体的阻抗介质中的问题；煤炭作为主要燃料被采用，使采掘业成为当时最重要的行业，这也提出了研究透镜镜面形状的问题；随着军事技术的发展，弹道学变得重要起来，其中抛物体运动的性质显得越来越重要，弹道学要求正确描述抛射体的运动轨迹，计算炮弹的射程，特别是开普勒发现行星沿椭圆轨道绕太阳运行，要求用数学方法确定行星的位置，等等. 所有的这些问题都难以在常量数学的范围内解决. 总之，虽然不明显存在促进变量数学产生的实际问题，但是促成变量数学产生的经济的以及其他的社会需求是存在的.

2. 变量数学的产生是数学发展的必然趋势

变量数学的产生与当时的数学状况很有关系，首先是数学观的变化，生产力的发展带来数学观和数学的重大变化. 经过欧洲文艺复兴后，欧洲人继承和发展了希腊的数学观，认为数学是研究自然科学的有力工具. 伽利略把数学运用于力学，建立了自由落体的力学定律，并为一般力学奠定了基础；开普勒把数学运用于天文学，建立了行星运动的三大定律，希腊人导出圆锥曲线的性质后 1800 年才出现这一光辉的实际应用. 这些新成果的开发和新理论的酝酿，都向数学提出了一系列的新问题，而传统的几何学缺乏解决这些问题的能力. 为了适应生产力的需要，数学要能反映这类运动的轨迹及其性质等，就必须从观点到方法上来一个变革，创立一种建立在运动观点上的几何学.

除了数学观的变化之外，17 世纪初期的数学在内容上也有很大的变化. 这种变化为变量数学的产生创造了条件. 其中代数的进步所产生的影响最大. 比如，从 16 世纪中期后，代数学两个新的发展势头，一是数学符号化的倾向，二是对解方程理论的深入研究，特别是数学符号化倾向. 更是变量数学产生的前提. 因为数学符号化深刻地反映了数学思想的潜在变化，为用数学来研究运动和变化创造了条件.

7.1.2 解析几何的创立与发展

1. 关于笛卡儿

图 7-1

笛卡儿(Descartes，1596—1650)是法国杰出的哲学家、物理学家和数学家，又是生物学的奠基人(图 7-1). 笛卡儿是他那个时代最具天赋的数学家之一，他一生多姿多彩，令人无法相信在他 54 岁正值盛年时去世之前，竟然已经有那么多的成就.

1596 年 3 月 31 日，笛卡儿出生于法国土兰，双亲是贵族，但出生几天之后，母亲就去世了. 医生宣布这个病婴不久也会死亡，可是他活下来了，由于从来就不是一个健康的孩子，所以成年后仍体质虚弱.

笛卡儿在 8 岁时进入耶稣会学校，接受了 8 年的古典教育，然后于 1612 年前往巴黎，就读于波提耶大学，并于 1616 年取得了法学学位. 然而他不喜欢法律，却喜欢数学和哲学，于是就投入了位于荷兰布列达的一所军事学校.

1618 年 11 月 10 日，发生了一件笛卡儿终生转折的事件. 当时他正在驻防布列达. 他在街上看到一群人聚集在一张告示前面，就请一位旁观者为他翻译告示上的法兰德斯文，才知道那告示是在为一个数学问题公开征答.

站在群众面前，笛卡儿随口说："那问题简单得很!"而那位旁观者原来是铎特荷兰学院的校长比克曼. 他挑战笛卡儿，要笛卡儿兑现其大话，立即给出问题的答案，笛卡儿做到了. 比克曼马上发现这位年轻人具有很高天赋，给了他几个很有价值的问题去求解，并鼓励他继续作数学研究. 两年后，笛卡儿还留在荷兰，在比克曼的指导下研究科学.

然而，笛卡儿并未结束他的"流浪"生涯. 1619 年，他又参加巴伐利亚部队，于随后的 9 年间，他在欧洲各处游历，为好几个国家的军队作战. 可是他对数学和哲学的思考一直没有停止过，并且利用部队转防的机会，会晤欧洲各式各样的科学家. 其中一位出名的是明尼密提修士梅森(Marin Mersenne，1588—1648)神父，梅森和笛卡儿读过同一所耶稣会学校. 梅森住在巴黎皇宫附近的修道院，在修道院中主持一个为科学家及数学家举行的定期研讨会. 这个研讨会一直持续到梅森死去，在 1666 年演进成为法国科学院.

梅森神父除了管理这个研讨会之外，还担任欧洲各数学家之间的沟通渠道. 这里面包括笛卡儿、伽利略、费尔马以及其他许多人等. 每当数学家有新的数学理念, 在尚未公开发表之前, 时常由梅森传达给其他数学家. 在有些情况下, 这种做法会导致发现先后的争执. 比如, 后面将看到, 费尔马与笛卡儿之间, 以及莱布尼茨与牛顿之间, 就发生过这样的争执事件.

1628 年, 笛卡儿决定终止浪迹生活, 找一个地方安定下来. 他选择了荷兰, 因为荷兰对于新颖的思想似乎采取特别自由的态度. 在这里一住就是 20 年, 这期间, 他潜心钻研哲学和数学, 撰写了许多论文与著作. 1628—1630 年, 他撰写了第一篇方法论论文《指导思维的法则》. 他的第一本重要著作《世界体系：光学》(*Le Monde，ou Traite de la lumiere*) 于这一时期完成, 这是一本关于物理的论述. 然而十分不幸的是, 发生在意大利的一件迫害事件使他退缩, 他不敢把书出版, 唯恐受到天主教的惩罚.

事件的中心人物是伽利略, 他与笛卡儿同时代, 年纪较笛卡儿稍长. 伽利略以研究运动及他的多项发明闻名欧洲. 可是, 他明显地让他自己站在哥白尼 (Nicolas Copernicus, 1473—1543) 这一边. 哥白尼主张, 地球和所有的其他行星都绕着太阳转动. 而不像亚里士多德和天主教会的教义所指示的那样, 太阳、行星甚至恒星都绕着地球转动. 1632 年, 伽利略发表极具争议的论述《两个世界系统的对话录》, 论证出日心理论的优越性. 包括教皇在内的教会领袖, 都不认可他的说法, 于是他被召去罗马, 以异教徒的罪名被审判及定罪. 最后, 他被迫撤回日心说, 又被处于软禁家中, 余生禁止出版著作.

伽利略以异教徒罪名被审判的时候, 受到笛卡儿的注意. 在当时, 欧洲 (当然也包括荷兰) 的学术思想受天主教所控制. 虽然笛卡儿所定居的荷兰比较自由, 但是如果他攻击宗教法庭, 无疑是不理智的事情. 结果, 他的物理著作直至他死后才发表. 1637 年, 笛卡儿发表了他论及科学方法的著作《方法论》, 简述了他的机械论的哲学观点和基本研究方法, 成为他的重要哲学成果之一. 作为《方法论》的三个附录, 《折光》《气象》和《几何学》是笛卡儿最重要的科学论著. 在《几何学》这个附录中, 勾勒出代数式与几何图示相互关联的方法, 这个新的方法从此改变了数学的面貌. 笛卡儿将代数与几何结合起来之后, 诞生了一门新的数学——解析几何.

关于导出笛卡儿的解析几何思想的最初一闪念, 有两个传说: 其中一个传说是说, 解析几何思想出现于其梦中; 另一种传说能与牛顿看见苹果落地的故事相媲美, 说是最初一闪念是他看见一只苍蝇在天花板上爬行时出现的, 笛卡儿认为, 只要知道苍蝇与相邻两墙的距离之间的关系, 就能描述苍蝇的路线, 因而发明了解析几何.

解析几何是代数与几何的结合, 并产生了威力强大的新数学形式, 敞开了数学的大门, 让许多后人进一步深入探讨, 继而发现了更高深的数学——微积分.

在发明解析几何之后的几年里, 笛卡儿陆续撰写了重要著作. 1641 年, 他发表了《第一哲学的沉思录》, 这本书在哲学界简称为《沉思录》. 传说笛卡儿还在军中时, 就写出了初稿, 在一次战斗休整期间, 他的同胞在荷兰的一个面包店休息, 大家在喝酒赌博, 吵闹不休, 笛卡儿为了找一个安静的地方写作, 就爬入一座废置不用的大型烤炉中, 关起炉门在里面就着烛光和纸笔, 写成了《沉思录》的初稿. 这本书中有我们最常引用的名句: "我思, 故我在!"

笛卡儿在哲学方面的成就不可忽视, 他是近代理性主义者, 他认为对于一切主张, 我们应该依照证据所能证实的程度来决定取信与否. 这与他那个时代, 凡事都要听从权威的做法大相径庭. 那时一个人若想要知道真理, 他只能求教于专家或权威, 比如亚里士多德或教皇. 笛卡儿摒弃传统权威式的真理检验方法, 主张每一个命题与论断, 依据事实和逻辑的支持来决定其正确与否, 这在那个时代是非常新颖的理念.

1644 年, 笛卡儿发表了他的《哲学原理》, 5 年后, 他受瑞典女王克莉丝丁娜的邀请, 迁往她的宫廷, 为她讲授哲学和数学. 很不幸的是, 宫廷中每天清晨 5 点钟就要开始工作的严格作息, 加上北国的冬天更加寒冷, 让笛卡儿虚弱的身体几近崩溃. 1650 年 2 月 11 日, 笛卡儿在他 54 岁生日之前 7 个星期, 因肺炎逝世.

2. 笛卡儿的解析几何思想

笛卡儿的《几何学》一书共 3 卷, 主要是围绕希腊几何学中的作图问题而展开讨论的. 在第一卷中, 他首先指出, 任何几何作图问题的实质在于定出所求线段的长度, 这相当于指出了几何问题代数化的可能性. 为了具体地架起几何与代数相联系的桥梁, 笛卡儿引入了单位线段的概念, 建立线段与数之间的平行关系, 这就为几何问题代数化打下了基础.

笛卡儿思想的进一步发展, 是建立代数与几何的明确而自然的联系, 他通过对帕普斯问题的处理, 给出了表示他这种思想的具体例子.

问题: 设平面上给定四条直线, AB, AD, EF, GH, 从点 C 引直线 CB, CD, CF, CH, 分别与给定直线构成给定角 $\angle CBA$, $\angle CDA$, $\angle CFE$, $\angle CHG$, 求满足 $CB \times CF = CD \times CH$ 的点的轨迹, 如图 7-2 所示.

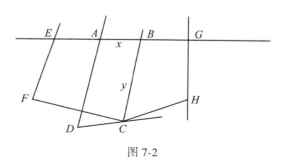

图 7-2

首先, 笛卡儿确定基点和基线, 例如以点 A 为基点, AB 为基线. 线段 AB 的长度为 x, 过点 B 作一直线 BC, 得到固定角 $\angle CBA$, 记 BC 的长度为 y. 于是, 所有直线都将与 x 与 y 发生关系, 从而使问题的最终的解决变为一个关于 x, y 不定方程的求解问题, 所得最后结果是 C 点的轨迹方程是一个二次不定方程:

$$y^2 = Ax + Bxy + Cy + Dx^2 \tag{7-1}$$

接着, 笛卡儿说, 如果我们任给 x 一个值, 那么方程(7-1)可以解出相应的 y 值. 于是可以用直尺和圆规画出线段 BC, 从而得到一个点 C. 如果取无穷多个 x 值, 得无穷多个相应 y 值, 便得无穷多个 C 点. 所有这些 C 点的轨迹, 就是方程(7-1)所代表的曲线.

就这样, 笛卡儿把两个本性相差甚远的学科——代数与几何联系起来, 并把变量引进了数学, 从而完成了数学史上的一项划时代的变革. 这一变革不仅使整个古典几何处于代数学支配之下, 而且开拓了一个变量数学的领域, 特别是加速了微积分的诞生.

图 7-3

3. 费尔马及其解析几何思想

如前所述，费尔马（图 7-3）被称为 17 世纪最伟大的数学家之一. 他也和阿基米德、牛顿、欧拉、高斯等数学巨匠并列. 费尔马在解析几何、微积分、概率论、数论四个领域中有非凡的贡献，但是他不是职业数学家.

费尔马生前的数学论述都是经由他与梅森神父的共同手稿问世的. 后来他的长子又于 1670 年及 1679 年把他的著作汇集出版. 从那些未出版的手稿中，我们获知费尔马的解析几何思想，关于面积与切线（微积分）的研究，以及他对概率论的共同创始过程.

费尔马的解析几何思想也是从研究希腊几何学开始的. 我们知道，对于曲线性质的研究是古希腊几何的一大内容. 在对性质的众多曲线研究中，希腊数学家提炼出关于曲线本质的认识——轨迹，他们把所有曲线都称为轨迹，即把曲线看作是对某种固定参考系有某种可度量的所有点的轨迹. 例如，圆是平面上到一定点的距离为定长的轨迹；椭圆是平面上到两定点距离之和为定长的轨迹，等等. 这些定义，揭示了不同的曲线的本质特征，提供了判别准则，使人可以判断任一已知点是否在所论曲线上.

不过，希腊数学家关于轨迹的定义并没有直接提供曲线的统一的研究方法. 古希腊几何学中的每一个定理，每一个作图都类似于一件艺术创造，解决的方法彼此不同. 这就给他们解决轨迹问题带来了困难. 费尔马的高明之处，首先在于他比前人及时地看到了造成这种困难的原因，并且相信只有借助于代数，才能使几何获得统一的表示和解决问题的统一方法.

1629 年，费尔马撰写了《平面和立体轨迹引论》一书，开始了数学方法统一的最初尝试. 他是从考察圆锥曲线开始的. 阿波罗尼斯曾经证明当圆锥被平面截得椭圆时，有关系式：

$$PM^2 = k \times HM(a - HM) \tag{7-2}$$

如果把 PM 和 HM 当作坐标看待，那么式（7-2）也就成了一个椭圆方程. 应当注意，在这里，阿波罗尼斯是把圆锥曲线方程看作几何问题处理，而没有意识到 PM 和 HM 是可变的. 而且他所建立的圆锥曲线方程只是单向的，不存在研究方程的问题，甚至不考虑运用方程去描绘曲线的可能性. 换句话说，在阿波罗尼斯时代，没有也不可能有对数学方法统一性的追求及手段. 他们已经走向解析几何的入口处，却进不了大门.

而费尔马却不同，因为他始终怀着对科学需要和方法论兴趣的冲动，明确宣称要寻求研究有关问题的普遍方法，因此，他直截了当地将阿波罗尼斯的结果翻译成代数的形式. 例如，他令直径 $PM = y$，$HM = x$，于是，阿波罗尼斯所得出的那个椭圆特征关系式（7-2）就变成

$$y^2 = kx(a - x) \tag{7-3}$$

其中，x，y 脱离了单纯的线段意义，被赋予了代数符号的意义. 这就是费尔马所得出的椭圆方程.

费尔马把希腊数学中用立体图苦心研究所发现的曲线的特征，通过引用变量以一贯的

方式成功地译成了代数的语言，这不仅使圆锥曲线从圆锥的附属地位中解放出来，而且使得各种不同的曲线有了核心思想之所在. 费尔马思想的重要性还在于，他不仅通过引入变量使得曲线获得统一的表示形式——方程，从而使研究曲线的方法有了统一的基础，而且费尔马还明确地表示曲线与方程的联系应该是双向的，即借助曲线来研究方程且考察方程所定义的曲线.

4. 谁先发明的解析几何

现在统一的观点是，笛卡儿与费尔马共同独立地创立了解析几何. 但在历史上有一些争议. 作为解析几何的共同创立者，费尔马和笛卡儿两个人在个性上的歧异不可能更大了. 虽然他们都拥有法学学位，笛卡儿的数学家和哲学家生涯都过得十分活跃，他闻名于全欧洲，一生中创作无数，他的私生活更充满了冒险. 因为他的好赌成性，参军作战，颇得女人青睐是众所周知的. 费尔马则恰恰相反. 他是个可敬的绅士. 他取得学位，然后结婚，过着宁静的生活，抚育子女，从事法律事务.

费尔马于 1629 年宣称，他已经发明了解析几何，在标题为《平面与立体轨迹导论》的手稿中做了说明. 就在笛卡儿发表了解析几何著述之前的几个星期，费尔马把自己那篇手稿寄给了梅森，梅森又寄给其他人，其中也包括笛卡儿. 是谁先发明了解析几何？大多数历史学家将之归功于笛卡儿，因为他是第一个公开的. 可是费尔马的手稿在那之前就已经传到别人的手中了，这个孰先孰后的问题令笛卡儿相当不安.

若拿笛卡儿与费尔马相比较，费尔马比较属于几何学者，而笛卡儿算是代数学者. 费尔马超越笛卡儿的部分是，费尔马率先在他的坐标系中用两根相互垂直的轴，费尔马找出直线、圆及三种圆锥曲线(椭圆、双曲线、抛物线)的方程式. 此外，费尔马还发现了许多新曲线，其方法是写出一些新的代数方程，然后用坐标轴检查对应的图形.

5. 解析几何的理论价值及影响

解析几何的精华在于把几何曲线用代数方程来表达，同时，又利用代数的研究方法研究几何，开创了几何代数化的新时代. 解析几何借助于坐标实现了空间几何结构的数量化，由此把形与数，几何与代数统一起来. 从进一步的分析还可以发现，这种方法之所以强有力，是因为形与数的联系比人们想象的要紧密得多，许多复杂的几何现象是通过解析方法发现的，这不仅是一个手段问题，也是对世界本质的看法问题. 所以，解析几何具有深远的意义.

(1)促进了人们对空间图形的认识的变化，从而把几何学推到一个新的阶段. 几何与代数的有机结合不仅为几何学提供了新的方法，使许多难以解决的几何问题变得简单易解，更重要的是为几何学发展注入了新的活力，增添了新的内容.

(2)为代数提供了新的工具，开拓了代数学的新的研究领域.

几何与代数的结合不仅直接影响和改进了传统的几何学，扩大了几何学的研究对象，丰富和发展了几何学的思想方法，而且也使代数学获得了新的生命力. 正如著名数学家拉格朗日(Lagrange)所说，只要代数同几何分道扬镳，它们的进展就缓慢，它们的应用就狭窄.

但是，当这两门科学结合成伴侣时，它们就互相吸取对方的新活力，并迅速地趋于完善. 另外, 解析几何的创立, 把函数引进到数学, 这为微积分的创立准备了必要的条件, 加速了微积分形成的历史进程. 因此, 从这个意义上说, 解析几何的产生是微积分创立的前奏.

7.2 微积分的创立与发展

解析几何的创立, 将变量引进了数学, 使运动与变化的定量表达式成为可能, 从而为微积分的创立搭起了舞台. 微积分的萌芽, 特别是积分学部分可以追溯到古代, 比如面积和体积的计算自古以来一直是数学家们感兴趣的课题. 在古希腊、中国和印度数学家们的著述中, 不乏用无限小量计算特殊形状的面积、体积和曲线长度的例子. 而阿基米德、刘徽及祖冲之父子等人的方法及工作, 确实体现了他们是人们建立一般积分学的漫长努力的先驱.

近代微积分的酝酿主要是 17 世纪上半叶, 其代表人物当属牛顿和莱布尼茨两人.

7.2.1 牛顿及其微积分思想

1. "圣诞老人" 的儿子——艾萨克·牛顿

图 7-4

牛顿(图 7-4)于伽利略去世那年——1642 年的圣诞节出生于英格兰林肯郡一个农民家庭. 在他出生前, 其父老艾萨克就去世了. 留下牛顿的母亲, 汉那·艾斯库·牛顿, 一个怀孕的寡妇. 那年圣诞节牛顿刚生下来的时候, 他是那么的瘦小和虚弱. 据说可以放进一个一夸脱的啤酒杯里. 没有人料到他能活得过当天, 可是他活下来了, 还长成足够健壮的身体, 活过了80 岁.

牛顿 3 岁时, 母亲改嫁给一位 63 岁、姓史密斯特的牧师. 牛顿大约 5 岁入小学, 1655 年, 进入英格兰瑟姆中学读书. 少年的牛顿于孤独中成长, 他不是一个神童, 在校成绩并不突出, 但他喜欢读书, 自中学起就有写读书笔记的习惯. 中学时代的牛顿, 在做机械模型和实验上显示了他的爱好和才华.

牛顿 17 岁的时候, 他的母亲把他带回伍尔索普的农庄, 协助她经营那块小农田, 过了一年, 他在其舅父的帮助下又入学读书. 1661 年, 牛顿 19 岁, 以优异的成绩考入剑桥大学的三一学院接受更高深的教育, 那是他舅舅读书并获得硕士学位的地方, 那是一所历史悠久, 产生许多学者和政治人物(如牛顿、克伦威尔、弥尔顿、达尔文、罗素、凯恩斯和现代的霍金, 而霍金现任的职位, 正是当年牛顿所担任的讲座教授)声誉卓著的学校.

牛顿在三一学院当学生时只是一个次工读生, 是要替别的学生做卑微的工作以赚取生活费的. 在学生餐厅中, 次工读生的地位是先服务其他学生用膳, 等到其他学生用过之后, 剩余的饭菜, 才轮到他们享用. 牛顿并非因家里太穷而被迫分进这个最低下的学生阶层, 他成为一个次工读生, 是因为母亲不愿意提供让他处身较高阶层的费用.

牛顿在上大学之前, 一直没有把注意力放在数学上, 因此, 上大学后, 他先读欧几里得的《几何原本》，在他看来太简单了．然后看笛卡儿的《几何学》，对他来说，又有些困难．他从读数学转到研究数学．早在 1665 年他才 23 岁毕业前夕，就知道推广的二项式定理，这是他数学生涯中的第一个创造性成果．并且创造了他的流数法（现在我们称之为微分学），同年，获得文学学士的学位，并当了研究生．但不久便由于伦敦流行鼠疫，大学停课，牛顿只好回农村居住，一住就是 18 个月．在这个时期，他把他的微积分发展到能求曲线的任意一点的切线和曲率半径．他还对许多物理问题感兴趣，做了他的第一个光学试验，并且把他的万有引力理论的基本原则系统化了．这一时期，牛顿的微积分和万有引力定律两大发明都成为科学史上的重大成就，其中单独任何一项都能够让他名垂青史．他在追忆那段峥嵘岁月时说：“当年我正值发明创造能力最强的年华，比以后任何时候更专心致志于数学和哲学（科学）．”1666 年，牛顿完成了《流数简论》的论文，1669 年，牛顿完成了第二篇讨论流数的论文．这个流数法，就是现在的微积分．虽然他没有发表这些论文，但是他让人看过，足以支持他宣称自己为第一个创造微积分的人．尽管莱布尼茨最先发表自己的微积分．

1667 年，牛顿回到剑桥，不久当选为三一学院的研究员．两年之后，1669 年 10 月，由于他在科学上的出色成就，他的老师巴罗主动把数学教授的职位让给他．从此，牛顿开始了他 30 年的大学教授生活．

其间，牛顿将大部分时间都埋头于他的研究．他把自己的房间改建成了一个精巧的实验室，能够不分昼夜地在那儿做实验．1672 年，他发表了一篇论文，提出他的颜色理论，受到了一些有影响的科学家的猛烈攻击．牛顿看到随之而来的争论很无聊，就发誓再也不发表任何关于科学的东西．

除了数学和万有引力理论两项成就外，他还制造了第一架实际可用的反射式望远镜．他把这架望远镜送给皇家学会，学会收到之后，很快就选他为院士，此后他终其一生都是院士，最后又担任皇家学会主席．

由于牛顿在三一学院的地位及对皇家学会的影响，1687 年，在他担任卢卡斯数学讲座教授 18 年之后，著名天文学家哈雷（Edmund Halley）终于说服牛顿发表他的理论．这部书就是《自然哲学的数学原理》，如今简称《原理》，成为他科学学术生涯的最高成就．

在这部书中，牛顿详细地说明了他的万有引力理论，也谈到了他的流数法以及微积分基本理论，书中还包含理论力学和流体力学，以及开普勒行星运动定律的数学推导．这些理论能够解释地球、太阳和行星的质量，地球在赤道略鼓出的原因，潮汐的理论等．总之，著名的牛顿力学三大定律，万有引力定律及牛顿的微积分成果都载于其中．在一部书里同时容纳这些东西，是一件了不起的成就．这本书像飓风一般席卷整个科学世界，立刻把牛顿推到科学界的最高阶层．

由于长期的紧张工作和母亲病逝的精神打击，牛顿得了精神衰弱症．1693 年，牛顿写完了他的最后一部微积分专著《曲线求积术》，这也是牛顿最成熟的微积分著作．

1696 年，牛顿离开剑桥大学迁往伦敦，他被任命为英格兰造币厂的厂长——那是一个相当重要的职位．在担任厂长职位后，起先他还以请假缺席方式，保留卢卡斯讲座教授的职位．然而到了 1701 年，他终于放弃了剑桥的讲座．那可能是由于他在那一年当选为国会议员而促成的．

为了表彰牛顿担任造币厂的厂长时的功绩以及他在科学上的地位，1705 年，牛顿受封为爵士．此时，他达到了一生成就的最高峰，然而牛顿依然能写出一些富有意义的作品．1704年，牛顿完成了《光学》一书．但他的晚年研究重心却逐渐转移到了化学、炼丹和神学，再由于与莱布尼茨的争论很不愉快，于1727年去世，终年85岁．

2．牛顿的微积分思想

微积分的创立，并不像解析几何的创立那样传奇．如前所述，从古希腊的阿基米德、中国的刘徽、祖冲之，法国的费尔马、笛卡儿，英国的巴罗等均为微积分的创立作出了重要的贡献．但是微积分学说终究不是各种特例及其方法堆积而成的，发现微积分的有关方法是一回事，而对这些方法加以提炼，使之一般化，则是另一回事．在牛顿和莱布尼茨之前的一个世纪里，曾经出现过不少极其成功的富有启发性的方法，但始终没有人在这些方法的启发下构思出真正属于微积分的概念，最好的例子就是构造切线．尽管有很多微积分先行者冥思苦想地创造出一个又一个确定切线的具体方法，但却没有一个人从中引出导数的概念及其一般规则，问题是他们"看不到要完成的是一个伟大的发现而恰恰又正在完成它"．自觉地意识到要完成一个伟大的发现，并实际去完成它的是牛顿和莱布尼茨．

如前所述，牛顿是一位科学巨匠，被誉为近代自然科学的伟大旗手．他以其在数学、力学、天文学、光学中的卓著成就，开创了近代自然科学的许多领域．仅在数学的研究方面，就涉及数论、高次代数方程、解析几何、数值分析、概率论、曲线分类、变分法等问题．其最突出的贡献是他独立地创立了微积分．牛顿对微积分问题的研究始于1664年，当时他反复阅读了笛卡儿的《几何学》，对笛卡儿的求切线的"圆法"发生兴趣并试图寻找更好的方法，从而开始探讨微积分．牛顿在微积分方面的工作，大致可以分为四个时期：①流数概念的引入时期，这时他以运动学为背景引入了流数的概念，但未说明使用流数这个名字．与此同时，建立并推导了微积分的基本定理．②运用了变量 x 的无穷小瞬时期，这时他利用"瞬时"的概念，不仅给出了求一个变量对另一个变量的瞬时变化率的普遍方法，而且进一步证明了微积分的基本定理．③流数法的确立时期，流数法是他系统地应用第一时期引入的流数概念的结果，又是对第二时期应用静态无穷小的方法的再发展．这时牛顿把流数的概念从原来借助于运动物体的速度的解释发展到成熟的阶段．④牛顿所谓的最初比和最终比的确立时期，这时牛顿决定抛弃无穷小方法，代之以相当于函数增量与自变量之比的极限方法，因而成为极限方法的先导．

牛顿的微积分思想主要体现于下面几部作品中：

（1）《流数简论》，自从1664年萌发微积分想法之后，1665年夏至1667年春，牛顿在家乡躲避瘟疫期间，继续探讨微积分并取得突破性进展．据牛顿自述，1665年11月，发明"正流数术"（微分法），次年5月又建立了"反流数术"（积分法）．1666年10月，将其前两年的研究成果整理成一篇总结性论文，以《流数简论》著称．当时虽未正式发表，但在同事中传阅．因此《流数简论》是历史上第一部系统的微积分文献．

《流数简论》反映了牛顿微积分的运动学背景．论著事实上以速度形式引进了"流数"（即微商）的概念．牛顿在坐标系中通过速度分量来研究切线，促使了流数的产生，又提供了流数的几何应用的关键．牛顿把曲线 $f(x,y)=0$ 看作沿 x 轴运动的点 A 和点 B，他把点 A、点 B 随时间变化的"流动速度"称作"流数"．牛顿创立了用字母上加一点的符号表示流动变化率．为此，他提出了两大问题：

①设有两个物体 x，y 之间的关系 $f(x, y) = 0$，求流数 x，y 之间的关系.

②已知线段 x 和 $\dfrac{y}{x}$（即切线斜率）之间的关系，求 x，y 之间的关系.

牛顿首先确定所求面积对横坐标的变化率，再通过"反微分"求出面积. 这种做法表明了求积问题与切线问题的互逆关系，它们是一个问题的两个方面.

（2）《运用无穷多项方程的分析学》，该论著 1669 年完成，1711 年发表. 在该论著中，牛顿的微积分思想在（1）的基础上有了进一步的发展. 其表现在以下四个方面：一是牛顿把变量的无限小增量叫作"瞬"；二是牛顿采用了先除无穷小量再略去含有无穷小的项；三是计算中应用了二项式展开式，这使他的方法能适用于更广泛的函数；四是牛顿考虑了面积的瞬时增量，然后通过逆过程求出面积.

例如，设有一条曲线 y，曲线下的面积为

$$z = ax^m (m \text{ 为有理数})\tag{7-4}$$

当横坐标 x 获得一个无穷小增量，即瞬"0"时，则 z 有增量

$$z + 0y = a(x+0)^m（按二项式展开）$$

$$= a\left(x^m + m0x^{m-1} + \frac{m(m-1)}{2}0^2x^{m-2} + \cdots + 0^m\right)\tag{7-5}$$

考虑到 $z = ax^m$，得到

$$0y = a\left(m0x^{m-1} + \frac{m(m-1)}{2}0^2x^{m-2} + \cdots + 0^m\right)\tag{7-6}$$

式（7-6）除以无穷小量 0，得

$$y = a\left(mx^{m-1} + \frac{m(m-1)}{2}0x^{m-2} + \cdots + 0^{m-1}\right)\tag{7-7}$$

在式（7-7）中略去含有 0 的项，得

$$y = amx^{m-1}\tag{7-8}$$

这就是相应于面积 z 的纵坐标 y 的表达式. 该结果表明，面积在点 x 的变化率是曲线在点 x 处的 y 的值. 反之，如果曲线是 $y = max^{m-1}$，那么，该曲线下面的面积就是 $z = ax^m$. 在这里，牛顿不仅给出了求一个变量对于另一个变量的瞬时变化率的普遍方法，而且通过证明面积可以由求变化率的逆过程得到，揭示了微积分的基本性质.

与《流数简论》相比，《运用无穷多项方程的分析学》的另一项理论进展表现在定积分上. 牛顿把曲线下的面积看作无穷多个面积之和. 这种观念与现代的数学观念是接近的. 为了求某一个子区间确定的面积即定积分，牛顿提出了如下方法，先求出原函数，再将上、下限分别代入原函数而取其差. 这就是著名的牛顿-莱布尼茨公式. 该公式是牛顿与莱布尼茨各自独立发明的. 采用现代数学记号，设 $F(x)$ 是 $f(x)$ 在区间 $[a, b]$ 上的一个原函数，则

$$\int_a^b f(x)\,\mathrm{d}x = F(b) - F(a)\tag{7-9}$$

由式（7-9），在实际问题中应用极广的定积分计算问题便转化为求原函数问题，所以式（7-9）是十分重要的.

应该说，到此为止，牛顿已经建立起比较系统的微积分理论，但该理论的逻辑基础还

是十分松散的. 在计算中对无穷小量, 即瞬 0 的似零非零的处理, 说明牛顿对无穷小量的本质尚未作出明确的规定. 对此, 1734 年, 英国大主教贝克莱对牛顿的微积分进行了强烈的抨击, 并由此导致了第二次数学危机(前文已述).

(3)《流数法和无穷级数》, 这是牛顿于 1671 年完成的第二部微积分学的代表作, 并在 1736 年发表. 在前两部论著的基础上, 牛顿提出了更加完整的理论. 表现在: ① 引入了他的独特的概念和符号. ② 他将随时间变化的量, 即以时间为独立变数的函数称为流数. 以字母表中的几个字母 v, x, y, z 表示; 而把变量的变化速度, 即变化率称为流数. 或简称为速度. 记作 $\dot{V}$, $\dot{X}$, $\dot{Y}$, $\dot{Z}$ 等. 在该书中, 还引入了强有力的代换积分法(用现代的符号), 设 $u=\phi(x)$, 则

$$\int f(\phi(x))\phi'(x)\mathrm{d}x = \int f(u)\,\mathrm{d}u \tag{7-10}$$

数学史上, 通常把牛顿的微积分方法叫作流数法. 牛顿充分认识到这个方法的普遍意义, 并明确指出, 流数法不仅可以用来作出任何曲线和切线, 而且还可以用来解出关于曲度(曲率)、面积、曲线长度、重心等深奥问题. 牛顿的这个认识远远超过费尔马、巴罗等微积分先驱学者. 正因为此, 史称牛顿是把微积分作为一种普遍有效的计算方法的第一人.

(4)《曲线求积术》, 这是牛顿的第四部代表作, 写于 1691—1693 年. 在这部论著中, 牛顿为了排除无穷小量, 引入了最初比与最后比的概念(或称为首末比方法).《曲线求积术》是牛顿最成熟的微积分著作, 在其中牛顿改变了对无限小量的依赖并批评自己过去那种随意忽略无限小瞬的做法, "在数学中, 最微小的误差也不能忽略……在这里, 我认为数学的量不是由非常小的部分组成的, 而是用连续的运动来描述的", 并在此基础上定义了流数的概念.

例如, 求函数 $y=x^n$ 的流数, 设 x "由流动"而成 $x+0$, 于是 x^n 就相应地变成

$$(x+0)^n = x^n + n\times 0x^{n}-1 + \frac{n^2-n}{2}\,0^2x^{n-2} + \cdots \tag{7-11}$$

两边减去 x^n, 得

$$(x+0)^n - x^n = n0x^{n-1} + \frac{n^2-n}{2}\cdot 0^2x^{n-2} + \cdots \tag{7-12}$$

这个量表示, 对应于 x 变到 $x+0$, x^n 所发生的变化, 用现在的话说, 就是当 x 获得增量 0 后, x^n 所获得的增量, 为了略去含有 0 的项, 牛顿设想出了考虑 x 和 x^n 的增量比. 即 0 与 $n\times 0x^{n-1} + \frac{n^2-n}{2}\times 0^2\times x^{n-2} + \cdots$ 之比, 这个比等于: $1 : n\times 0x^{n-1} + \frac{n^2-n}{2}\times 0^2\times x^{n-2} + \cdots$.

当增量消失时, 它们的最后比就是 $1 : nx^{n-1}$ 或 $\frac{1}{nx^{n-1}}$. 这个比不是别的, 正是 x 的流数与 x^n 的流数之比, 亦即 x^n 变化的比率. 用现在的话说, 这个比是 x^n 关于 x 的变化率——导数. 只是在形式上与今天的相倒置, 今天 $y=x^n$ 的导数是 $y'=nx^{n-1}$.

虽然牛顿的微积分与现代微积分在概念的严格表述和理论的系统性、完整性方面, 存在着许多差别, 但是, 正如《曲线求积术》所表述的, 牛顿试图以正数为考察对象, 以导数为中心概念, 并把这类对象及概念奠定在极限基础上的做法, 正确地反映了微积分发展

的最终方向.

牛顿说："如果我看得更远些，那是因为我站在巨人的肩膀上."

7.2.2　莱布尼茨及其微积分思想

1. 关于莱布尼茨——他本身就是一个科学院

莱布尼茨（Gottfried Wilhelm Leibniz, 1646—1716, 图 7-5）是德国著名的哲学家、数学家、自然科学家，17 世纪伟大的全才. 在微积分的发明上是牛顿的竞争者. 于 1646 年出生于莱比锡城，出身书香门第，父亲是莱比锡大学哲学教授. 耳濡目染，莱布尼茨从小就十分好学. 有人认为，莱布尼茨可能是最后一个真正的通才，还是儿童时就自学拉丁文和希腊文，15 岁就进入莱比锡大学读书，他的学习课程涵盖广泛，包括法律、哲学、数学、逻辑学、科学、历史、神学等. 莱布尼茨和牛顿一样是个天才，每门

图 7-5

功课似乎都特优. 莱布尼茨在莱比锡大学广泛阅读了培根（F. Bacon），开普勒（J. Kepler），伽利略（G. Galileo）等人的著作. 1663 年，莱布尼茨获得学士学位，同年转入耶拿（Jena）大学，并在魏格尔（E. Weigel）指导下系统学习了欧几里得几何，1664 年，获得哲学硕士学位. 三年后，又获得法学博士学位. 1669 年，开始思考自然哲学问题. 1672 年，莱布尼茨进入外交界，担任过不同的外交职务，最后定居在汉诺威城邦. 外交事务需要他在欧洲到处旅行，他就利用机会接触当时一些伟大的科学家、哲学家和数学家，如惠更斯（C. Huygens, 1629—1695），并在惠更斯等学者的影响下，他对自然科学特别是数学产生了浓厚的兴趣，真正开始了他的学术生涯. 1672 年，莱布尼茨作为外交官出使巴黎. 1673 年 4 月，被推荐为英国皇家学会的外籍会员. 莱布尼茨滞留巴黎的四年时间，是他在数学方面的发明创造的黄金时代，在这期间，他研究了费尔马、帕斯卡、笛卡儿和巴罗等人的数学著作，写了大约 100 页的《数学笔记》，这些笔记虽然不系统，且没有公开发表，但其中却包含着莱布尼茨的微积分思想、方法和符号，这些思想、方法和符号是他发明微积分的标志.

1676 年，莱布尼茨返回德国，在汉诺威的职责是担任汉诺威公爵的历史顾问兼图书馆馆长，引发他在这两方面课题中写作许多有分量的著作. 莱布尼茨发表过讨论地质学的精确理论，那是最早解释化石的文献之一. 莱布尼茨提议使用人口动态统计来处理公共卫生问题，他首创语言科学，他研究心理学，最早提出"潜意识理论"的概念. 1682 年，莱布尼茨在自己创办的拉丁文杂志《博学学报》上首次发表了微积分论文《对有理量和无理量都适用的，求极大值和极小值以及切线的新方法，一种值得注意的演算》，这是莱布尼茨在微积分方面的代表作.

在科学方面，莱布尼茨贡献出动能的概念，他既是工程师，又是通信师，他为银矿的排水设计抽水机，又设计夏宫里面的大花园，所有这些都是莱布尼茨在独立发明微积分之外的成就.

莱布尼茨去世后，遗留下堆积如山未发表的手稿，其中许多手稿到今天还没有出版. 1700 年，莱布尼茨创建了柏林科学院，并担任首届主席. 莱布尼茨和牛顿有许多共同点，有些方面的相同或相似令人惊讶，莱布尼茨也协助他的国家进行钱币改造等，监督汉诺威的造印厂；他有一双灵巧的手，亲手制作了一台计算机，这台计算机不仅能做加、减法，还能做乘、除法. 莱布尼茨于 1673 年去伦敦旅行时，带了一台计算机到皇家学会表演，事后立即获选为院士.

1713 年，维也纳皇帝授予莱布尼茨帝国顾问职位，并封他为男爵，邀请他指导建立科学院. 莱布尼茨还建议成立圣彼得堡科学院，这些建议都被采纳了. 莱布尼茨的科学远见和组织能力，有力地推动了欧洲科学的发展. 他甚至写信给中国的康熙皇帝，建议成立科学院.

莱布尼茨是受中国学术界重视的人物，他是第一位全面认识东方文化尤其是中国文化的西方学者，他系统地阐述二进制数并把二进制数与中国的八卦联系起来，为东西方科学文化的传播与交流作出了自己的贡献. 莱布尼茨强调，中国与欧洲位于世界大陆东西两端，都是人类伟大灿烂文明的集中地，应该在文化、科学方面互相学习、平等交流.

莱布尼茨一生没有结婚，1716 年 11 月 14 日，莱布尼茨平静地离开了人世，享年70 岁.

2. 莱布尼茨的微积分思想

莱布尼茨在数学上的最突出贡献是他独立地创立了微积分，因此在微积分的创立上，莱布尼茨与牛顿分享荣誉.

莱布尼茨的微积分思想没有牛顿那样细腻，但逻辑程式却很清楚，这与他们两人的哲学思想有关. 牛顿属于"英国经验主义者"，莱布尼茨属于"大陆理性主义者". 牛顿的流数概念及理论，充满着经验主义气息；莱布尼茨的微积分概念和算法程序，表现了逻辑发展的必然趋势.

莱布尼茨在巴黎时与荷兰数学家、物理学家惠更斯的结识交往引发了他对数学的兴趣，在惠更斯的帮助下，他学习了帕斯卡的一些数学著作，了解了那个时代数学的前沿知识，如不可分量、特征三角形等，他很快抓住了其中的本质东西，提炼出特征三角形两边商的极限的重要概念，并发现这些概念对于求切线与求面积的意义.

如图 7-6 所示，如果把 *AD* 看作是曲线 *BDC* 在 *C* 点的法线，而不仅仅是像帕斯卡认为的圆的半径，帕斯卡的方法就可以推广. 这时只要对任意给定的曲线 *BDC*，构造无穷小三角形 *EFD*. 过 *D* 作曲线的法线 *DA*，*DA* 就成了圆半径的作用. 用 *D* 作横轴垂线 *DK*，便得到两个三角形相似.

$\triangle EFD \backsim \triangle AKD$，由此可得 $\dfrac{\mathrm{d}s}{n}=\dfrac{\mathrm{d}x}{y}$ 和 $\dfrac{\mathrm{d}y}{u}=\dfrac{\mathrm{d}x}{y}$，即 $y\mathrm{d}s=n\mathrm{d}x$ 和 $u\mathrm{d}x=y\mathrm{d}y$

对于这些无穷小量求和，得到

$$\int y\mathrm{d}s = \int n\mathrm{d}x \tag{7-13}$$

$$\int u\mathrm{d}x = \int y\mathrm{d}y \tag{7-14}$$

莱布尼茨称式(7-13)的左边为"给定的曲线关于 *x* 轴的矩"，该矩等于以曲线的法线为纵坐标的曲线下的面积. 若把这个"矩"乘以 2π，所得的是曲线绕 *x* 轴旋转而成的旋转

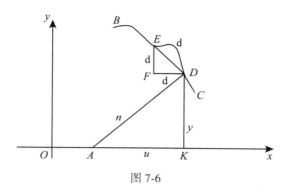

图 7-6

体的表面积. 因此

$$A = 2\pi \int y \mathrm{d}s = 2\pi \int n \mathrm{d}x$$

而式（7-14）中 $u = y \dfrac{\mathrm{d}y}{\mathrm{d}x}$，所以经代替，得

$$\int y \frac{\mathrm{d}y}{\mathrm{d}x} \mathrm{d}x = \int y \mathrm{d}y \tag{7-15}$$

公式（7-15）清楚地确定了切线问题 $\left(\dfrac{\mathrm{d}y}{\mathrm{d}x}$ 由切线给出$\right)$ 与求积问题 $\left(计算 \displaystyle\int y \mathrm{d}y\right)$ 的互逆关系.

莱布尼茨还发现，适当地建立与特征三角形的相似关系可以进一步解决曲线的求长与求积问题. 例如，t 表示曲线的切线界于 Ox 轴与长度为 a 的垂线之间的一段长度.

由图 7-7 中两个相似三角形知 $\dfrac{\mathrm{d}s}{t} = \dfrac{\mathrm{d}y}{a}$，即 $a\mathrm{d}s = t\mathrm{d}y$， 因此

$$\int a \mathrm{d}s = \int t \mathrm{d}y$$

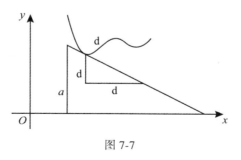

图 7-7

上式表明，曲线的求长问题可以化为一个求积问题 —— 求处于 Oy 轴和另一条曲线之间的区域的面积. 1673 年是莱布尼茨微积分思想形成和发展的关键一年，除了上述一系列发现外，他还费了相当大的精力研究了切线这个互逆的问题. 其中莱布尼茨在数学史上第

一次明确地引入了函数的概念，还发现了泰勒级数.

1673 年以后，莱布尼茨开始了他的微积分符号化进程，如用"$\int$"代替"omn"（求和）用"$\dfrac{1}{d}$"表示"δ"相反的运算的符号. 即若"δ"$y = z$，则$\dfrac{z}{d} = y$. 不过，莱布尼茨很快发现将 d 放在分母上是不必要的. 1673 年 11 月 11 日，他毅然把作为积分逆运算的微分运算符号改成了"d"，这是很关键的一步. 因为莱布尼茨的微积分，是以微分方法为中心内容的. 不引出微分符号也就不可能实现微积分的解析比.

简单的微分法则，容易从积分法则中对应得到，例如

$$\int x^n = \frac{x^{n+1}}{n+1}（n \text{ 为正整数}） \rightarrow \mathrm{d}\,\frac{x^{n+1}}{n+1} = x^n$$

$$\int \frac{a}{b}x = \frac{a}{b}\int x \rightarrow \mathrm{d}\left(\frac{a}{b}\int x\right) = \frac{a}{b}x$$

$$\int (u + v) = \int u + \int v \rightarrow \mathrm{d}\left(\int u + \int v\right) = u + v$$

在探究积和商的微分法则时，莱布尼茨虽然通过具体例子的试算，否定了 $\mathrm{d}(uv) = \mathrm{d}u\mathrm{d}v$ 和 $\mathrm{d}\left(\dfrac{u}{v}\right) = \dfrac{\mathrm{d}u}{\mathrm{d}v}$，但没有及时找到正确公式，到 1677 年，他才得到

$$\mathrm{d}(xy) = (x + \mathrm{d}x)(y + \mathrm{d}y) - xy = x\mathrm{d}y + y\mathrm{d}x + \mathrm{d}x\mathrm{d}y \tag{7-16}$$

由 $\mathrm{d}x$ 和 $\mathrm{d}y$ 都是无穷小，与 $x\mathrm{d}y$，$y\mathrm{d}x$ 相比，$\mathrm{d}x\mathrm{d}y$ 更是无穷小，可以略去不计，得到

$$\mathrm{d}(xy) = x\mathrm{d}y + y\mathrm{d}x$$

同样，在 $\mathrm{d}\left(\dfrac{y}{x}\right) = \dfrac{y + \mathrm{d}y}{x + \mathrm{d}x} - \dfrac{y}{x} = \dfrac{x\mathrm{d}y - y\mathrm{d}x}{x^2 + x\mathrm{d}x}$ 中，由于 $x\mathrm{d}x$ 与 x^2 相比是无穷小，可以略去不计，所以得：$\mathrm{d}\left(\dfrac{y}{x}\right) = \dfrac{x\mathrm{d}y - y\mathrm{d}x}{x^2}$，莱布尼茨一直采用 $\int$ 和 $\mathrm{d}x$、$\mathrm{d}y$ 来表示积分和微分，由于这些符号十分简明，逐渐流行于世界，沿用至今.

莱布尼茨深刻地认识到 $\int$ 和 d 的互逆关系，这一思想的产生是莱布尼茨创立微积分的标志. 实际上，莱布尼茨的微积分理论就是以这个被称为微积分基本定理的重要结论为出发点的，在定积分中，这一定理直接导致了 —— 莱布尼茨公式的发现.

综上所述，莱布尼茨已经建立起了一套相当系统的微分和积分方法. 他成为牛顿同时代的另一位微积分发明者.

7.2.3 评说两种微积分

1. 两种微积分的共同点

首先，牛顿和莱布尼茨两人都是经过一个世纪孕育的微积分的最后完成者. 他们各自独立地发现了微积分的基本定理，并建立了一套有意义的微分、积分算法. 其次，他们都把微积分作为一种适用于一般的普遍方法. 再次，他们都把微积分从几何形式中解脱出来，而在代数的概念上建立了微积分. 他们使用的代数记号和方法，不仅给他们提供了比

几何更为有效的工具，而且还允许许多不同的几何和物理问题用同样的方法处理. 最后，牛顿和莱布尼茨均把面积、体积及其他们以前作为和来处理的问题归并到反微分. 因此，速率、切线、最值、求和四个主要问题全部归结为微分和反微分.

2. 两种微积分的主要差别

第一，牛顿和莱布尼茨两人微积分工作的起点不同. 牛顿一开始就表现出集大成者的姿态. 在对前人工作进行分析综合的基础上，建立起一个概念明确、算法正确、应用有效、体系完美的理论. 牛顿十分重视思想的合理性，一再修改作为他学说出发点的概念的逻辑基础. 而莱布尼茨是在迅速发现和揭示微积分基本原理的基础上发展他的学说，他的天才表现在深刻的洞察力和有效的扩展上，而不是严密的表述和体系的逻辑完整性上.

第二，牛顿把 x 和 y 的无穷小增量作为求流数或导数的手段，当增量越来越小时，流数（或导数）实际上就是增量的比的极限. 而莱布尼茨却直接用 x 和 y 的无穷小增量（即微分）求出它们之间的关系. 这个差别分别反映了牛顿的物理方向和莱布尼茨的哲学方向.

第三，牛顿自由地用级数表示函数，而莱布尼茨宁愿用有限的形式.

第四，他们的工作方式不同. 牛顿是经验的、具体的和谨慎的. 而莱布尼茨则是富有想象的，喜欢推广的，而且是大胆的.

第五，牛顿的变化率，即导数的概念作为其学说的核心，由此出发，通过逆过程来解决面积和体积问题. 而莱布尼茨则把独立的微分 dx 和 dy 作为基本概念，面积和体积被设想成无穷多个微分之和，只在实际计算中才用反微分来求这些和.

另外，牛顿和莱布尼茨的微积分都缺乏清晰的、严谨的逻辑基础. 这在初创时期，是不可避免的，直到 19 世纪，微积分学的逻辑基础才得以完善.

3. 优先权之争

牛顿于 1665—1666 年创立了微积分，但是从来没有发表，只是把他的结果通知了他的朋友. 莱布尼茨于 1675 年将他自己的微积分版本发表出来，以微分法则写了一篇论文. 后又于 1684 年在莱比锡大学的新刊物《学术论文集》上，发表了他的完整的微分法，其后又发表了积分法. 1687 年，牛顿才出版了《自然哲学原理》，其中就有他的流数法. 这一切看来都相安无事，没有产生敌对的行为. 直到 1708 年，一位局外人，牛津大学教授基尔（John Keill）在皇家学会会刊上发表了一篇讨论离心力的文章. 文中基尔把微积分的首功记在牛顿名下，同时也提到莱布尼茨，但将《学术论文集》的那篇文章称为第二.

1711 年，莱布尼茨得知此事后非常愤怒，写信要求皇家学会收回那种说法. 于是英国和欧洲大陆之间的论战展开了.

这场论战的重要性不在于谁胜谁负，而是使数学家分成两派，欧洲大陆的数学家，尤其是伯努利（家族）兄弟，支持莱布尼茨，而英国数学家捍卫牛顿，两派不和甚至尖锐地互相敌对. 约翰·伯努利甚至嘲笑并猛烈攻击英国人. 英国数学家当然是予以回击，尤其是牛顿，他当时是皇家学会主席，因而利用他的职务之便，以别人的名字刊登他的反驳. 该事件的结果是英国的和欧洲大陆的数学家停止了思想交换，即使两人之一的莱布尼茨于 1716 年 11 月 4 日去世了，这场争论也没有平息. 欧洲大陆的人士依然坚持莱布尼茨是第一位. 而英国人也固执地忠于他们的大师. 现代学者有充分证据证明，这两位数学家的工作是相互独立的，而且从我们前面所作的比较可以看出，他们两人在微积分上所做的工作可以称得上是相辅相成、珠联璧合. 而且两人的工作又各有特色. 牛顿注意物理方面，而莱布尼茨侧重于几何方面. 牛顿先于莱布尼茨发明了微积分，而莱布尼茨先于牛顿发表了微积分. 尤其是莱布尼茨花费了一生的努力，并咨询过许多数学家，为各种数学运算找到最佳记法，且在最后，数学家采用了莱布尼茨的微积分记法.

值得补充的是，尽管发生了纠纷，两位学者却从未怀疑过对方的科学才能. 有一则记载说，1701 年在柏林王宫的一次宴会上，当普鲁士王问到对牛顿的评价时，莱布尼茨回答道："综观有史以来的全部数学，牛顿做了一半多的工作."

优先权争论被认为是"科学史上最不幸的一章".

从长远看，英国人输了，因为他们无法走出牛顿的阴影，不能取得新的数学突破. 在其后的 200 年间，数学的成就中心是在欧洲大陆.

附：

再说牛顿

牛顿是影响最大的科学家之一. 他是遗腹子, 生于伽利略逝世的那一天.

牛顿少年时代即表现出手工制作精巧机械的才能. 虽然他是个聪明伶俐的孩子, 但并未引起他的老师们的注意.

成年时, 母亲令其退学, 因为希望儿子成为一名出色的农夫. 十分幸运的是, 他的主要天赋不满足于他在农业方面发挥, 因此, 他 18 岁时入剑桥大学, 极快地通晓了当时已知的自然与数学知识, 之后转入个人的专门研究.

他 21~27 岁时, 奠定了某些学科理论基础, 导致以后世界上的一次科学革命. 他的第一个轰动科学世界的发现就是光的本质. 经过一系列的严格试验, 牛顿发现普通白光是由七色光组成的. 经过一番光学研究, 制造了第一架反射天文望远镜, 这架天文望远镜一直在英国国家天文台使用到今天.

莱布尼茨曾说: "综观有史以来的全部数学, 牛顿做了一半多的工作." 的确, 牛顿除了在天文学及物理学上取得伟大的成就, 在数学方面, 他从二项式定理到微积分, 从代数和数论到古典几何和解析几何、有限差分、曲线分类、计算方法和逼近论, 甚至在概率论等方面, 都有创造性的成就和贡献.

牛顿在数学上的成果主要有以下四个方面.

1. 发现二项式定理

1665 年, 23 岁的牛顿发现了二项式定理, 这对于微积分的充分发展是必不可少的一步. 二项式定理把下述计算

$$(a+b)^2 = a^2 + 2ab + b^2,$$
$$(a+b)^3 = a^3 + 3a^2b + 3ab^2 + b^3$$

等简单结果推广为

$$(a+b)^n = a^n + \frac{n}{1}a^{n-1}b + \frac{n(n-1)}{1 \times 2}a^{n-2}b^2 + \frac{n(n-1)(n-2)}{1 \times 2 \times 3}a^{n-3}b^3 + \cdots$$

二项式级数展开式是研究级数论、函数论、数学分析、方程理论的有力工具. 今天我们会发觉这个方法只适用于 n 是正整数, 当 n 是正整数时, 级数终止在正好是 $n+1$ 项. 如果 n 不是正整数, 级数就不会终止, 这个方法就不适用了. 但是我们要知道, 那时莱布尼茨在 1694 年才引进函数这个词, 在微积分早期阶段, 研究超越函数时用它们的级数来处理是所用方法中最有成效的.

2. 创建微积分

牛顿在数学上最卓越的成就是创建微积分. 他超越前人的功绩在于, 他将古希腊以来求解无限小问题的各种特殊技巧统一为两类普遍的算法——微分和积分, 并确立了这两类运算的互逆关系, 如面积计算可以看作求切线的逆过程.

那时莱布尼茨刚好亦提出微积分研究报告, 便因此引发了一场微积分发明专利权的争

论，直到莱布尼茨去世才停止，而后世认定微积分是他们同时发明的．

在微积分方法上，牛顿所做出的重要贡献是，他不但清楚地看到，而且大胆地运用了代数所提供的大大优越于几何的方法论．他以代数方法取代了卡瓦列里、格雷哥里、惠更斯和巴罗的几何方法，完成了积分的代数化．从此，数学逐渐从感觉的学科转向思维的学科．

在微积分产生的初期，由于还没有建立起巩固的理论基础，便因而引发了著名的第二次数学危机．这个问题直到 19 世纪极限理论建立，才得到解决．

3. 引进极坐标，发展三次曲线理论

牛顿对解析几何做出了意义深远的贡献，他是极坐标的创始人．第一个对高次平面曲线进行广泛的研究．牛顿证明了怎样能够把一般的三次方程

$$ax^3+bx^2y+cxy^2+dy^3+ex^2+fxy+gy^2+hx+jy+k=0$$

所代表的一切曲线通过坐标轴的变换化为以下四种形式之一：

$$xy^2+ey=ax^3+bx^2+cx+d,$$
$$xy=ax^3+bx^2+cx+d,$$
$$y^2=ax^3+bx^2+cx+d,$$
$$y=ax^3+bx^2+cx+d.$$

在《三次曲线》一书中牛顿列举了三次曲线可能的 78 种形式中的 72 种．其中最吸引人、最难的是：正如所有曲线能作为圆的中心射影被得到一样，所有三次曲线都能作为曲线

$$y^2=ax^3+bx^2+cx+d$$

的中心射影而得到．这一定理，在 1973 年发现其证明之前，一直是个谜．

牛顿的三次曲线奠定了研究高次平面曲线的基础，阐明了渐近线、结点、共点的重要性．牛顿关于三次曲线的工作激发了关于高次平面曲线的许多其他研究工作．

4. 推进方程论，开拓变分法

牛顿在代数方面也做出了经典的贡献，他的《广义算术》大大推动了方程论．他发现实多项式的虚根必定成双出现，以及求多项式根的上界的规则．他以多项式的系数表示多项式的根 n 次幂之和公式，给出实多项式虚根个数的限制的笛卡儿符号规则的一个推广．

牛顿还设计了求数值方程的实根近似值的对数和超越方程都适用的一种方法以及该方法的修正，现称为牛顿方法．

牛顿在力学领域也有伟大的发现．他在伽利略等人的研究基础上发现，如果物体处于静止或作恒速直线运动，那么只要没有外力作用，该物体就仍将保持静止或继续作匀速直线运动．这个定律也称惯性定律，描述了力的一种性质：力可以使物体由静止到运动和由运动到静止，也可以使物体由一种运动形式变化为另一种形式．该论述被称为牛顿第一定律．力学中最重要的问题是物体在类似情况下如何运动，牛顿第二定律解决了这个问题，该定律被看作古典物理学中最重要的基本定律．牛顿第二定律定量地描述了力能使物体的运动产生变化，说明速度的时间变化率，即加速度 a 与力 F 成正比，而与物体的质量成

反比，即 $a = \dfrac{F}{m}$ 或 $F = ma$；力越大，加速度也越大；质量越大，加速度就越小. 力与加速度都既有量值又有方向. 加速度由力引起，方向与力相同. 如果有几个力同时作用在某物体上，就由合力产生加速度，牛顿第二定律是最重要的，动力学的所有基本方程都可以由牛顿第二定律通过微积分推导出来.

此外，牛顿根据这两个定律制定出第三定律. 牛顿第三定律指出，两个物体的相互作用总是大小相等而方向相反. 对于两个直接接触的物体，这个定律比较易于理解. 书本对于桌子向下的压力等于桌子对书本向上的托力，即作用力等于反作用力. 引力也是如此，飞行中的飞机向上拉地球的力在数值上等于地球向下拉飞机的力. 牛顿运动定律广泛用于科学和动力学问题上.

🔳 复习与思考题

1. 试简述变量数学产生的背景.
2. 是谁先发明的解析几何？
3. 试简述笛卡儿的解析几何思想.
4. 微积分是谁发明的？
5. 试简述牛顿的微积分思想.
6. 试简述莱布尼茨的微积分思想.
7. 试简述自己从牛顿和莱布尼茨身上学到了哪些东西.
8. 历史上公认的三位最伟大的数学家是哪三位？

第8章　中国古代数学文化

中国是四大文明古国之一，和古埃及、古巴比伦(含古希腊)及古印度一样，数学出现的很早，据记载，早在8000年前，中国的数学已有相当发展. 在世界文明史上，中国也是数学的早期发祥地，从公元前后到14世纪，中国数学经历了东西汉时期、魏晋南北朝时期、宋元时期等三次发展高潮.

公元前2世纪，中国最早的天文数学著作《周髀算经》中叙述了一般形式的勾股定理；公元前1世纪，中国古代数学经典《九章算术》中记载了最古老的负数概念及线性联立方程组的消元解法等一系列具有世界意义的成就；3世纪，赵爽用"弦图"证明勾股定理；刘徽创立"割圆术"计算圆周率，并用无限小方法计算立体体积；5世纪，祖冲之计算圆周率准确到小数点后七位，并和他的儿子建立了相当于近代"不可分量原理"的"祖氏原理"；11世纪，贾宪发明"贾宪三角"，也称"杨辉三角"，即近代所称的"巴斯加尔三角"；13世纪，秦九韶解一次同余方程组的"中国剩余定理"；13世纪末14世纪初，李冶、朱世杰的"天元术"和"四元术"是代数的先驱……

据记载，中国古典数学的算法化和实用性十分明显，这一点与古希腊的逻辑化、几何化相反. 中国古典数学有完整的理论体系——以问题为中心的算法体系，它形成于西汉末年，以公元前1世纪的《九章算术》为标志，它是在中国独特的文化背景下形成的，因而带有自己鲜明的文化特征.

乔治·萨顿说过："光明来自东方! 毫无疑问，我们最早的科学是来源于东方，作为科学重要分支的数学也是如此." 独立于西方世界，中国是世界上数学萌芽最早的国家.

2000年《光明日报》的重要报道：河南舞阳贾湖遗址的发掘与研究提到，贾湖人已有百以上的整数概念，并认识了正整数的奇偶概念运算法则，这为研究我国度量衡的起源与音乐的关系提供了重要线索.

贾湖遗址，位于河南省漯河市舞阳县北舞渡镇西南1.5千米的贾湖村，距今7500~9000年，是一处新石器时代中期的代表性遗址. 截至2023年2月25日，贾湖遗址历经8次考古发掘，出土近6000件文物及大量人类骨骼、动物遗骸和植物标本，其中发现了世界上最早的七声音阶可吹奏管乐器、最早的酿酒材料、最早的文字雏形之一契刻符号等11项世界之最. 2021年10月18日，贾湖遗址入选全国百年百大考古发现. 从数学家的眼光来看，8000年前，中国已经有了相当发展的数学，因为确定音律需要数学，而且不是简单的数学.

在原始社会末期，私有制和货物交换产生以后，数与形的概念有了进一步的发展，仰韶文化时期出土的中国文化博大精深，作为其重要组成部分的数学随着时代陶器，上面已刻有表示 1、2、3、4 的符号. 到原始社会末期，已开始用文字符号代替原始的节绳计数了. 中国数学文化博大精深，创造了世界数学史上的多个第一.

公元前 1 世纪的《周髀算经》提到西周初期用矩测量高、深、广、远的方法，并举出勾股形的勾三、股四、弦五以及环矩可以为圆等例子.

这是世界上最早关于勾股定理的论述，希腊直到 500 年之后才由毕达哥拉斯达到相同的成就，《礼记·内则》篇提到西周贵族子弟从 9 岁开始便要学习数目和记数方法，他们要受礼、乐、射、御、书、数的训练，作为"六艺"之一的数已经开始成为专门的课程.

到春秋战国时期，中国人便已能熟练地应用十进制的算筹记数法，这种方法和现代通用的二进制笔算记数法基本一致，这比印度 595 年发现的十进制记数早 1000 多年.

秦汉是封建社会的上升时期，经济和文化均得到迅速发展，中国古代数学体系正是形成于这个时期，它的主要标志是算术已成为一个专门的学科，以及以《九章算术》为代表的数学著作的出现.

大约在 3 世纪，被称为"割圆人间细，方盖宇宙精"的中国数学家刘徽得出了计算圆周率的"割圆术"和开方不尽根问题，以及讲解求楔形体积时，最早运用了极限的概念，虽然欧洲在古希腊就有关于这一概念的想法，但是真正运用极限概念，却是在公元 17 世纪以后的事了，这要比中国要晚 1400 多年.《九章算术》成为中国数学成绩的集大成者.

5 世纪左右祖冲之推算出 π 的值为 3.1415926<π<3.1415927，这是中国最早得到的具有六位数字的 π 的近似值，祖冲之同时得出圆周率的"密率"为 355/113，这是分子、分母在 1000 以内的表示圆周率的最佳近似分数. 德国人奥托在 1573 年也获得这个近似分数值，可是比祖冲之迟了 1100 多年.

11 世纪中叶的中国数学家贾宪，他最早创立了"增乘开平方方法"和"增乘开立方法"，比西方的类似的"鲁斐尼-霍纳方法"要早 770 年，同时贾宪的"开方作法本源"图，实际上给出了二项式定理的系数表，比法国数学家帕斯卡所采用的相同的图（被称为"帕斯卡三角形"）要早 500 多年.

中国南宋的伟大数学家秦九韶于 1247 年最早提出了高次方程的数值解法. 秦九韶在贾宪创立的"增乘开方法"的基础上建立了高次方程的数值解法，比欧洲与此相同的"霍纳法"要早 800 多年. 秦九韶被哈佛大科学家称为：那个民族，那个时代，并且也是所有时代最伟大的数学家之一. 同时秦九韶还提出了"大衍求一术"，他对求解一次同余式组的算法作了系统的介绍，与现代数学中所用的方法很类似，这是中国数学史上的一项突出成就. 实际上，秦九韶推广了闻名中外的中国古代数学巨著《孙子算经》中的"物不知数"题，取得的解法被称为"中国剩余定理"就是在这一方面的重要成就，他的这项研究成果比在十八十九世纪欧洲伟大数学家欧拉和高斯等人对这一问题的系统研究也要早 500 多年.

在中国，"等积原理"是南北朝时的杰出数学家祖冲之和他的儿子祖暅共同研究的成果，他们在研究几何体体积的计算方法时，提出了"缘幂势既同，则积不容异"的原理，这就是"等积原理"：等高处平行截面的面积都相等的两个几何体的体积相等". 这一发现要比西方数家卡瓦列利发现这个原理时，早 1100 多年.

二次方程的求根公式也是中国最早发现的. 中国古代数学家赵爽在对中国古典天文著作《周髀算经》作注解时，写了一篇有很高科学价值的《勾股圆方图》的注文，在此文中赵

爽在讨论二次方程 $x^2-2cx+a^2=0$ 时，用到的求根公式与我们今天采用的求根公式是很相似的，赵爽这一发现，比印度数学家婆罗摩笈多 628 年提出的二次方程求根公式要早许多年.

6 世纪，中国古代天文学家刘焯为了编制历法，首先引用了"内插法"，亦即现在代数学中的"等间距二次内插". 这个方法直到 17 世纪末才被英国数学家牛顿所推广，但已时隔 1100 多年.

中国在春秋战国时期也有百家争鸣的学术风气，但是没有实行古希腊统治者之间的民主政治，而是实行君王统治制度. 春秋战国时期，也是知识分子自由表达见解的黄金年代，当时的思想家和数学家，主要目标是帮助君王统治臣民、管理国家. 因此，中国的古代数学，多半以"管理数学"的形式出现，其目的是实现丈量田亩、兴修水利、分配劳力、计算税收、运输粮食等国家管理，而理性探讨在这里退居其次.

因此，从文化意义上看，中国数学可以说是"管理数学"和"木匠数学"，存在的形式则是官方的文书. 例如《九章算术》分九大类：大衍类、天时类、田域类、测望类、赋役类、钱谷类、营建类、军旅类和市物类. 这表明中国数学是为解决实际问题而提出的，还没有上升到数学理论研究的层面.

中国古代的数学家大都是业余数学爱好者，他们的工作更多地和天文历书、水利等联系在一起. 中国的数学研究始终没有脱离算术的阶段. 同样，中国数学强调实用的管理数学，却在算法上得到了长足的发展，如负数的运用、解方程的开根法、杨辉（贾宪）三角、祖冲之的圆周率计算、天元术等也只能在中国诞生. 而被古希腊文明所轻视. 这些特点是同当时社会条件与学术思想密切相关的，一切科学技术都要为当时确立和巩固封建制度及发展社会生产服务. 强调数学的应用性、最后成书于东汉初年的《九章算术》，排除了战国时期在百家争鸣中出现的名家和墨家重视名词定义与逻辑的讨论，偏重于与当时生产、生活密切相结合的数学问题及其解法，这与当时社会的发展情况是完全一致的.

中国数学的传统是以算为主，以希腊为代表的西方数学是以论证为主，它们在世界数学史上形成两种不同体系、两种不同风格，例如《九章算术》代表的是机械化算法体系，《几何原本》代表的是公理化逻辑推演体系. 但忽视论证推理，在科学研究中多归纳与抽象，而少逻辑与实验，没有形成完整的数学体系，并且重实用轻理论是中国古代数学发展停滞的主要原因之一.

元朝以后，科举考试中的明算科完全废除，唯以八股取士，中国数学的发展受到阻碍.

8.1 《九章算术》及其文化内涵

《九章算术》是中国最古老的数学著作之一，在我国现存的古代数学著作中，比《九章算术》更早的著作是《周髀算经》，成书年代不晚于公元前 2 世纪的西汉时期，书中涉及的数学与天文学知识可以追溯到西周（前 1027—前 771）. 《周髀算经》的主要成就是分数运算、勾股定理及其在天文学上的应用，其中最突出的是勾股定理（现在称为毕达哥拉斯定理，前文已述）.

8.1.1　关于《九章算术》

《九章算术》是我国古代流传下来的一部最重要的经典数学原著之一，与古希腊欧几里得《几何原本》并称为数学史上的两大传世名著，有着丰富的知识体系和文化内涵. 其作者不详，据考证，大约成书于东汉初期. 该书总结了我国先秦至西汉的数学成果，采用了问题集的形式，汇编了 246 个与生产实践相联系的应用问题及其解法.

秦始皇建立了统一的封建帝国，统一了文字和度量衡制度. 到了西汉，社会经济和文化得到迅速发展，社会生产力逐步提高，从而促进了数学的发展，因此有必要，也有可能对先秦时期已经积累起来的、丰富的数学知识进行较为系统的整理，形成专门的数学理论.《九章算术》就是记载了古代劳动人民在生产实践中总结出来的数学知识. 该书不但开拓了我国数学的发展道路，而且在世界数学发展史中也占有极其重要的地位. 我国历代数学家都为《九章算术》的注释、修补和完善作出过卓越的贡献.

魏晋时代，刘徽(图 8-1)对《九章算术》作过注释(简称刘徽注)；刘徽注被称为数学上的又一伟大成就. 刘徽注不仅提出了丰富多彩的创见和发明，而且以严密的数学用语描述了有关数学概念，对《九章算术》中的许多结论给出了严格证明. 他所采用的证明方法，不仅有综合法、分析法，而且还兼用反证法.

南北朝祖冲之(429—500，图 8-2)是我国古代伟大的科学家之一，在数学方面多有发明，他也注解过《九章算术》，可惜他的注文全都遗失.

图 8-1　　　　　　　　　　　图 8-2

唐代李淳风给《九章算术》注解时，除引证祖冲之及其子祖暅对体积理论的贡献外，其他注文多与刘徽注类似，但较刘徽注通俗易懂.

宋代杨辉于《详解九章算法》中选《九章算术》80 道典型问题进行了详解，对刘徽、李淳风注文也作过一番解释.

清代李潢于《九章算术细草图说》中对《九章算术》进行了校订，补绘了图形，列出了细草. 1963 年，我国天算史专家钱宝琮(1892—1974)又对《九章算术》进行校点，钱宝琮在前人的基础上再加校勘，使得《九章算术》文从字顺、上下贯通，阅读起来比较方便.

8.1.2　《九章算术》的文化内涵

《九章算术》是一部问题集形式的算书，共有 246 个问题，按不同算法类型，分为九章，每章的问题数目不等，大致由简到繁排列，现将各章名称等列表.

《九章算术》主要内容归纳列表如表 8-1 所示.

表 8-1

章　名	题　数	立　术	主　要　内　容
1. 方田	38	21	平面图形的面积计算与分数算法
2. 粟米	46	33	各种比例问题
3. 衰分	20	22	比例分配问题
4. 少广	24	16	开平方、开立方等计算问题
5. 商功	28	24	体积的计算问题
6. 均输	28	28	与运输、纳税有关的加权比例问题
7. 盈不足	20	17	算术中盈亏值问题的解法与比例问题
8. 方程	18	19	多元一次方程及应用问题的解法
9. 勾股	24	19	勾股定理的应用
共计	246	199	

《九章算术》总题数 246 个，总立术 199 个，按章节分为方田、粟米、衰分、少广、商功、均输、盈不足、方程、勾股等，又可以按现代归类方法分为算术、代数、几何三个方面.

1. 算术方面

（1）分数四则运算法则.《九章算术》"方田"（方田：田亩形状的代称）中有了比较完整的计算分数的方法，其中包括分数的四则运算（加、减、乘、除）以及约分和通分运算法则. 其中"约分术"给出了术分子，分为最大公约数（我国古代称最大公约数为"等数"）的"更相减损"法，与现在用辗转相减（除）法求最大公约数的方法本质一致.

（2）比例算法.《九章算术》中包含相当复杂的比例问题，不仅包含现代算术中的全部比例内容，还形成了一个完整的系统，具体内容包含"粟米（粮食的代称）"、"衰分（按比例递减分配的意思）"、"均输（均输意为按人口多少，路途远近，谷物贵贱平均赋税和摊派劳役等）"，诸章中，提出了"今有术"作为解决各类比例问题的基本算法，设从比例关系（比例算法共有四项，其中三项是已知的，另一项是未知的）$a : b = c : x$，求 x，《九章算术》称 a 为"所有率"，b 为"所求率"，c 为"所有数"，x 为"所求数"，算法是

$$所求数 = \frac{所有数 \times 所求率}{所有率}$$

即 $x = \dfrac{bc}{a}$，以"今有术"为基础，处理各种正比、反比分配问题，"衰分"就是按一定级差分配，"均输"则运用比例分配解决粮食运输负担的平均分配.

（3）盈不足术．"盈不足术"是讲盈亏问题及其解法，即以盈亏类问题为中心的双假设算法．

所谓盈不足，"盈者，满也．不足者，虚也．满虚相推，以求其适，故曰盈不足."《九章算术》盈不足率，第一问至第四问均为"一盈一不足"，例如第一问是："今有共买物，人出八，盈三；人出七，不足四．问人数，物价各几何．答曰：七人，物价五十三."《九章算术》中给出了求解公式，用现代语言叙述，这个问题可以化成一个二元一次联立方程组，设人数为 x，物价为 y，每人出钱为 a_1，盈 b_1，每人出钱 a_2，亏 b_2，依题意，我们有方程

$$y_1 = a_1 x - b_1, \quad y_2 = a_2 x + b_2$$

由此可以解出

$$x = \frac{b_1 + b_2}{a_1 - a_2}, \quad y = \frac{a_1 b_2 + a_2 b_1}{a_1 - a_2}, \quad \frac{y}{x} = \frac{a_1 b_2 + a_2 b_1}{b_1 + b_2}$$

把问题中的具体数字代入公式，就得到上面的答案，第三个公式表示每一个人应该分摊的钱数．

事实上，任何算术问题（不一定是盈亏类问题），都可以通过双假设未知量的值转换成盈亏问题来求解，《九章算术》中盈不足率就是用这种方法解决了许多不属于盈亏类的问题．因此，盈不足术是一种创造，在中国古代算法中占有重要的地位．"盈不足术"在中世纪阿拉伯数学著作中称为"契丹算法"，即中国算法，受到特别的重视．13 世纪意大利数学家斐波那契所著《算经》一书中也有一章讲"契丹算法"，又称为"双设法"．

2．代 数 方 面

《九章算术》在代数方面的成就是具有世界意义的，主要表现在"方程术"、"正负术"和"开方术"三个方面．

（1）"方程术"与"正负术"．"方程术"即线性联立方程组的解法．这里的"方程"与今天所指的含义有所不同，专指由线性方程组的系数排列而成的长方阵（即今天所指的增广矩阵），为了"方程"初等变换的需要，书中提出了"正负术"，明确了负数的概念，说明正、负数以及零之间的加减运算法则，这是世界上关于正、负数概念及其加减运算法则的最早记录．《九章算术》中"方程术"，实质上就是我们今天所使用的解线性联立方程组的消元法，西方文献中称之为"高斯消元法"．《九章算术》"方程术"，是世界数学史上的一颗明珠．

（2）"开方术"．《九章算术》"少广"章中有"开方术"和"开立方术"，给出了正整数、正分数开平方和开立方的算法．《九章算术》"开方术"本质上是一种减根变换法，是世界上最早的记录，计算步骤与现在的基本一样．令人惊异的是，《九章算术》中指出了存在不尽根的情况："若开之不尽者，为不可开"，并给这种不尽根数起了一个专门的名字——"面"．《九章算术》时代的中国数学家，如同他们对待负数的发现一样，对在开方过程中接触到的无理量也这样泰然处之．这或许是因为引导它的发现不尽根数算法本身，使他们能够有效地计算这种不尽根数的近似值．

3. 几何方面

《九章算术》在"方田"、"商功"和"勾股"三章中，讨论了大量的几何问题，其中"方田"章讲平面几何图形面积的计算方法. 包括：

（1）长方形（直田）面积公式：$S=$ 长 $×$ 阔；

（2）等腰三角形（圭田）面积公式：$S=\frac{1}{2}$ 底 $×$ 高；

（3）直角梯形（邪田）面积公式：$S=\frac{上底+下底}{2}×$ 高；

（4）等腰梯形（箕田）面积公式：$S=\frac{上底+下底}{2}×$ 高；

（5）圆（圆田）面积公式：$S=$ 半周长 $×$ 半径 $=\pi r^2$；

（6）优扇形（宛田）面积公式：$S=\frac{1}{4}$ 直径 $×$ 周长；

（7）弓形（弧田）面积公式：$S=\frac{1}{2}(a×h+h)$；

（8）圆环（环田）面积公式：$S=\frac{2\pi R+2\pi r}{2}×(R-r)=\pi(R^2-r^2)$.

其中，直线图形和优扇形的面积公式（1）~（5）准确无误，圆和环的面积公式理论上是对的，只是实际计算时取圆周率为3，误差较大，弧田面积公式是近似的，当中心角较大时误差较大.

在"商功"（商功意为关于土方工程问题的思考）章中讲述了以立体问题为中心的各种形体体积计算公式. 主要有：

（1）底为等腰梯形的直棱柱（城、垣、堤等）体积公式：$V=\frac{上广+下广}{2}×$ 高 $×$ 长；

（2）正四棱柱（方土保土寿）体积公式：$V=$ 底边$^2×$ 高；

（3）圆柱（圆土保土寿）体积公式：$V=\frac{1}{12}$ 周$^2×$ 高；

（4）正四棱台（方亭）体积公式：$V=\frac{1}{3}$（上底边$^2+$上底边$×$下底边$+$下底边^2）$×$ 高；

（5）圆台（圆亭）体积公式：$V=\frac{1}{36}$（上周$^2+$上周$×$下周$+$下周^2）$×$ 高；

（6）正四棱锥（方锥）体积公式：$V=\frac{1}{3}$ 底边$^2×$ 高；

（7）正圆锥（圆锥）体积公式：$V=\frac{1}{36}×$ 下周$^2×$ 高；

（8）底面为直角三角形的直三棱柱（堑堵）（见图8-3）体积公式：$V=\frac{1}{12}abc$；

（9）一侧棱垂直底面的四棱锥（阳马）（见图8-4）体积公式：$V=\frac{1}{3}abc$；

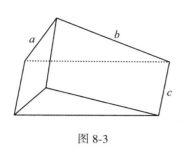

图 8-3

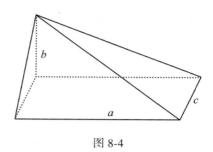

图 8-4

（10）有三条相连的棱两两垂直的四面体（鳖臑）（见图 8-5）体积公式：$V = \dfrac{1}{6}abc$.

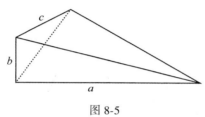

图 8-5

在"勾股"章讲述勾股定理的应用，讲述以测量问题为中心的直角三角形三边互求，以及容圆、容方的解法，此外，还讲到相似勾股形、勾股数等.

《九章算术》中的几何问题具有很明显的实际背景. 如面积问题多为农田测量问题，体积问题则主要涉及工程土方计算，各种几何图形的名称就反映着它们的现实来源，如"平面图形"有"直田（长方形）""圭田（等腰三角形）""箕田（等腰梯形）""圆田（圆）""弧田（弓形）""环田（圆环）"等；立体图形则有"方土保土寿（正四棱柱）""圆土保土寿（圆柱）""方亭（正四棱台）""堑堵（底面为直角三角形的正柱体）""阳马（底面为长方形而有一侧棱与底面垂直的锥体）""鳖臑（底面直角三角形而有一棱与底面垂直的锥体）"，等等.

从上述可见，面积计算中主要含长方形、三角形、梯形、圆和弓形等，圆和弓形的计算是近似公式，圆周率用"弓"来代替.

立体的形状多且复杂，所以《九章算术》中体积计算问题比面积计算的问题多，如正四棱柱、正四棱锥、圆台等，内容相当丰富. 但涉及圆和球时，由于取圆周率为 3，而失之准确，如"圆田术"圆面积公式 $A = \pi R^2$ 是正确的，但以 3 为圆周率，失准粗疏，"开立圆术"则相当于给出球体积公式 $V = \dfrac{3}{16}D^3$，误差过大.

8.1.3　《九章算术》的历史地位

1.《九章算术》的特点

第一，体例统一，结构合理. 表现在书中每题均由题目、答案和"术"三部分组成，题目都是用文字叙述的应用题；答案都是用具体数字给出的；"术"，即算法，是解题的方法和计算步骤，其中包含着一般数学原理，定理和公式．与《几何原本》不同的是，《九章算术》中的数学命题包含在算法之中，数学命题是由具体问题引导和归纳出来的．

从结构上看，《九章算术》结构完整，符合逻辑，自成一体．

（1）从《九章算术》的算法安排顺序看：正整数和正分数的四则运算结合面的计算→正比例、分配比例、混合比例、开方、体积计算（算术运算和几何计算方法）→二元一次方程组（双假设法）、多元一次方程的矩阵与更换解法、负数及其加减运算法则→勾股测量术．

算术从低级到高级，由简单到复杂，前面的算法是后面算法的基础，后面的算法则是前面算法的发展和推广，层次清楚，联系紧密，形成一个比较完整的理论体系．

（2）从每一章中问题的安排来看，其安排由简到繁，彼此相关，符合逻辑．

第二，算法具有一般性又具有可操作性．《九章算术》虽然采用问题集形式编号，但并不是一本习题集．书中的"术"，不是就题论题，而是带有一般性和普遍性的数学方法，即"算术"．

因为当时的计算都是用算筹进行的，所以以"算"指算筹，简称"筹"，"算术"是指运筹方法，包括现在所说的算术的、代数的和几何的各种算法．筹算，是人们用于增、减、变动算筹进行的，所以以《九章算术》中的算法，具有明显的可操作性的特点．

2. 《九章算术》的历史地位

《九章算术》是我国古代流传下来的一部数学原著，在中国数学史上被奉为算经之首，不仅指导着我国数学的发展达两千年之久，而且对世界数学的发展也有不可估量的巨大影响．这部著作有自己的理论体系和形式，与西方以欧几里得几何为代表的所谓公理化体系有旨趣既异，途径亦殊．《九章算术》与《几何原本》东西辉映、双峰并峙，是世界数学史上的两大传世名著，也是现代数学的两大源泉，尤其是《九章算术》的算法体系，随着电子计算机技术的发展与广泛应用，将起到越来越重要的作用．

8.2 贾宪三角及其美学意义

宋元时期(960—1368)重新统一了的中国封建社会发生了一系列有利于数学进步的变化，国内经济繁荣，海外贸易大大发展，使各门科学技术得到普遍发展．四大发明中的三项——指南针、火药和活字印刷在宋代完成，并获得广泛应用，给数学的发展带来新的活力．这一时期，数学人才辈出，如北宋的沈括(1031—1095)、贾宪和刘益；南宋的秦九韶(1208—1268)、杨辉；元代的李冶(1192—1279)、朱世杰、郭守敬(1231—1316)等．其中最著名的当属称为"宋元四大家"的杨辉、秦九韶、李冶、朱世杰等，他们在世界数学史上占有光辉的地位．而这一时期印刷出版记载着中国古典数学最高成就的宋元算书，也是世界文化的重要遗产．

8.2.1 贾宪三角

贾宪约于1050年完成一部叫《黄帝九章算法细草》的著作，原书已丢失，所幸在杨辉的著作中保存了他的两项重要成就：贾宪三角和增乘开方法，因此贾宪三角也常称为杨辉三角.

1. 贾宪三角

如图 8-6 所示，贾宪三角是指所列的一张二项式展开式的系数表，原图载于贾宪的《黄帝九章算法细草》一书中，作者称其为"开方作法本源图"，指出这是用作开方运算的. 事实上，贾宪三角中除第一项，第二项，每一横项中的数字都是可以用来开方的，开平方用到 1，2，1 三个数，开立方用到 1，3，3，1 四个数，开四次方利用到 1，4，6，4，1 五个数，依次进行.

有意思的是，图 8-6 中每一横行的除 1 以外每一个数都等于其肩上两个数之和，这就是贾宪三角的作图规则. 自然，有了这个规则，只要在图 8-6 中多添几个 1，就可以得到扩大的贾宪三角. 在西方国家，称贾宪三角为巴斯卡三角（巴斯卡 Pascal，1623—1662，法国数学家）. 有趣的是贾宪三角与历史上许多著名数列有关.

$$
\begin{array}{ccccccccccc}
& & & & & 1 & & & & & \\
& & & & 1 & & 1 & & & & \\
& & & 1 & & 2 & & 1 & & & \\
& & 1 & & 3 & & 3 & & 1 & & \\
& 1 & & 4 & & 6 & & 4 & & 1 & \\
1 & & 5 & & 10 & & 10 & & 5 & & 1 \\
& \cdots & & \cdots & & \cdots & & \cdots & & & \\
\end{array}
$$

图 8-6

2. 贾宪三角与斐波那契数列

斐波那契数列（前文已述）前后两项之比的极限是 0.618，$\lim\limits_{n\to\infty}\dfrac{U_n}{U_{n-1}}=0.618$，将贾宪三角改写为如图 8-7 所示的形式.

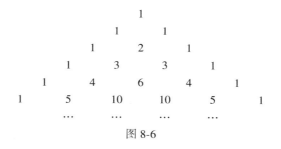

图 8-7

再将其沿图中斜线相加之和记到竖线左端，它们分别是 1，1，2，3，5，8，…，此即为斐波那契数列.

3. 贾宪三角与牛顿二项式定理

著名的牛顿二项式定理与贾宪三角有一定联系. 牛顿二项式定理是指公式

$$(a + b)^n = C_n^0 a^n + C_n^1 a^{n-1}b + C_n^2 a^{n-2}b^2 + \cdots + C_n^k a^{n-k}b^k + \cdots + C_n^n b^n = \sum_{k=0}^{n} C_n^k a^{n-k}b^k$$

$$(8\text{-}1)$$

其中，C_n^k 指从 n 个东西中取出 k 个的组合数，$C_n^k = \dfrac{n!}{k!\ (n-k)!}$，约定 $C_0^0 = 1$ 注意到 $C_0^0 = 1$，$C_1^0 = 1$，$C_n^0 = 1$，$C_n^1 = n$，$C_n^k = C_n^{n-k}$，很容易得到用组合数表示的贾宪三角，如图 8-8 所示.

$$C_0^0$$
$$C_1^0 \qquad C_1^1$$
$$C_2^0 \qquad C_2^1 \qquad C_2^2$$
$$C_3^0 \qquad C_3^1 \qquad C_3^2 \qquad C_3^3$$
$$C_4^0 \qquad C_4^1 \qquad C_4^2 \qquad C_4^3 \qquad C_4^4$$
$$C_5^0 \qquad C_5^1 \qquad C_5^2 \qquad C_5^3 \qquad C_5^4 \qquad C_5^5$$

图 8-8

可见，贾宪三角中的元素正是牛顿二项式展开各项系数按相应顺序构成的.

8.2.2 贾宪三角的美学价值

贾宪三角有许多优秀的性质.

(1)对称性：如图 8-8 所示，从顶点 C_0^0 作该等腰三角形中线，可以看出贾宪三角的数字关于该中线对称，即 $C_n^k = C_n^{n-k}$，且数字在每一行都是由小变大到对称轴线后再由大变小，呈单峰状，这说明牛顿二项式定理的系数具有单峰对称性.

(2)递归性：除 1 之外，每一横行的数都等于通向该数的肩上两数之和，即

$$C_n^k + C_n^{m-1} = C_{n+1}^k \qquad (8\text{-}2)$$

(3)第 n 行各数之和等于 2^n

$$C_n^0 + C_n^1 + C_n^2 + \cdots + C_n^n = 2^n$$

事实上，在公式(8-2)中令 $a = b = 1$，即得这一结果.

(4)在公式(8-1)中，令 $a = 1$，$b = -1$，则得

$$C_n^0 - C_n^1 + C_n^2 - C_n^3 + \cdots + (-1)^n C_n^n = 0 \qquad (8\text{-}3)$$

这说明贾宪三角中从第 2 行起，任一行的数字从左数起，奇数位上数字之和等于偶数位上数字之和.

(5)有意义的巧合，考虑调和数列 1，$\dfrac{1}{2}$，$\dfrac{1}{3}$，…，$\dfrac{1}{n}$，…，作一个三角形差数列如

图 8-9 所示(左边减右边).

$$
\begin{array}{ccccccc}
1 & \dfrac{1}{2} & \dfrac{1}{3} & \dfrac{1}{4} & \dfrac{1}{5} & \dfrac{1}{6} & \cdots \\[2mm]
\dfrac{1}{2} & \dfrac{1}{6} & \dfrac{1}{12} & \dfrac{1}{20} & \dfrac{1}{30} & \cdots \\[2mm]
\dfrac{1}{3} & \dfrac{1}{12} & \dfrac{1}{30} & \dfrac{1}{60} & \cdots \\[2mm]
\dfrac{1}{4} & \dfrac{1}{20} & \dfrac{1}{60} & \cdots \\[2mm]
\dfrac{1}{5} & \dfrac{1}{30} & \cdots \\[2mm]
\dfrac{1}{6} & \cdots
\end{array}
$$

图 8-9

将上述三角形顺时针旋转 60°，得如图 8-10 所示三角形.

$$
\begin{array}{ccccccc}
& & & 1 \\[2mm]
& & \dfrac{1}{2} & & \dfrac{1}{2} \\[2mm]
& \dfrac{1}{3} & & \dfrac{1}{6} & & \dfrac{1}{3} \\[2mm]
\dfrac{1}{4} & & \dfrac{1}{12} & & \dfrac{1}{12} & & \dfrac{1}{4} \\[2mm]
\dfrac{1}{5} & \dfrac{1}{20} & \dfrac{1}{30} & \dfrac{1}{20} & \dfrac{1}{5} \\[2mm]
\dfrac{1}{6} & \dfrac{1}{30} & \dfrac{1}{60} & \dfrac{1}{60} & \dfrac{1}{30} & \dfrac{1}{6}
\end{array}
$$

图 8-10

将各行的数除以该行最左边的数，可得如图 8-11 所示三角形.

$$
\begin{array}{ccccccc}
& & & 1 \\[2mm]
& & 1 & & 1 \\[2mm]
& 1 & & \dfrac{1}{2} & & 1 \\[2mm]
1 & & \dfrac{1}{3} & & \dfrac{1}{3} & & 1 \\[2mm]
1 & \dfrac{1}{4} & & \dfrac{1}{6} & & \dfrac{1}{4} & 1 \\[2mm]
1 & \dfrac{1}{5} & \dfrac{1}{10} & \dfrac{1}{10} & \dfrac{1}{5} & 1
\end{array}
$$

图 8-11

最后取每一个数的倒数，得到如图 8-12 所示三角形.

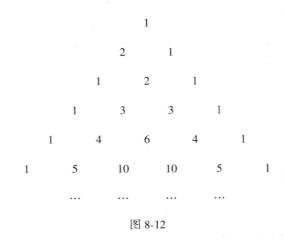

图 8-12

从三角形写出的部分看，恰巧是贾宪三角！

（6）如图 8-13 所示，由横竖各五线构成的 4×4 方格网，一棋子从 A 点出发，沿网格线由左向右，或由上至下运动，到达 B 点. 试问有多少种不同的走法？

图 8-14 网络中数字说明棋子到达该网络点的走法，易见从 A 点出发到达 B 点有 70 种走法，仔细观察网格中数字，看看与贾宪三角有没有联系？

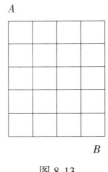

图 8-13

A	1	1	1	1
1	2	3	4	5
1	3	6	10	15
1	4	10	20	35
1	5	15	35	70

图 8-14

中国古代数学文化源远流长，内容丰富. 中国古代数学文化领先世界数千年，为世界数学文化作出了重要贡献，我们为之骄傲和自豪. 但中国传统数学自元末后逐渐衰落，原因是多方面的，除了筹算系统的局限外，王朝更迭的漫长的封建社会制度的腐朽，数学发展缺乏社会动力和思想刺激，加上元代以后，科举考试废除《明算科》，唯以八股取士，研究数学者没有出路，自由探索受到束缚，甚至遭禁锢，外部世界的笔算数学与演绎几何传播受到阻挠，等等. 因此，在 16—17 世纪，当近代数学在欧洲蓬勃兴起之时，中国数学就更明显地落后了. 在我们生活的每一个角落都需要数学的今天，我们思考着，我们相信着，21 世纪，中国仍将成为数学大国.

8.3　《算经十书》之文化内涵

《算经十书》是唐代以前 10 本中国古典数学经典著作的总称，不过，由于失传与增补或重新发现等原因，不同的时代所指略有不同.

大唐盛世是中国封建社会最繁荣的时代. 只是与经济发展不相称的是这一时期没有产生数学大家，其数学成果远不及其前魏、晋、南北朝和其后的宋、元时期. 但是另一方面，数学教育制度的建立和数学典籍的整理是这一时期的两项重要工作，在中国数学的发展史上起到了重要作用.

比如，7 世纪初，隋代开始在国子监中设立"算学"，并"置博士、助教、学生导员"，这是中国封建教育中数学专科教育的肇始，唐代不仅沿袭了"算学"制度，而且进一步强化在科举考试中开设了数学科目，叫"明算科"，考试及第者也可以做官，不过只授予最低官阶.

大约于唐代初年，数学家李淳风（604—672）奉唐高宗之诏校注唐代之前的 10 本算书. 于 656 年编成之后，作为国子监明算科的标准数学教科书，称为《算经十书》.《算经十书》是指：《周髀算经》《九章算术》《海岛算经》《孙子算经》《五曹算经》《夏侯阳算经》《张丘建算经》《缀术》《五经算术》和《缉古算经》等. 其中最重要的几部算经是：《周髀算经》、《九章算术》、《缀术》（祖冲之）、《孙子算经》、《张丘建算经》（张丘建）、《缉古算经》（王孝通），其中包含了一些重要的数学成就和一些著名的数学问题.

8.3.1　"物不知其数"与中国剩余定理

《孙子算经》成为流传千古的著名数学典籍，主要在于其中算题的趣味性及其解法巧妙，如著名的"鸡兔同笼"问题："今有鸡兔同笼，上有三十五头，下有九十四足，问鸡兔各几何？"书中给出的算法过程是：

$$\binom{\text{头 } 35}{\text{足 } 94} \xrightarrow{\text{半其足}} \binom{\text{头 } 35}{\text{半足 } 47} \xrightarrow{\text{以下减上}} \binom{35}{12} \xrightarrow{\text{以上减下}} \binom{23}{12}\binom{\text{鸡数}}{\text{兔数}}$$

这种解法颇为奇妙，算法程序简单，很有特色.

1. "物不知其数"问题

《孙子算经》中另一个重要问题是举世闻名的"孙子定理"，该定理载于《孙子算经》卷下第 26 题，全文是："今有物不知其数，三三数之剩二，五五数之剩三，七七数之剩二，问物几何？"术曰：三三数之剩二，置一百四十，五五数之剩三，置六十三，七七数之剩二，置三十，并之，得二百三十三，以二百一十减之，即得. 凡三三数之剩一，则置七十，五五数之剩一，则置二十一，七七数之剩一，则置十五，即得.

用现代设未知数列方程的办法求解，那么上述相当于求不定方程

$$N = 3x+2, \ N = 5y+3, \ N = 7z+2$$

的整数解，在数记中，相当于求解一次同余式组

$$N \equiv 2(\bmod 3) \equiv 3(\bmod 5) \equiv 2(\bmod 7)$$

求最小数 N.

《孙子算经》不仅给出了这道题的答数 23，而且还给出了对该题的一个巧妙的解法，即解法用算式表示是

$$N = 70×2+21×3+15×2-2×105$$

《孙子算经》是 4—5 世纪的作品，这个解法，后来的数学家还编成了歌诀，例如宋代的一本笔记中：三岁孩儿七十稀，五留业一事尤奇，七度上元重相会，寒食清明便可知.[①] 16 世纪，程大位所著《算法统宗》把这个解法以另一歌诀形式表述出来，即：三人同行七十稀，五树梅花 二十一支，七子团圆正半月，除百零五便得知.

用现代数学语言叙述就是：一个数用 3 除，除得的余数乘以 70；用 5 除，除得的余数乘以 21；用 7 除，除得的余数乘以 15，最后把这些乘积加起来再减去 105 的倍数就知道这个数是多少.

《孙子算经》的答案为 23，其实应当有无数个答案，例如 128，151，…，不过 23 是最小的. 它们是怎样求出来的？《孙子算经》中对这个问题的算法是

$$70×2+21×3+15×2=233$$

相当于

$$X \equiv 70×2+21×3+15×2=233 \equiv 23(\mathrm{mod}105)$$
$$233-105-105=23$$

所以这类数最小是 23 个.

2. 算法分析

下面简单分析上述算法：因为设该数为 N（满足条件的最小正整数）.

N 被 5、7 整除，而被 3 除余 1 的最小正整数是 70；

N 被 3、7 整除，而被 5 除余 1 的最小正整数是 21；

N 被 3、5 整除，而被 7 除余 1 的最小正整数是 15.

所以，这三个数的和为 $15×2+21×3+70×2$，必然具有被 3 除余 2，被 5 除余 3，被 7 除余 2 的性质.

因为：被 3、5 整除，而被 7 除余 1 的最小正整数是 15；

被 3、7 整除，而被 5 除余 1 的最小正整数是 21；

被 5、7 整除，而被 3 除余 1 的最小正整数是 70.

所以，被 3、5 整除，而被 7 除余 2 的最小正整数是 $15×2=30$；

被 3、7 整除，而被 5 除余 3 的最小正整数是 $21×3=63$；

被 5、7 整除，而被 3 除余 2 的最小正整数是 $70×2=140$.

于是和数为 $15×2+21×3+70×2$，必具有被 3 除余 2，被 5 除余 3，被 7 除余 2 的性质. 但所得结果 233（$30+63+140=233$）不一定是满足上述性质的最小正整数，故从它中减去 3、5、7 的最小公倍数 105 的若干倍，直到差小于 105 为止，即 $233-105-105=23$，所以 23 就是被 3 除余 2，被 5 除余 3，被 7 除余 2 的最小正整数.

程大位给出的上述四句歌诀，实际上是特殊情况下给出了一次同余式组解的定理. 在

---

① 注：上元，指农历正月十五，就是元宵节，古称上元节，暗指 15，历书上有"冬至百六是清明"清明节前一日称为寒食节，"寒食节"暗指 105，这四句诗就是上述的解题方法.

1247 年，秦九韶《数书九章》卷一"大衍总数术"，明确、系统地叙述了求解一次同余方程组的一般方法.

《孙子算经》给出了这类问题的一般解法，非常简捷方便，具有非凡的数学思想，并对数论、代数产生了重要影响，中国称该算法为"孙子定理"，国际上称该算法为"中国剩余定理"（Chinese Remaider Theorem），这是中国数学对世界数学最重要的贡献之一.

中国古代数学有一个传统，因为数学问题均以实用为前提，所以总是以具体的数量关系表示一般的规律. 比如勾股定理就是，这里的孙子定理也是. 下面是孙子定理的一般形式.

3. 中国剩余定理

在西方，直到 18 世纪瑞士的数学家欧拉和法国数学家拉格朗日才对同余式进行了系统的研究，德国数学家高斯在 1801 年出版的《算术探究》中才明确地写出了一次同余式组的求解定理. 当《孙子算经》中的"物不知其数"问题解法于 1852 年经英国传教士伟烈亚力（Wylie Alexander，1815—1887）指出孙子的解法符合高斯的求解定理，从而在西方数学著作中就将一次同余式组的求解定理称誉为"中国剩余定理".

中国剩余定理：设 $n \geqslant 2$，m_1，m_2，$\cdots$，m_n 是两两互素的正整数，令

$$m_1 m_2 \cdots m_n = M = M_1 m_1 = M_2 m_2 = \cdots = M_n m_n$$

则同余组

$$x \equiv c_1 (\bmod \ m_1)$$
$$x \equiv c_2 (\bmod \ m_2)$$
$$\cdots\cdots$$
$$x \equiv c_n (\bmod \ m_n)$$

有唯一正整数解，且其解为

$$x \equiv M_1 \alpha_1 c_1 + M_2 \alpha_2 c_2 + \cdots + M_n \alpha_n c_n (\bmod \ M)$$

其中

$$M_k \alpha_k \equiv 1 (\bmod \ m_k) \qquad k = 1, 2, \cdots, n$$

"中国剩余定理"除了本身的重要性之外，还有许多重要的应用，相传汉高祖刘邦问大将军韩信统御兵士多少，韩信答，每列 11 人多 2 人，每列 13 人少 1 人，每列 14 人多 3 人……刘邦茫然而不知其数，这是著名的"韩信点兵"的故事，读者可以帮帮刘邦，看看韩信至少带有多少兵.

8.3.2 不定方程与"百鸡问题"

与《孙子算经》同时代的另一部重要数学著作当属《张丘建算经》. 其中卷下第 38 题给出了世界著名的"百鸡问题". 实际上是一个多元一次不定方程求整数解问题. 这个问题开创了中国古代不定方程研究之先河，其影响一直持续到 19 世纪.

1. 不定方程

不定方程是指方程的个数少于未知数的个数，并且其系数与解都是整数的方程式方程组. 2 世纪中叶，希腊数学家丢番图对不定方程作过非常广泛的研究，对后世有很大影

响，因此，后人对不定方程又称丢番图方程. 我国古代对不定方程也很有研究. 如商高方程 $x^2+y^2=z^2$（在几何里叫商高方程）的一组特解：$x=3$，$y=4$，$z=5$，即勾股数 3. 张丘建（南北朝人，公元 5 世纪）也对不定方程进行了系统的研究，张丘建所著《张丘建算经》，成书于 466—484 年之间，现传本有 92 个问题，大部分是社会上的实际问题，包括不定方程等问题的解法，世界著名的"百鸡问题"就在其中.

所谓多元一次不定方程指的是整系数方程

$$a_1x_1+a_2x_2+\cdots+a_nx_n=b \tag{8-4}$$

其中，a_1，a_2，$\cdots$，a_n，b 都是整数，$n\geq2$，不失一般性，不妨设 a_i 不全为 0，可以证明：方程(8-4)有解的充要条件是 $(a_1，a_2，\cdots，a_n)\mid b$.

假若式(8-4)有解，则按下列方法求其解：

先顺次求出 $(d_1，a_2)=d_2$，$(d_2，a_3)=d_3$，$\cdots$，$(d_{n-1}，a_n)=d_n$，则 $d_n=(a_1，a_2，\cdots，a_n)=d$，作方程

$$\begin{cases} a_1x_1+a_2x_2=d_2t_2 \\ d_2t_2+a_3x_3=d_3t_3 \\ \cdots\cdots \\ d_{n-2}t_{n-2}+a_{n-1}x_{n-1}=d_{n-1}t_{n-1} \\ d_{n-1}t_{n-1}+a_nx_n=b \end{cases} \tag{8-5}$$

首先按下述方法求其解，求出最后一个方程的解

$$\begin{cases} t_{n-1}=x_0+\dfrac{a_n}{d}t \\ x_n=y_0-\dfrac{d_{n-1}}{d}t \end{cases} \tag{8-6}$$

其中，x_0，y_0 为式(8-5)的最后一个方程的特解，t 为任意整数，即式(8-6)为式(8-5)最后一个方程的全部解，然后把 t_{n-1} 的每个值代入式(8-6)倒数第二个方程再求出它的一切整数解，依次类推，可以求出式(8-4)的全部解.

2. 百鸡问题

"百鸡问题"是《张丘建算经》卷下最后一题，全文是："鸡翁一，值钱五，鸡母一，值钱三，鸡雏三，值钱一，百钱买百鸡，问鸡翁、鸡母、鸡雏各几何？"

这是一个不定方程，如果用 x，y，z 分别代表鸡翁、鸡母、鸡雏的数目，就可以得到下面方程组

$$\begin{cases} 5x+3y+\dfrac{1}{3}z=100 \\ x+y+z=100 \end{cases} \tag{8-7}$$

张丘建给出

$$\begin{cases} x_1=4 \quad y_1=18 \quad z_1=78 \\ x_2=8 \quad y_2=11 \quad z_1=81 \\ x_3=12 \quad y_3=4 \quad z_3=84 \end{cases} \tag{8-8}$$

若用上面的解法，消去 z 得　　　$7x+4y=100$ 　　　　　　　　　　　(8-9)

式(8-9)为一个二元一次不定方程，由于 $(7,4)=1$，故方程有解，因 $7\times(-1)+4\times2=1$，两边同乘以 100 得

$$7\times(-100)+4\times200=100$$

故 $x_0=-100$，$y_0=200$，由式(8-6)和式(8-9)得式(8-7)的全部解为

$$x=x_0-bt=-100-4t$$
$$y=y+at=200+7t, \quad t \in z$$

在原问题中 $x>0$，$y>0 \rightarrow -\dfrac{200}{7} \leqslant t \leqslant -25$，故 $t=-28$，-27，-26，-25，又雏鸡数 $z=100-x-y=-3t$，这样可得

$$\begin{cases} x=12 \\ y=4 \\ z=84 \end{cases} \quad \begin{cases} x=8 \\ y=11 \\ z=81 \end{cases} \quad \begin{cases} x=4 \\ y=18 \\ z=78 \end{cases}$$

这正是张丘建的答案，因此，张丘建是数学史上第一个给出一题多解的人.

如"百牛问题"，据传，清嘉庆皇帝仿百鸡问题编了一道百牛问题：有银百两，买牛百头，大牛每头十两，小牛每头五两，牛犊每头半两，问买的一百头牛中大牛、小牛、牛犊各几头？嘉庆本人和大臣均未解出，却被他的儿子凑了出来. 读者可以帮助算一算.

事实上，设大牛、小牛、牛犊各买 x，y，z 头，则得方程组

$$\begin{cases} x+y+z=100 \\ 10x+5y+\dfrac{1}{2}z=100 \end{cases} \longrightarrow \begin{cases} x+y+z=100 \\ 20x+10y+z=200 \end{cases} \longrightarrow$$

$$x=1-9u$$

$19x+9y=100$ 解之　$y=9+19u \longrightarrow z=90-10u$

如题意 $x>0$，$y>0$，$z>0$ 得 $x=1$，$y=9$，$z=90$ 为所求.

📄 **附:**

再论中国古代数学文化

中国的数学专著《九章算术》，是世界上杰出的古典数学著作之一，这部书被奉为算经之首，与儒家之《六经》，医家之《难素》，兵家之《孙子》相提并论。这部书作为我国古代学子的教科书，用了1000多年。这部书总结了中国古典数学的杰出成就，例如书中就已引入了负数概念。这比印度在7世纪左右出现的负数概念早600多年。欧洲人则在10世纪时才对负数有明确的认识，比中国要迟1000多年。

书中还最早系统地论述了分数的运算。像这样系统地论述分数的运算方法，在印度要迟到7世纪左右，而在欧洲则更迟了。

世界上最早提出的联立一次方程组的解法，也是在《九章算术》中出现的。同时还提出了二元、三元、四元、五元的联立一次方程组的解法，这种解法和现在通用的消元法基本一致。在印度，多元一次方程组的解法最早出现在7世纪初印度古代数学家婆罗摩笈多约628年的著作中。至于欧洲使用这种方法，则要比中国迟1000多年。

书中最早提出了"最小公倍数"的概念。由于分数加、减运算上的需要，《九章算术》中就提出了求分母的最小公倍数的问题。在西方，到13世纪时意大利数学家斐波那契才第一个论述了这一概念，比中国至少要迟1200多年。

也是在《九章算术》这部名著中，提出了解6个未知数、5个方程的不定方程的方法，要比西方提出解不定方程的丢番图大概早300多年。

一、中国传统数学文化的特点

中国古代数学本身存在固有的缺陷。数学是思维方式的一面镜子。中国传统数学以实用、经验为基本前提，是讲究实用价值的思维方式的产物，因而重于计算，轻于逻辑。古埃及、古巴比伦的几何学和古代中国的情形一样，以实用为主，但是，这些数学成就转移到古希腊以后，便从实用进入演绎推理的研究轨道，古希腊的数学家泰利斯、毕达哥拉斯、柏拉图、亚里士多德、欧几里得，无一不是哲学家或教师，他们把数学发展成纯理论性的独立科学。但中国的情形迥然相异，古代的数学家是掌天文的畴人和计吏。由于未经哲学逻辑思辨的洗礼，古代数学只是天文、农业、赋税、商业的附庸，没有形成一个严密的演绎体系。此外，数学进一步发展，要求以抽象的符号形式来表示数学中各种量的关系、量的变化以及在量之间进行推导和运算。但是，传统的筹算和珠算制度只能借助文字来叙述其各种运算，妨碍了数学语言的抽象化，四元术之所以成为我国古代方程式发展的极限，关键原因也正在于筹算法所能提供的天地过于狭小。日本学者上野清认为，"西洋算学与时俱进，中国从来不再进一步，其原因，即在斯也"。14世纪以后，中国数学停滞不前，除社会原因外，与中国数学自身的短缺也直接相关。

二、振兴中国数学之希望

中华民族是一个具有灿烂文化和悠久历史的民族，在灿烂的中华文化瑰宝中数学在世界上也同样具有许多耀眼的光环. 中国古代算术的许多研究成果里早已孕育了后来西方数学才涉及的思想方法，近代也有不少世界领先的数学研究成果是以华人数学家命名的.

1. 李氏恒等式

数学家李善兰在级数求和方面的研究成果，在国际上被命名为"李氏恒等式".

李善兰，中国清代数学家、天文学家、翻译家和教育家，近代科学的先驱者. 原名心兰，字竟芳，号秋纫，别号壬叔，浙江海宁县(现为海宁市)硖石镇人，生于嘉庆十六年(1811年)，卒于光绪八年(1882年).

李善兰

2. 华氏定理

数学家华罗庚关于完整三角和的研究成果被国际数学界称为"华氏定理"；另外他与数学家王元提出多重积分近似计算的方法被国际上誉为"华-王方法".

华罗庚，中国现代数学家. 1910 年 11 月 12 日生于江苏省金坛县(现为金坛市). 历任清华大学教授，中国科学院数学研究所、应用数学研究所所长、名誉所长，中国数学学会理事长、名誉理事长，全国数学竞赛委员会主任，中国科学院学部委员，美国国家科学院国外院士，第三世界科学院院士，联邦德国巴伐利亚科学院院士，中国科学院物理学数学化学部副主任、副院长、主席团成员，中国科学技术大学数学系主任、副校长，中国科协副主席，国务院学位委员会委员等职. 曾任第一届至第六届全国人大常务委员，第六届全国政协副主席.

华罗庚

3. 苏氏锥面

数学家苏步青在仿射微分几何学方面的研究成果在国际上被命名为"苏氏锥面".

苏步青(1902—2003)，教育家，数学家，浙江平阳人. 1931 年获日本东北帝国大学研究院理学博士学位. 回国后，任浙江大学教授、数学系主任. 中华人民共和国成立后，历任浙江大学教务长，复旦大学教授、校长、名誉校长，中国数学会副理事长，国务院学位委员会委员，民盟中央副主席，上海市第五届政协副主席，上海市第七届人大常委会副主任，第六届全国人大教育科学文化卫生委员会副主任委员，中国科学院物理学数学部委员，第七届全国政协副主席，民盟中央参议委员会主任. 1959 年加入中国共产党，是第二、第三、第七届全国人大代表，第五、第六届全国人大常委会委员，第一届全国政协委员. 创立了具有特色的微分几何学派，开拓了仿射微分几何、射影微分几何、空间微分几何等领域，开创了计算几何的研究方向等.

苏步青

4. 熊氏无穷级

熊庆来

数学家熊庆来关于整函数与无穷级的亚纯函数的研究成果被国际数学界誉为"熊氏无穷级".

熊庆来是我国著名数学家、教育家、现代数学的耕耘者,为我国数学教学和研究作了许多开创性的工作,不愧为数学界的一代宗师.

熊庆来,字迪之,1893年出生于云南省弥勒县(现为弥勒市)息宰村.1913年赴法国,在格诺大学、巴黎大学等大学攻读数学,获理科硕士学位.他用法文撰写发表了《无穷级之函数问题》等多篇论文,以其独特、精辟、严谨的论证获得法国数学界的交口赞誉.

1921年熊庆来学成归国,先后在云南甲种工业学校、东南大学(今南京大学)、南京高等师范大学、西北大学、清华大学担任教授和系主任.他创办了中国近代史上第一个近代数学研究机构——清华大学算学研究部和东南大学、清华大学等3所大学的数学系,以及中国数学报.培养了华罗庚、陈省身、吴大任、庄圻泰等一批享誉国内外的知名数学家.著名物理学家钱三强、赵九章、钱伟长、彭桓武等也是熊庆来到清华大学后培养出来的学生.这期间他潜心于学术研究与著述,编写的《高等数学分析》等10多种大学教材是当时第一次用中文写成的数学教科书.

5. 陈氏示性类

陈省身

数学家陈省身关于示性类的研究成果被国际上称为"陈氏示性类".

陈省身,1911年生于中国浙江嘉兴,1926年入天津南开大学数学系,先后受教于姜立夫与孙光远,由他们引导至微分几何这一领域.1934年赴汉堡就学于当时德国几何学权威W. J. E. 布拉施克,1936年完成博士论文后,赴法国跟从当代微分几何学家E. 嘉当继续深造.

1937年回国,正值抗日战争,陈省身任教长沙临时大学和西南联合大学,在此期间,他把积分几何理论推广到示性空间.1943—1945年在普林斯顿高等研究所工作,先后完成了两项划时代的重要工作,其一为黎曼流形的高斯-博内一般公式,另一为埃尔米特流形的示性类论.在这两篇论文中,他首创应用纤维丛概念于微分几何的研究,引进了后来通称的陈氏示性类,为大范围微分几何提供了不可缺少的工具,成为整个现代数学中的重要构成部分.陈省身的其他数学工作范围极为广泛,影响亦深.

陈省身于1946年第二次世界大战结束后重返中国,在上海建立了中央研究院数学研究所(后迁南京),此后两三年中,他培养了一批青年拓扑学家.1949年他再去美国,先后在芝加哥大学与伯克利加州大学任终身教授.1981年在伯克利以纯粹数学为主的数学科学研究所任第一任所长.1985年创办南开数学研究所,并任所长.

陈省身由于对数学的重要贡献而享有多种荣誉,其中1984年获沃尔夫奖(Wolf Prize).经他教过的学生,有吴文俊、杨振宁、廖山涛、丘成桐、郑绍远等著名学者.

6. 丘成桐

丘成桐是新一代华人数学家代表.

2004 年 12 月 17 日, 第三届华人数学家大会在中国香港召开, 这次盛会的主席就是时年 55 岁的美籍华人数学家丘成桐. 一代几何宗师陈省身先生去世之后, 丘成桐作为新一代华人数学家的杰出代表, 在这次大会期间备受瞩目. 至今在华人中, 只有两位数学家分别获得过数学界的最高荣誉——数学沃尔夫奖和菲尔兹奖, 他们就是陈省身和丘成桐, 而他们二人还曾经拥有一段长达 35 年的师生缘.

丘成桐

1969 年, 20 岁的丘成桐是香港中文大学数学系三年级的学生, 当时他是全英联邦大学数学竞赛的第一名, 并且提前修完了数学系所有的必修课程. 由于在数学领域突出的才华, 丘成桐被美国加州大学伯克利分校破格录取为研究生. 就在丘成桐要离开中国香港到美国去的时候, 伯克利分校一位著名的几何学大师却来到了中国香港, 他就是陈省身教授. 后来, 丘成桐就成了陈省身所教过的最年轻的博士.

7. 周氏坐标

数学家周炜良在代数几何学方面的研究成果被国际数学界称为"周氏坐标"; 另外还有以他命名的"周氏定理"和"周氏环".

周炜良, 1911 年 10 月 1 日生于上海, 代数几何学家.

周炜良把毕生精力奉献给代数几何的研究, 成为 20 世纪代数几何学领域的主要人物之一, 以周炜良名字命名的数学名词, 仅在日本《岩波数学词典》里就收有 7 个. 1937 年, 周炜良最初的两篇论文发表在德国《数学年刊》上. 这两篇文章继承了凯莱和普吕克的工作, 并将其推广到 n 维射影空间 P_n 上的代数族. 其中指出, 任何 n 维射影空间 P_n 中的不可约射影族 X 可以唯一地由一个配型 (Associated Form) Fx 所决定, 配型的坐标即著名的周炜良坐标. 该坐标是普吕克坐标的推广, 现已成为代数几何学研究的一项基本工具.

周炜良使用纯代数的方法证明了下列猜想: "任何代数曲线, 在一个代数系统中的亏数, 不会大于该系统中一般曲线的亏数."其主要工具之一仍然是范德瓦尔登-周炜良形式. 另外还有: 关于解析族的周炜良定理; 周炜良和小平邦彦合作为周-小平 (Chow-Kodaira) 定理; 周炜良族和周炜良环; 关于阿贝尔族的周炜良定理.

8. 吴氏方法

数学家吴文俊关于几何定理机器证明的方法被国际上誉为"吴氏方法"; 另外还有以他命名的"吴氏公式".

吴文俊, 1919 年 5 月 12 日生于上海. 1940 年毕业于交通大学, 1949 年在法国斯特拉斯堡大学获博士学位. 1951 年回国, 1957 年任中国科学院学部委员, 1984 年当选为中国数学会理事长. 吴文俊在数学上作出了许多重大的贡献. 拓扑学方面, 在示性类、示嵌类等领域获得一系列成果, 还求证了许多著名

吴文俊

的公式，指出了这些理论和方法的广泛应用．他还在拓扑不变量、代数流形等问题上有创造性工作．1956 年，吴文俊因在拓扑学中的示性类和示嵌类方面的卓越成就获中国科学院科学奖．

在机器证明方面，他从初等几何着手，在计算机上证明了一类高难度的定理，同时也发现了一些新定理，进一步探讨了微分几何的定理证明，提出了利用机器证明与发现几何定理的新方法．这项工作为数学研究开辟了一个新的领域，将对数学的革命产生深远的影响．1978 年，他获全国科学大会重大科技成果奖．

9. 王氏悖论

王浩

数学家王浩关于数理逻辑的一个命题被国际上定为"王氏悖论"．

王浩(1921—1995)是美籍华裔数理逻辑学家、计算机科学家和数学家，出生于山东省济南市，1945 年以《论经验知识的基础》的论文获硕士学位．

1953 年起，王浩开始计算机理论与机器证明的研究．他曾兼任巴勒斯公司的研究工程师(1953—1954)、贝尔电话实验室技术专家(1959—1960)、IBM 研究中心客座科学家(1973—1974)等一系列职务．1972 年以后，王浩数次回国．1973 年他写了《访问中国的沉思》，被报纸与杂志广泛刊载．1985 年兼任北京大学教授；1986 年兼任清华大学教授．王浩是美国艺术与科学学院院士，英国科学院外籍院士和符号逻辑学协会会员．1983 年在美国丹佛召开的，由人工智能国际联合会议(International Joint Conference on Artificial Intelligence)和美国数学会共同主办的，自动定理证明(Automatic Theorem Proving)特别年会上，王浩被授予首届"里程碑奖"(Milestone Prize)，以表彰他在数学定理机械证明研究领域中所作的开创性贡献．

10. 柯氏定理

柯召

数学家柯召关于卡特兰问题的研究成果被国际数学界称为"柯氏定理"；另外他与数学家孙琦在数论方面的研究成果被国际上称为"柯-孙猜测"．

柯召(1910—2002)，数学家，浙江温岭人．1933 年毕业于清华大学．1937 年获英国曼彻斯特大学博士学位．四川大学教授、校长、名誉校长．主要从事代数学、数论、组合数学等方面的教学与研究工作并取得突出成就．在数论方面，在表二次型为线性型平方和的研究上取得一系列重要成果．在不定方程方面，解决了 100 多年来未能解决的卡塔兰猜想的二次情形，并获得一系列重要结果．在组合论方面，与其他学者合作得出了关于有限集组相交的一个著名定理即"爱尔特希-柯-拉多定理"，开辟了极值集论迅速发展的道路．在发展中国教育事业、培养大批科学人才方面做了大量卓有成效的工作．

11. 陈氏定理

数学家陈景润在哥德巴赫猜想研究中提出的命题被国际数学界誉为"陈氏定理"．

陈景润(1933—1996)，中国数学家、中国科学院院士. 福建闽侯人. 陈景润出生在一个小职员的家庭，上有哥姐、下有弟妹，排行第三. 因为家里孩子多，父亲收入微薄，家庭生活非常拮据. 因此，陈景润一出生便似乎成为父母的累赘，一个自认为是不受欢迎的人. 上学后，由于瘦小体弱，常受人欺负. 这种特殊的生活境况，把他塑造成了一个极为内向、不善言谈的人，加上对数学的痴迷，更使他养成了独来独往、独自闭门思考的习惯，因此竟被别人认为是一个"怪人".

陈景润(中)

陈景润大学毕业后选择研究数学这条异常艰辛的人生道路，与沈元教授有关. 在沈元教授那里，陈景润第一次知道了哥德巴赫猜想，也就是从那时起，陈景润就立志去摘取那颗数学皇冠上的明珠.

1966 年 5 月，一颗耀眼的新星闪烁于全球数学界的上空——陈景润宣布证明了哥德巴赫猜想中的"1+2"；1972 年 2 月，他完成了对"1+2"证明的修改. 令人难以置信的是，外国数学家在证明"1+3"时用了大型高速计算机，而陈景润却完全靠纸、笔和头脑. 他单为简化"1+2"这一证明就用去了 6 麻袋稿纸，足以说明问题了. 1973 年，他发表的著名的"陈氏定理"，被誉为"筛法"的光辉顶点. 对于陈景润的成就，一位著名的外国数学家曾敬佩和感慨地赞誉：他移动了群山！

12. 杨-张定理

数学家杨乐和张广厚在函数论方面的研究成果被国际上称为"杨-张定理".

杨乐，数学家，江苏南通人，1962 年毕业于北京大学，中国科学院数学与系统科学研究院院长、数学研究所研究员，主要从事复分析研究. 他对整函数与亚纯函数亏值与波莱尔方向间的联系作了深入研究，与张广厚合作最先发现并建立了这两个基本概念之间的具体的联系. 他与英国学者合作解决了著名数学家立特沃德的一个猜想. 他对整函数及其导数的总亏量与亏值数目作出了精确估计，1980 年当选为中国科学院院士(学部委员).

张广厚(1937—1987)，河北唐山市东矿区林西人，祖籍山东，是我国著名数学家.

1962 年，在北京大学教授庄圻泰的悉心指导下，张广厚考入中国科学院数学研究所，师从著名的数学前辈熊庆来教授做研究生，从此，在数学科学的道路上，他又迈上了一个新台阶.

20 世纪 70 年代初，张广厚与杨乐合作，首次发现函数值分布论中的两个主要概念"亏值"和"奇异方向"之间的具体联系，被数学界定名为"张-杨定理".

13. 陆氏猜想

数学家陆启铿关于常曲率流形的研究成果被国际上称为"陆氏猜想".

1927 年，陆启铿出生在一户贫苦人家里. 盼望着人丁兴旺的父母，从那位慈祥的接生婆手中接过"哇哇"叫的小孩时，都满意地笑了，夸小伢将来一定很有出息. 全家人都把希望寄托在这个新生命上，可是不久，一场大病差点夺去了这条生命，

陆启铿

谁也不知道是什么病，远近的医生都看遍了，好不容易保住了性命，但他的下肢却永久地瘫痪了。陆启铿既是一个残疾人又是一位一流的数学家，他说："只要大脑还能思维，我就一刻不离开我的科学研究."

14. 夏氏不等式

数学家夏道行在泛函积分和不变测度论方面的研究成果被国际数学界称为"夏氏不等式".

夏道行，数学家，江苏泰州人. 1950 年毕业于山东大学数学系，1952 年浙江大学数学系研究生毕业，原复旦大学教授. 在函数论方面证实了戈鲁辛的两个猜测，建立了"拟共形映照的参数表示法"，得到一些有用的不等式和被称为"夏道行函数"的一些性质. 在单叶函数论的面积原理与偏差定理等方面曾作出系统的有较深影响的成果. 在泛函分析方面建立了带对合的赋半范环论和局部有界拓扑代数理论，首先建立非正常算子的奇异积分算子模型，对条件正定广义函数和在无限维系统的实现理论研究中取得重要成果. 在现代数学物理方面，对带不定尺度的散射问题等获创见性成果.

夏道行

15. 姜氏空间

数学家姜伯驹关于尼尔森数计算的研究成果被国际上命名为"姜氏空间"；另外还有以他命名的"姜氏子群".

姜伯驹，1937 年生，浙江龙港人. 1957 年毕业于北京大学数学力学系. 曾任美国普林斯顿高等研究所研究员、巴黎高等科学研究所研究员、联邦德国海德堡大学客座教授，1985 年当选第三世界科学院院士. 现任北京大学数学系教授、博士生导师.

姜伯驹

16. 侯氏定理

数学家侯振挺关于马尔可夫过程的研究成果被国际上命名为"侯氏定理".

17. 周氏猜测

数学家周海中关于梅森素数分布的研究成果被国际上命名为"周氏猜测".

18. 王氏定理

数学家王戍堂关于点集拓扑学的研究成果被国际数学界誉为"王氏定理".

19. 袁氏引理

数学家袁亚湘在非线性优化方面的研究成果被国际上命名为"袁氏引理".

20. 景氏算子

数学家景乃桓在对称函数方面的研究成果被国际上命名为"景氏算子".

21. 陈氏文法

数学家陈永川在组合数学方面的研究成果被国际上命名为"陈氏文法".

复习与思考题

1. 试简述《九章算术》的历史地位.
2. 试简述贾宪三角的美学意义.
3. 试举出一个应用"中国剩余定理"的例子.
4. 试列出 5 位中国古代数学家的姓名及其主要贡献.
5. 试列出 5 位中国现代数学家的姓名及其主要贡献.

第 9 章 "走"出来的数学文化

9.1 七桥问题与拓扑学

9.1.1 七桥问题——拓扑学的起源

濒临蓝色的波罗的海,有一座古老而美丽的城市,叫作哥尼斯堡城. 哥尼斯堡城是著名哲学家康德(Immanuel Kant,1724—1804)的出生地,一座历史古城,城中有一条河,叫布勒格尔河,布勒格尔河的两条支流在这里汇合,然后横贯全城,流入大海. 河心有一个小岛. 河水把城市分成了 4 块,于是,人们建造了 7 座各具特色的桥,把哥尼斯堡城连成一体,如图 9-1 所示.

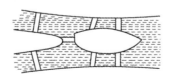

图 9-1

早在 18 世纪,这里迷人的风光、形态各异的小桥吸引了众多的游客,游人在陶醉于美丽风光的同时,不知不觉间,脚下的桥梁触发了人们的灵感,一个有趣的问题在居民中传开了.

谁能够一次走遍这里的 7 座桥,而且每座桥都只通过一次?这个问题似乎不难,谁都乐意用这个问题来测试一下自己的智力. 可是,谁也没有找到一条这样的路线. 连以博学著称的大学教授们,也感到一筹莫展. 这个问题极大地刺激了具有强烈研究兴趣的德意志人的好奇心,许多人热衷于解决这个问题,然而始终未能成功. "七桥问题"难住了哥尼斯堡的所有居民. 哥尼斯堡也因"七桥问题"而出了名. 这就是数学史上著名的七桥问题.

后来,有人写信给当时的著名数学家欧拉. 欧拉猜想:千百人失败,也许那样的走法根本就不可能. 1737 年,欧拉证明了自己的猜想,当时他年仅 30 岁.

如图 9-2 所示,欧拉从 B 区出发,经过 e 号桥到达 C 区,又从 d 号桥回到 B 区,过 b 号桥进入 A 区,再经 c 号桥到达 D 区,然后过 f 号桥回到 B 区. 现在,只剩下 g 号和 a 号两座桥没有通过了. 显然, 从 B 区要过 g 号桥, 只有先过 e 号、d 号或 f 号桥, 但这三座桥都已走过了. 这种走法宣告失败. 欧拉又换了一种走法:

$$岛 \rightarrow 东 \rightarrow 北 \rightarrow 岛 \rightarrow 南 \rightarrow 岛 \rightarrow 北$$
$$B \rightarrow g \rightarrow f \rightarrow B \rightarrow b \rightarrow A \rightarrow a \rightarrow d \rightarrow B \rightarrow e$$

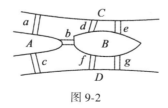

图 9-2

这种走法还是不行, 因为 c 号桥还没有走.

欧拉连试了好几种走法都不行, 这问题可真不简单! 他算了一下, 走法很多, 共有

$$7 \times 6 \times 5 \times 4 \times 3 \times 2 \times 1 = 5040(种)$$

如果沿着所有可能的路线都走一次, 一共要走 5040 次.

好家伙, 这样一种方法、一种方法地试下去, 要试到哪一天? 就算是一天走一次, 也需要 13 年多的时间才能得出答案. 他想: 不能这样呆笨地试下去, 得想别的方法.

聪明的欧拉终于想出一个巧妙的办法. 他用 B 代表岛区, A、C、D 分别代表三个区, 并用曲线弧或直线段表示七座桥, 如图 9-3 所示, 这样一来, 七座桥的问题, 就转变为数学分支"图论"中的一个"一笔画"问题, 即能不能一笔不重复地画出上面的这个图形.

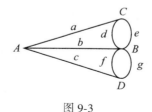

图 9-3

欧拉集中精力研究了这个图形, 发现中间每经过一点, 总有画到那一点的一条线和从那一点画出来的一条线. 这就是说, 除起点和终点以外, 经过中间各点的线必然是偶数. 如图 9-3 所示, 因为是一个封闭的曲线, 所以经过所有点的线都必须是偶数才行. 而图 9-3 中, 经过 B 点的线有五条, 经过 A、C、D 三点的线都是三条, 没有一个是偶数, 从而说明, 无论从哪一点出发, 最后总有一条线没有画到, 也就是有一座桥没有走到. 欧拉终于证明了, 要想一次不重复地走完七座桥, 那是不可能的.

天才的欧拉只用了一步证明, 就概括了 5040 种不同的走法, 从这里我们可以看到, 数学的威力多么强大呀!

9.1.2 欧拉解决七桥问题的思考方法

剖析一下欧拉的解法是饶有趣味的.

171

首先，欧拉把七桥问题抽象成一个合适的"数学模型"．他想：两岸的陆地与河中的小岛，都是桥梁的连接点，陆地的大小、形状均与问题本身无关．因此，不妨把陆地看作4个点．

7座桥是7条必须经过的路线，路线的长短、曲直，也与问题本身无关．因此，不妨任意画7条线来表示7座桥．

就这样，欧拉将七桥问题抽象成了一个"一笔画"问题．怎样不重复地通过7座桥，变成了怎样不重复地画出一个几何图形的问题．

原先，人们是要求找出一条不重复的路线，欧拉想，成千上万的人都失败了，这样的路线也许是根本不存在的．如果根本不存在，硬要去寻找它岂不是白费力气！于是，欧拉接下来着手判断：这种不重复的路线究竟存在不存在？由于这么改变了一下提问的角度，欧拉抓住了问题的实质．

最后，欧拉认真考察了一笔画图形的结构特征．

欧拉发现，凡是能用一笔画成的图形，都有这样一个特点：每当用笔画一条线进入中间的一个点时，还必须画一条线离开这个点．否则，整个图形就不可能用一笔画出．也就是说，单独考察图中的任何一个点(除起点和终点外)，这个点都应该与偶数条线相连；如果起点与终点重合，那么，连这个点也应该与偶数条线相连．

在七桥问题的几何图中，A、C、D 三点分别与3条线相连，B 点与5条线相连．连线都是奇数条．因此，欧拉断定：一笔画出这个图形是不可能的．也就是说，不重复地通过7座桥的路线是根本不存在的！

在分析上面的例子时，利用的是数学中常见的思考方法——转化，即如何把一个实际问题转化为判断是否一笔画问题，用一笔画原理可以解决许多有趣的实际问题．

如：图9-4为某展览馆的平面图，那么一个参观者能否不重复地穿过每一扇门？

我们先将展览馆的物理背景图变换并简化为一种数学图形，将每个展室看成一个点，室外看成点 e，每扇门看成一条线，两个展室间有门相通表示两个点间有线相连，便得到图9-5，由此将能否不重复地穿过每扇门这样一个实际问题转化为一笔画问题了．由图9-5可知，其中只有 a、d 两个奇点．根据一笔画原理，参观者只要从 a 或 d 展室开始走便可以不重复地穿过每一扇门．

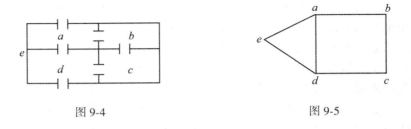

图9-4　　　　　　　　　　　　　　　　图9-5

相传欧拉在解决了七桥问题之后，曾仿照七桥问题编了一个"十五桥问题"．有兴趣的读者不妨做一做．

七桥问题是一个几何问题，然而，这却是一个以前的欧几里得几何学里没有研究过的几何问题．在以前的欧几里得几何学里，不论怎样移动图形，图形的大小和形状都是不变的；而欧拉在解决七桥问题时，把陆地变成了点，桥梁变成了线，而且线段的长短、曲直，交点的准确方位、面积、体积等概念，都变得没有意义了. 不妨把七桥画成别的什么类似的形状，照样可以得出与欧拉一样的结论.

很清楚，图 9-5 中什么都可以变，唯独点线之间的相关位置或相互连接的情况不能变. 欧拉认为对这类问题的研究，属于一门新的几何学分支，他称之为"位置几何学". 但人们把该学科通俗地叫作"橡皮几何学". 后来，这门数学分支被正式命名为"拓扑学"（Topology）.

此外，这种对图形的讨论也形成数学中一个应用广泛且极有趣的分支，即图论（Graph theory）. 而欧拉解决七桥问题的论文，也成为图论中的第一篇论文.

欧拉对一笔画图形的一些结果：

（1）每一图形之奇点数必为偶数；

（2）一图形若无奇点，则可以一笔画完成，且起点与终点相同；

（3）一图形若恰有两个奇点，则由一奇点出发，可以一笔画终止于另一奇点；

（4）一图形若奇点数超过两个，则无法一笔画完成.

上述（2）与（3）只对连通的图形才成立.

欧拉对七桥问题的研究，是拓扑学研究的先驱者.

1750 年，欧拉又发现了一个有趣的现象. 欧拉得到了后人以他名字命名的"多面体欧拉公式". 正四面体有 4 个顶点、6 条棱，它的面数加顶点数减去棱数等于 2；正六面体有 8 个顶点、12 条棱，于是，它的面数加顶点数减去棱数也等于 2. 接着，欧拉又考查了正十二面体、正二十面体，发现都有相同的结论. 于是继续深入研究这个问题，终于发现了一个著名的定理

$$F(面数)+V(顶点数)-E(棱数)=2 \tag{9-1}$$

从这个公式可以证明正多面体只有五种，即正四面体、正六面体、正八面体、正十二面体、正二十面体，如图 9-6 所示.

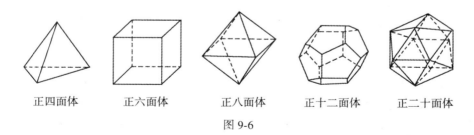

正四面体　　　正六面体　　　正八面体　　　正十二面体　　　正二十面体

图 9-6

有人说，这是拓扑学的第一个定理，公式（9-1）也被认为开启了数学史上新的一页，促成了拓扑学的发展. 据说，欧拉对前人未能发现如此美妙的公式感到惊讶（后来知道，笛卡儿于 1639 年便发现了类似的结果，只是笛卡儿的手稿是在 1860 年才被发现，因此欧拉当时并不知道笛卡儿的工作）.

拓扑学中有许多非常奇妙的结论. 首先我们注意：一个普通的曲面有两个面，这两个面可以各涂以不同的颜色，若该图形为封闭，则此二色不会相遇. 若限制蚂蚁不经过边

界，则小蚂蚁永远在同一面上．若将一狭长的长方形纸片两端粘住（不扭转），且沿着中间剪开，则会得到两个分开的大小相同的纸环．

但若我们取一张小纸条，将纸条的一端扭转 180°，再与纸条的另一端粘贴起来，就做成了一个小"梅比乌斯带"．别看这个小纸条制作起来挺简单，却奇特得叫人不可思议．例如，放一只蚂蚁到纸带上，让它沿着图中的虚线一直往前爬，那么，这只蚂蚁就可以一直爬遍纸带的两个面．若从某一位置开始涂色，只要顺着环一直涂，最后会返回起始点，因此只要一色便够了．即使沿虚线将"梅比乌斯带"剪开，它也不会断开，仅仅只是长度增加了一倍而已．（读者不妨试一试）

"走迷宫"是一种非常有趣的数学游戏．实际上，迷宫是拓扑学里一种很简单的封闭曲线．法国数学家约当指出：要判断一个点在迷宫的内部还是外部，有一种很巧妙的方法，这就是：先在迷宫的最外面找一点，用直线将这两个点连接起来，然后再考察直线与封闭曲线相交的次数．如果相交次数是奇数，则已知点在迷宫的内部，从这里是走不出迷宫的；反之则一定能走出迷宫．

在欧拉之后，人们又陆续发现了一些拓扑学定理．但这些知识都很零碎，直到 19 世纪末，法国数学家庞加莱开始深入地研究拓扑学，才奠定了这门数学分支的基础．

现在，拓扑学已成为最丰富多彩的一门数学分支．

9.2 欧拉回路与中国邮递员问题

9.2.1 欧拉回路

欧拉回路，是与哥尼斯堡七桥问题相联系的．在哥尼斯堡七桥问题中，欧拉证明了不存在这样的回路，使它经过图中每条边且只经过一次又回到起始点．与此相反，设 $G(V, E)$ 为一个图，若存在一条回路，使它经过图中每条边且只经过一次又回到起始点，就称这种回路为欧拉回路，并称图 G 为欧拉图．

9.2.2 连通图

称图 9-3 中的 A、B、C、D 为顶点，而把连接顶点之间的线称为边，称由这些点和线组成的一个整体为图，显然图 9-3 中任两点都可以通过一系列线连接起来（未必是一条直接连接两点的线，如图 9-3 中的 C、D 可以由 d、f 两条线连接起来），这样的图称为连通图．图 9-7~图 9-10 都是连通图，而图 9-11 就不是连通图．

图 9-7　　　　图 9-8　　　　图 9-9　　　　图 9-10　　　　图 9-11

9.2.3　中国邮递员问题

前面已看到对满足下列两个要求的图就可以一笔画出：（1）首先是连通图；（2）其次奇点个数为 0 或 2，当且仅当奇点个数为 0 时，始点和终点重合，形成的一笔画称为欧拉回路，而当奇点个数为 2 时，形成的一笔画称为欧拉迹，如图 9-12 所示.

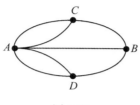

图 9-12

我们知道，对于可以一笔画出的图，首先必须是连通的；其次对于图中的某点，如果不是始点或终点，那么该点必有进有出，即交会于该点的弧线总是成双成对的，该点必定是偶点.

七桥问题的图的奇点的个数为 4，这表明七桥问题不是欧拉回路，也不是欧拉迹，因而，不论始点和终点是否重合都不可能找到一条经过七座桥且每座桥只走一次的路线！

随着时间的推移，图论不断发展，欧拉回路问题也有所拓展. 到了 20 世纪，又出现了一个新的问题.

如图 9-13 所示，一名邮递员带着要分发的邮件从邮局出发，经过要分发的每个街道，送完邮件后又返回邮局（图 9-13 中路旁各数字分别表示对应路段的长度，单位：华里（1 华里＝500 米））. 邮递员习惯按路线 *KHGFEDCBAIABJDEKJIHK* 投递（图 9-13 中★为邮局）. 聪明的读者朋友，你知道邮递员的路线是最短的吗？如果不是，如何选择投递路线，使邮递员走尽可能少的路程. 这个问题是由我国数学家管梅谷先生（山东师范大学数学系教授）在 1962 年首次提出的，管梅谷等一批科研人员把物资调运中的图上作业法与一笔画原理科学地结合起来，解决了这类邮递员投邮路线问题，因此该问题被国际数学界称为"中国邮递员问题".

请读者帮助这位邮递员设计一条最短路线，并说明最短路线比邮递员的路线少几华里.

下面，我们来分析这个问题：

由于网络的奇点必定成双，又图 9-13 中奇点有 6 个，根据一笔画原理，图 9-13 不存在欧拉回路，则必须通过添加弧线，使每个顶点均变成偶点，同时考虑添加的弧线长度总和最短才满足要求. 显然两奇点间可以直接添一条弧；奇点与偶点间添一条弧且该偶点还需与另一奇点添一条弧；两偶点间不必添弧.

添弧时应注意：（1）不能出现重叠添弧. 重叠添弧应成对抹去，这样并不改变每一点的奇偶性；（2）每一个圈上的添弧总长不能超过圈长的一半. 否则应将该圈上的原添弧抹去，而在该圈上原没有添弧的路线上添加弧，这样也不改变每一点的奇偶性.

注意了（1）、（2），既保证了不改变每点的奇偶性，又保证了添弧总长最短.

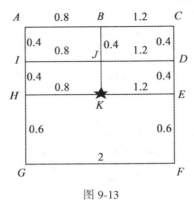

图 9-13

现在我们看邮递员的投邮路线，如图 9-14 所示，添弧后的新图形已是不含奇点的线路，根据一笔画原理，这个线路的全部弧线可以构成一条欧拉回路．对照(1)、(2)可知，图 9-14 中添弧总长不是最短，必须调整．显然在 $ABJKHI$ 圈中，添弧总长超过了该圈长的一半．调整后，如图 9-15 所示．此时，添弧不重叠并且每一个圈上的添弧总长都不超过本圈长的一半．另外，每点奇偶性相对于图 9-14 没有改变，全是偶点．全部弧线仍可以构成一条欧拉回路，并且这条路线才是最短投邮路线．因此，邮递员的投邮路线并非最短．

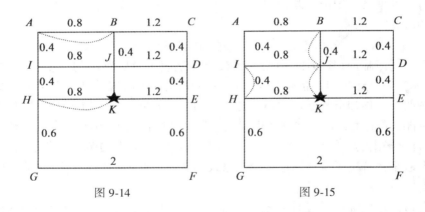

图 9-14   图 9-15

根据以上分析，最短投邮路线可以设计为：$KHGFEDCBAIHIJBJDEKJK$ 或 $KJKHGFEDCBAIHIJBJDEK$ 等．此时，最短路线比邮递员路线少 0.8 华里．

中国邮递员问题的巧妙解决，也使这个问题成为数学知识古为今用的典范．

9.3 认识欧拉

欧拉(图 9-16)是 18 世纪最优秀的数学家，也是历史上最伟大的数学家之一．与牛顿不同，欧拉没有作出划时代的数学创造，但是，人们却能在几乎所有的数学领域，看到他闪光的名字，见到他辛勤耕耘的足迹．欧拉公式、欧拉方程、欧拉常数、欧拉方法、欧拉猜想、欧拉图解、欧拉定理、欧拉准则、欧拉多项式，等等．历史上，从未有人像欧拉那样巧妙地把握数学，取得过那么多令人赞叹的数学成果.

图 9-16

读者可能要问，为什么没有把欧拉的名次排得更前些？其主要原因在于虽然欧拉在论证如何应用牛顿定律方面获得了杰出的成就，但是他自己从未发现任何独创的科学定律，这就是为什么要把牛顿、费尔马这样的人物排在他前面的原因. 他们每个人主要是发现了新的科学现象或定律. 尽管如此，欧拉对科学、工程学和数学的贡献还是巨大的.

1707 年 4 月 15 日，欧拉诞生于瑞士的巴塞尔城，父亲保罗·欧拉（Paul Euler）也是一个数学家，原希望小欧拉学神学，同时教他一点数学. 他常给欧拉讲一些有趣的数学故事，使欧拉很早就对数学产生了浓厚的兴趣. 当欧拉在 19 岁时写了一篇关于船桅的论文，并获得巴黎科学院奖的奖金后，他的父亲就不再反对他攻读数学了.

不满 10 岁的时候，欧拉就开始自学《代数学》. 这本书是德国著名数学家鲁道夫写的经典著作，连欧拉的老师中也没有几个人读过这本书，欧拉却读得津津有味，遇到弄不懂的地方，就用笔做上记号，事后再向大人请教.

13 岁那年，欧拉考入巴塞尔大学. 这个全校年龄最小的学生，很快就成为著名数学家约翰·伯努利（Johann Bernoulli，1667—1748）教授的得意门生. 约翰·伯努利决定每周六下午为欧拉的学习日，单独给欧拉授课、辅导和答疑，循循善诱，因材施教，使欧拉的知识丰存厚积，才智日益增长. 17 岁时，欧拉获得哲学硕士学位，18 岁开始发表论文，19 岁时获得法国科学院奖金.

欧拉渊博的知识、无穷无尽的创作精力和空前丰富的著作，都是令人惊叹不已的. 他从 19 岁开始发表论文，直到 76 岁，半个多世纪写下了浩如烟海的书籍和论文. 今天，几乎每一个数学领域都可以看到欧拉的名字，从初等几何中的欧拉曲线，多面体中的欧拉定理，立体解析几何中的欧拉变换公式，四次方程中的欧拉解法到数论中的欧拉函数，微分方程中的欧拉方程，级数论中的欧拉常数，变分学中的欧拉方程，复变函数中的欧拉公式，等等，数也数不清. 他对数学分析的贡献更独具匠心，《无穷小分析引论》一书便是他划时代的代表作，当时数学家们称欧拉为"分析学的化身".

欧拉是科学史上最多产的一位杰出的数学家，据相关统计，他一生共写下了 886 部（篇）书籍和论文，其中分析、代数、数论占 40%，几何占 18%，物理和力学占 28%，天文学占 11%，弹道学、航海学、建筑学等占 3%，圣彼得堡科学院为了整理他的著作，足足忙碌了 47 年. 除了生前发表的著作与论文有 560 余种外，欧拉去世后还留下了大量手稿. 欧拉自己说他未发表的论文足够圣彼得堡科学院用上 20 年，而实际上直到 1862 年，即他去世近 80 年后，圣彼得堡科学院院报上还在刊登欧拉的遗作. 1911 年瑞士自然科学协会开始出版欧拉全集，现已出版 70 多卷，计划出齐 84 卷，都是大 16 开本. 著名的美国数学史专家克莱因（Kline）说："没有一个人像欧拉那样多产，像欧拉那样巧妙地把握数学，也没有一个人能收集和利用代数、几何、分析的手段去产生那么多令人钦佩的成果." 如果说 17 世纪是牛顿的世纪，那么 18 世纪就属于欧拉，欧拉在 1748 年出版的《无穷小分析引论》以及随后发表的《微分学》（1755 年）和《积分学》（三卷，1768—1770），是微积分史上里程碑式的著作. 欧拉把前人的发现加以总结定型，并且注入自己的创造，他导出了三角函数与指数函数之间的联系，即著名的欧拉公式，他首先将导数作为微分学的基本概念，提出了二阶偏导数的演算，并建立了混合偏导数与求导顺序无关的理论，他确定了不定式的极限运算规则（现被称为洛必达法则），积分作为原函数的概念也是欧拉创建的．今天在微积分教材中所叙述的不定积分的方法与技巧，几乎都可以在他的著作中找到．他给出了用累次积分计算二重积分的方法，并讨论了二重积分的变量代换问题，他还提出了求解微分方程的积分因子方法．1774 年，欧拉出版了《寻求具有某种极大或极小性质的曲线的技巧》一书，使变分法作为一个新的数学分支诞生了．欧拉还是复变函数论的先驱者，欧拉在数论研究中也是卓有功绩的，例如著名的哥德巴赫猜想，就是他在 1742 年与哥德巴赫的通信中引申提出的．欧拉在概率论、微分几何、代数拓扑学等方面都有重大贡献．在初等数学的算术、代数、几何、三角学上的创见与成就更是比比皆是，不胜枚举，这些使得以他名字命名的数学发现无处不在，并且总是处于各个领域引人瞩目的位置．例如欧拉常数（微积分）、欧拉公式（复变函数）、欧拉函数和欧拉定理（数论）、欧拉曲线与欧拉圆（几何学）、欧拉图（图论）、欧拉示性数（拓扑学）、欧拉角（动力学）、欧拉方程式（流体力学），等等．欧拉还创设了许多数学符号，例如 π（1736 年），I（1777 年），e（1748 年），$\sin$ 和 $\cos$（1748 年），tg（即 $\tan$，1753 年），Δx（1755 年），$\sum$（1755 年），$f(x)$（1734 年）等．

欧拉著作的惊人多产并不是偶然的，他可以在任何不良的环境中工作，他常常不顾孩子在旁边吵闹，抱着孩子在膝上完成论文．他那顽强的毅力和孜孜不倦的治学精神，使他在双目失明以后也没有停止对数学的研究，在失明后的 17 年间，他还口述了几本书和 400 篇左右的论文．19 世纪伟大数学家高斯曾说："研究欧拉的著作永远是了解数学的最好方法."

1725 年，俄国建立了圣彼得堡科学院，招聘科学家，约翰·伯努利的两个儿子尼古拉与丹尼尔（都是数学家）同时应聘成为圣彼得堡科学院的教授，转年尼古拉病逝，在丹尼尔的推荐下，1727 年欧拉应邀到圣彼得堡做丹尼尔的助手，1733 年 26 岁的欧拉接替返回瑞士的丹尼尔，成为数学教授及圣彼得堡科学院数学部的领导人，但此时俄国统治阶级昏庸腐败，无心于科学事业，欧拉度过了痛苦的几年（1733—1741 年），但他仍勤奋地工作，发表了大量精湛的数学论文，并为俄国政府解决了很多科学问题．1735 年，欧拉解决了一个天文学的难题（计算彗星轨道），这个问题经几个著名数学家几个月的努力才得到解决，而欧拉却用自己发明的方法，三天便完成了．

1740 年，普鲁士王国腓特烈（Frederick）大帝继位，他比较重视科学文化事业，1741 年他邀请欧拉到柏林科学院供职，欧拉依依惜别了生活工作了 14 年之久的圣彼得堡科学院，去了柏林，并在柏林科学院担任物理数学所所长，在那里一直工作到 1766 年，在这期间，欧拉除了发表大量的数学论文外，还成功地将数学应用于各种实际科学与技术领域，为普鲁士王国解决了大量社会实际问题，如社会保险、运河与水工、造币规划，等等．1760—1762 年，欧拉给腓特烈大帝的侄女夏洛特（Anhalt Dessau）公主讲授数学、天文、物理、哲学及宗教等不同学科的课程，后来整理成《致一位德国公主的信》发表，世界各国译本风靡，在很长的时期成为欧洲大众科学与哲学修养的重要书籍．1766 年，59 岁的欧拉应俄国叶卡捷琳娜女王邀请重返圣彼得堡科学院，由于过度紧张地工作，左眼视力衰退，最后完全失明（早在 1735 年，欧拉害了一场病，导致了右眼失明）．不幸的事情接踵而来，1771 年圣彼得堡科学院的大火灾殃及欧拉住宅，带病而失明的 64 岁的欧拉被围困在大火中，虽然他被别人从火海中救了出来，但他的书房和大量研究成果全部化为灰烬. 沉重的打击没有使欧拉屈服，他说："如果命运是块顽石，我就化作大锤，将它砸得粉碎！"他发誓要把损失夺回来. 在他完全失明之前，还能朦胧地看见东西，他抓紧这最后的时刻，在一块大黑板上疾书他发现的公式，然后口述其内容，由他的学生特别是大儿子 A. 欧拉（数学家和物理学家）笔录. 欧拉完全失明以后，仍然以惊人的毅力与黑暗搏斗，凭着记忆和心算进行研究，直到逝世，竟达 17 年之久. 欧拉的记忆力和心算能力是罕见的，他能够复述年轻时代笔记的内容，心算并不限于简单的运算，高等数学一样可以用心算去完成. 有一个例子足以说明他的本领，欧拉的两个学生把一个复杂的收敛级数的 17 项加起来，算到第 50 位数字，两人相差一个单位，欧拉为了确定究竟谁对，用心算进行全部运算，最后把错误找了出来. 尤其令人感动的是，欧拉有 400 多篇论文和许多数学著作，是在他完全失明的 17 年中完成的. 欧拉默默地忍受着失明的痛苦，用惊人的毅力顽强拼搏，决心用自己闪光的数学思想，照耀他人深入探索的道路，每年，他都以 800 页的速度，向世界呈献出一篇篇高水平的科学论文和著作，解决了一些数学难题. 欧拉在失明的 17 年中，解决了使牛顿头痛的月离问题和很多复杂的分析问题.

欧拉是一位品德高尚的数学家. 他曾与欧洲的 300 多名学者通信，在信中，常常毫无保留地把自己的发现和推导告诉别人，为别人的成功创造条件. 1750 年，19 岁的法国青年拉格朗日（后来成为数学家）冒昧地给欧拉写信，讨论等周问题的一般解法，这引起变分法的诞生. 等周问题是欧拉多年来苦心考虑的问题，拉格朗日的解法，博得欧拉的热烈赞扬. 1750 年 10 月 2 日，欧拉在回信中盛赞拉格朗日的成就，并谦虚地压下自己在这方面较不成熟的作品暂不发表，使年轻的拉格朗日的作品得以发表和流传，并赢得巨大的声誉.

欧拉晚年的时候，欧洲所有的数学家都把他当作老师，著名数学家拉普拉斯（Laplace）曾说过："欧拉是我们的导师." 欧拉充沛的精力保持到最后一刻，1783 年 9 月 18 日下午，欧拉为了庆祝他计算气球上升定律的成功，请朋友们吃饭，那时天王星刚发现不久，欧拉写出了计算天王星运行轨迹的要领，还和他的孙子逗笑，喝完茶后，突然疾病发作，烟斗从手中落下，口里喃喃地说："我死了." 欧拉终于停止了生命和计算. 噩耗传到圣彼得堡科学院，全体师生失声痛哭，停止工作，起立默哀；噩耗传到俄国王宫，女皇叶卡捷琳娜二世立即下令停止了当天的化装舞会；噩耗传到瑞士、德国、法国、英国，吊唁的信函雪片一样飞来，几乎全欧洲的数学家，都向他们敬仰的欧拉老师遥致深切的哀悼. 欧拉的一生，是为数学发展而奋斗的一生，他那杰出的智慧，顽强的毅力，孜孜不倦的奋斗精神和高尚的科学道德，永远值得我们学习.

欧拉还是一位热心的教育家. 他不仅亲自动手为青少年编写数学课本，撰写通俗科学读物，还常常抽空到大学、中学去讲课. 1770 年，欧拉虽然已经失明，仍然念念不忘给学生们编写一本《关于代数学的全面指南》.

欧拉在俄国生活了 30 多年. 他积极将先进的科学知识传入长期闭塞落后的俄国，创立了俄国第一个数学学派——欧拉学派，亲手将一大批俄国青年引进了辉煌的数学殿堂. 俄罗斯人民至今仍深深地感激欧拉美好的情谊，在许多苏联书籍里，都亲切地称欧拉是"伟大的俄罗斯数学家".

欧拉渊博的知识、高尚的品德、顽强拼搏的精神，赢得了人们广泛的尊敬.

"读读欧拉，读读欧拉，他是我们一切人的老师."这是有着"法兰西的牛顿"之誉的拉普拉斯（Pierre Simon Laplace，1749—1827）的由衷赞叹，"数学王子"高斯也曾经说过，"对于欧拉工作的研究，是科学中不同领域的最好学校，没有任何别的可以代替".

历史学家把欧拉和阿基米德、牛顿、高斯并列为有史以来贡献最大的四位数学家.

为庆祝瑞士数学家、物理学家兼工程师莱昂哈德·欧拉（Leonhard Euler）300 周年诞辰，瑞士政府、中国科学院及中国教育部于 2007 年 4 月 23 日下午在北京的中国科学院文献情报中心共同举办纪念活动，回顾欧拉的生平、工作及对现代生活的影响. 图 9-17 为纪念会会场一角.

图 9-17

📄 附：

学点数学好处多

河南新乡某景区悬赏百万破解"七桥问题"，被指欺诈.

河南新乡回龙景区新增景点——"七座桥". 2004 年 3 月 23 日，新乡回龙景区通过几家网站发布了一则消息，题目为《新乡回龙景区新建"谜桥"，百万奖金等"破谜"》. 意思是说：如果谁可以从其中任何一座桥出发，走遍七座桥且不重复又回到出发点，就有机会获得 100 万元的现金大奖.

2004 年 3 月 27 日下午，记者却接到了一位不愿透露姓名的高中数学老师的电话，电话中这位老师告诉记者："谜桥问题是著名的数学难题，根本无解，景区用悬赏 100 万元吸引游客，这是在忽悠人." 据这位老师介绍："凡是对数学稍有研究的人都知道，新乡回龙景区这个所谓的谜桥其实就是世界著名的'七桥问题'，根本无解."

根据这位老师的介绍，记者在网上搜索输入"七桥问题". 记者发现，果然如这位数学教师所言，七桥问题无解.

为了验证这则消息的真实性，记者专门采访了新乡回龙景区负责该项目的市场部刘经理. 刘经理告诉记者："确有其事."

"过去回龙景区多以爬山为主，2007 年我们计划开发水线，而位于卧龙潭一侧的谜桥则是水线项目的重头戏. 创意由郑州一家旅游策划营销公司策划，投资八九万元开始修建." 据刘经理介绍，目前谜桥已经建成，只剩下最后的配套工程，一周左右的时间将对外开放. 届时，只要游客掏 30 元钱购买了景区门票，就可以免费过谜桥，也就有机会赢得百万元巨奖. 刘经理坦言此举是"希望借此来吸引更多的游客".

河南仟方律师事务所孟国涛律师说，景区有商业欺诈的嫌疑；游客花钱购买了门票，这本身就包含了游玩七桥的费用. 如果"七桥问题"是科学的，并已经有了"无解"的明确结论，那么景区用不可能完成的任务来悬赏百万元就有了商业欺诈的嫌疑. 孟国涛律师还说，如果游客到景区游玩，事先不知道有谜桥存在，发现谜桥后顺便到桥上玩玩无妨，但如果是看过那则新闻后冲着悬赏而来，那景区就涉嫌商业欺诈.

一、讲讲练练

(1)道路管理员从 A 点出发，经过他所管辖的所有道路，这些道路分布在 9 个点之间，现在我们把所有各点之间的道路长度都注在下图中，请你设计出经过所有道路的最短路线.

（提示：在 C、H 之间和 I、E 之间各添一条弧，最短路线为：ABGHBCH CDHIDEIEFIGFAG 等.)

(2)下图中，试一试哪些可以一笔画出，如果能画成请说说你是从哪个点出发，到哪个点结束，思考你能找到其中的规律吗？(小组合作探究)

提示：(1)可以一笔画成的图形，与偶点个数无关，与奇点个数有关. 其个数是 0 或

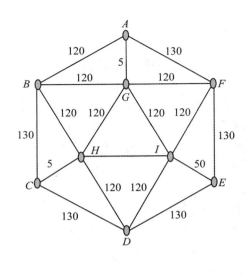

(a)　　　　(b)　　　　(c)　　　　(d)　　　　(e)

2.（2）其中若奇点个数为 0，可以任选一个点做起点，且一笔画后可以回到出发点．若奇点个数为 2，可以选其中一个奇点做起点，而终点一定是另一个奇点，即一笔画后不可以回到出发点．

二、巩固练习

（1）用自己发现的规律，说一说七桥问题的答案？在七桥问题中，如果允许再架一座桥，能否不重复地一次走遍这 8 座桥？这座桥应架在哪里？请读者试一试！

（2）甲、乙两个邮递员去送信，两人同时出发以同样的速度走遍所有的街道，甲从 A 点出发，乙从 B 点出发，最后都回到邮局（C 点）．如果要选择最短的线路，谁先回到邮局？

（3）如下图所示，请读者观察生活，设计一个运用"一笔画"的数学知识来解决的实际问题，并与同伴交流．

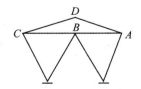

囯 复习与思考题

1. 试简述"七桥问题"及其数学意义.
2. 欧拉是如何解决"七桥问题"的？
3. 我们应学习欧拉的哪些优良品质？

第 10 章　数学与艺术欣赏

　　美的事物，总是为人们乐意醉心追求的. 一提到美，人们最容易想到的是"江山如此多娇"的自然美，或是悦目的图画、动听的乐章、精妙的诗文等艺术美. 然而，数学，这自然科学的皇后里面，蕴含着比诗画更美丽的景象. 正如古希腊数学家普洛克拉斯的一句颇打动人心的名言所说："哪里有数，哪里就有美."事实上，我们也可以说："哪里有美，哪里就有数."

　　艺术、科学和哲学可谓支撑人类文明的三大篇章，数学被视为这三大篇章的综合.

　　在数学与艺术的关系上，所涉及的问题主要有：艺术中有没有数学的精神和思想的影响存在？同理，数学中有没有艺术的精神和思想的影响存在？

　　数学与艺术看似两个不同的世界，但数学对艺术如音乐、绘画、建筑等方面的影响尤其深远.

10.1　数学与音乐艺术

　　数学家莱布尼茨说："音乐是一种算术练习，透过潜意识的心灵跟数目在打交道."

　　近代作曲家斯特拉文斯基注意将"数学思想"融入他的音乐作品中. 他说："音乐的形式较近于数学而不是文学，音乐确实很像数学思想与数学关系."

10.1.1　音乐与数学结合的起源

　　最早将音乐与数学联系起来的研究要追溯至公元前 6 世纪的毕达哥拉斯学派，他们用比例把二者有机结合起来. 他们认为，乐声的协调与所联系的整数之间有着密切的关系，拨动一根弦发出的声音取决于绷紧的弦的长度；协调音由长度与原弦长的比为整数比的弦给出.

10.1.2　乐器中的数学奥妙

　　乐器之王——钢琴的键盘(图 10-1)，其琴键的音程恰好与斐波那契数列有关. 因为在钢琴的键盘上，从一个 C 键到下一个 C 键就是音乐中的一个八度音程，其中共包括 13 个键，分别是 8 个白键和 5 个黑键，而 5 个黑键分成 2 组，一组有 2 个黑键，一组有 3 个黑键. 2、3、5、8、13 恰好就是斐波那契数列中的前几个数.

图 10-1

10.1.3　和声的傅立叶分析

在这里我们需要提及 19 世纪的一位著名的数学家，他就是约瑟夫·傅立叶（Joseph Fourier），正是他的努力，使人们对乐声性质的认识达到了顶峰. 他证明了所有的乐声，不管是器乐还是声乐，都可以用数学式子来表达和描述. 一个音叉发出的声音，其图像就是一个正弦函数，如 $x(t) = 0.001\sin 400\pi t$ 的曲线. 他还证明了任何乐声的图像都是周期性的图像，它有固定的音高和频率. 而傅立叶定理指出，任何一个周期函数都可以表示为三角级数的形式，如任何一个周期函数都可表示为：

$$f(t) = \frac{a_0}{2} + \sum_{n=1}^{\infty} (a_n \cos nx + b_n \sin nx),$$

即

$$f(t) = \sum_{n=1}^{\infty} A_n \sin(nx + \varphi_n).$$

根据傅立叶定理，每个乐音都可以分解成一次谐波与一系列整数倍频率谐波的叠加. 假设 do 的频率是 f，那么它可以分解成频率为 f，$2f$，$3f$，$4f$，…的谐波的叠加，即

$$f_1(t) = \sin x + \sin 2x + \cdots + \sin nx + \cdots$$

同理，高音 do 的频率是 $2f$，同样可以分解为频率为 $2f$，$4f$，$6f$，$8f$，…的谐波的叠加，即

$$f_2(t) = \sin 2x + \sin 4x + \cdots + \sin 2nx + \cdots$$

这两列谐波的频率有一半是相同的，所以 do 和高音 do 是最和谐的.

由一段三角函数图像出发，我们只要对它进行适当的分段，形成适当的小节，并在曲线上选取适当的点作为音符的位置所在，那么就可以作出一节节的乐曲. 由此可见，我们不仅能像匈牙利作曲家贝拉·巴托克那样利用黄金分割来作曲，而且也可以从纯粹的函数图像出发来作曲. 这正是数学家约瑟夫·傅立叶的后继工作，也是其工作的逆过程. 其中最典型的代表人物就是 20 世纪 20 年代哥伦比亚大学的数学和音乐教授约瑟夫·希林格（Joseph Schillinger），他曾经把《纽约时报》的一条起伏不定的商务曲线描述在坐标纸上，然后把这条曲线的各个基本段按照适当的、和谐的比例和间隔转变为乐曲，最后在乐器上进行演奏，结果发现这竟然是一首曲调优美、与巴赫的音乐作品极为相似的乐曲. 这位教授甚至认为，根据一套准则，所有的音乐杰作都可以转变为数学公式. 他的学生乔治·格什温（George Gershwin）更是推陈出新，创建了一套用数学作曲的系统，据说著名歌剧《波

吉与贝丝》(*Porgy and Bess*) 就是他使用这样的一套系统创作的.

音乐中出现数学与数学中存在音乐并非偶然，而是音乐与数学融合一体的完美体现. 音乐可以抒发人们的情感，是对人们自己内心世界的反映和对客观世界的感触，因而是以一种感性的方式来描述世界，而数学是以一种理性的、抽象的方式来描述世界，使人类对世界有一个客观的、科学的理解和认识.

10.2　数学与绘画艺术

先看图 10-2、图 10-3 所示两幅画：图 10-2 所示是中世纪的油画，明显没有远近空间的感觉，显得笔法幼稚，有点像幼儿园孩子的作品；图 10-3 是文艺复兴时代的油画，同样有船、人，但远近分明，立体感很强.

图 10-2　　　　　　　　　　　　　　图 10-3

为什么会有这样鲜明的对比和本质的变化呢？这里究竟发生了什么？很简单，数学！这里数学进入了绘画艺术.

中世纪宗教绘画具有象征性和超现实性，而到文艺复兴时期，描绘现实世界成为画家们的重要目标.

如何在平面画布上真实地表现三维世界的事物，是这个时代艺术家们的基本课题.

粗略地讲，远小近大会给人以立体感，但远小到什么程度，近大又是什么标准？这里有严格的数学道理.

德国画家丢勒(Albrecht Dürer，1471—1528)认为，创作一幅画不应该信手涂鸦，而应该根据数学原理构图.

丢勒被称为天生的几何学家. 他从意大利的艺术大师们那里学到了透视学原理，然后回到德国继续进行研究. 其作品《忧郁》(图 10-4) 这幅画中出现了各种数学对象，如球、圆规、直尺、比例尺、多面体.

文艺复兴时期的数学家和画家们进行了很好的合作，这个时代的画家和数学家常常是一身兼二任.

图 10-5 所示为丢勒著作中的插图。图中一位画家正在通过格子板用丢勒的透视方法

为模特画像，创立了一门学问——透视学，同时将透视学应用于绘画而创作出了一幅又一幅伟大的名画.

透视方法，简单地说，就是把眼睛所见的景物，投影在眼前一个平面上，并在此平面上描绘景物的方法.

透视原理在绘画中的应用的代表作是达·芬奇的《最后的晚餐》和拉斐尔的《雅典学派》.

图 10-4

图 10-5

达·芬奇是意大利文艺复兴时期的画家，也是整个欧洲文艺复兴时期最杰出的代表人物之一. 他是一位思想深邃、学识渊博、多才多艺的艺术大师、科学巨匠、文艺理论家、大哲学家、诗人、音乐家、工程师和发明家. 他几乎在每个领域都作出了巨大的贡献. 后代的学者称他是"文艺复兴时代最完美的代表"，是"第一流的学者"，是一位"旷世奇才". 所有的，以及更多的赞誉他都当之无愧. 达·芬奇一生完成的绘画作品并不多，但件件都是不朽之作. 他曾结合绘画研究过光影、明暗、色彩和各种透视现象.

图 10-6 及图 10-7 分别是达·芬奇名画《最后的晚餐》以及草稿.

图 10-6

图 10-7

草稿中可以看到画布上放射的虚线及投影点(正好在耶稣头部中央)

从草稿图中可以看出，画家在空间及远近的处理上，巧妙而又精确地运用了透视法则，把一切透视都集中在耶稣头上，在视觉上使他成为统辖全局的中心人物；同时达·芬奇还巧妙地延伸了壁画的空间. 整个画面远远望去，感到纵深很远，从耶稣背后的窗口，可以看到耶路撒冷美丽的黄昏景色.

图 10-8 所示是拉斐尔的名画《雅典学派》，在画中拉斐尔根据自己的想象艺术再现了古希腊时期数学与学术的繁荣.

图 10-8

该画的画面背景为一宏伟壮丽的古典式大厅，厅堂墙上画有壁龛浮雕，右为智慧女神雅典娜，左为文艺之神阿波罗. 古典哲学的两个伟大代表柏拉图和他的弟子亚里士多德正气宇轩昂地步入大厅. 这样在构图上，他们两人起着统御全局的作用. 两位大哲人的左手以不同方式拿着大厚书，边走边争论，柏拉图用右手柔和地指天，似乎说上天启示乃生命之源；亚里士多德把右手用力地一挥，指着大地，坚决反对自己老师的观点，好像说研究现实世界才是根本之根本. 这是古代希腊唯物论与唯心论之争. 画家以他们两人针锋相对的争论为中心，围绕着倾听两位哲人争论的是为数众多的学者，热烈的讨论和辩论向画面的两翼和前景展开. 整个画面洋溢着百家争鸣的气氛, 构成了一个富有戏剧性的热烈场面. 引人注意的是, 拉斐尔把当代出类拔萃的文化巨匠达·芬奇作为模特儿来塑造柏拉图这一形象, 说明他对达·芬奇的崇敬. 画中, 以柏拉图和他的弟子亚里士多德二人为中心, 激动人心的辩论场面向两翼和前景展开, 构成了宽广的空间. 在这两个中心人物的两侧, 有许多重要历史人物: 画的左上: ①左边穿白衣、两臂交叉的青年是希腊马其顿王亚历山大. ②亚历山大右边一秃顶黄髯老人, 身穿紫袍, 面对观众, 侧耳静听, 似乎陷入沉思之中. 这位老者右边是古代哲学家苏格拉底, 他身穿淡绿色长袍, 正侧转身体向四个青年人扳着手指头交换意见. ③在四位交谈者中和苏格拉底面对面的是一位披甲戴盔的青年军官, 他名叫阿尔西比亚德斯, 仿佛在认真细听苏格拉底的教诲. 这位军官身后有一人挥手示意, 招呼画面左边两个人赶快来听哲学家的讲话. 画的右上: ④接近亚里士多德的是一字排列的五名学者和一身着黄袍老人, 他们正谛听着两位大哲学家的争论. ⑤老人身后有两个年轻人正赶来聆听两位哲人的讨论. ⑥画面壁龛墙角下有三个青年, 左边的青年目视中央, 侧耳细听哲人的讲话, 中间的青年坐在墙角躬身记录, 右边的青年侧身倚墙沉思. ⑦靠近沉思青年的是一白发白须老人, 他是斯多葛派著名哲学家芝诺, 老人身披深红色斗篷, 孑然一身, 沉浸在思考中. ⑧芝诺左侧(画面右端)有三人, 他们神态各异, 研究家认为其中有一位是古代波斯教的创始人琐罗亚斯德; 下一层的人物分为左右两组, 其中有著名历史人物, 也有当时的现实人物. 左边一组中: ⑨站着伸头向左看的老者是著名的阿拉伯学者阿维洛依. ⑩阿维洛依身后是古代杰出的哲学家伊壁鸠鲁, 他头戴桂冠, 正倚柱基看书. ⑪在阿维洛依左前方蹲着看书的秃顶老人是古希腊著名哲学家毕达哥拉斯. ⑫站在毕达哥拉斯前面的学者是修辞学家圣诺克利特斯, 他内穿黄衣, 外罩紫袍, 正回过头来看数学家演题. ⑬毕达哥拉斯右手下有一秃头老人正眯缝着眼睛, 一边看数学家演题, 一边记笔记. ⑭修辞学家圣诺克利特斯身后是一金发青年, 他面目清秀, 正凝神深思. 这位青年是教皇的侄子, 有名的文艺爱好者乌尔宾诺公爵弗朗西斯柯·德拉·罗斐尔. 画的右下: ⑮四位年轻人正围着古代阿基米德(另说欧几里得), 看他躬着腰手拿圆规在一块黑板上画几何图形. ⑯阿基米德身旁是埃及天文学家地心说的创始人托勒密, 他头戴荣誉冠冕, 身穿黄袍, 手托天体模型. ⑰托勒密的对面是大建筑家布拉曼特. ⑱画面最右端是拉斐尔的好友著名画家索多马. ⑲索多马和托勒密之间是拉斐尔, 他头戴无檐帽, 注视着观众. 画的中间: ⑳斜躺在台阶上的半裸着衣服的老人是古希腊犬儒学派哲学家狄奥吉尼. ㉑坐在台阶上倚箱沉思的是古希腊杰出的哲学家赫拉克利特, 他是西方最早提出朴素辩证法和唯物论的卓越代表.

达·芬奇的《最后的晚餐》和拉斐尔的《雅典学派》, 它们鲜明的立体感、平面传递空间的概念, 无不是运用透视原理的典范之作.

近代绘画中, 几何形体成为数学在绘画艺术中应用的现代形象. 代表作有毕加索的油画《亚威农少女》和《格尼尔卡》, 如图 10-9 所示.

1907 年, 毕加索以他那稳健而大胆的笔触创作了油画《亚威农少女》, 宣布了现代绘画——立体派艺术的诞生.

在壁画《格尼尔卡》的作品中, 画面中的人体、马、牛等形体被解体、扭曲和破坏之后,以三角形、长方形和圆形为结构进行戏剧性的组合，造成一种恐怖、痛苦、绝望的气氛.

《亚威农少女》　　　　　　　　　　《格尼尔卡》

图 10-9

　　有人曾指出，每一时代的主流绘画艺术背后都隐藏着一种深层数学结构——几何学，在达·芬奇那里是讲求透视关系的射影几何学；在毕加索那里是非欧几何学；在后现代主义、纯粹主义那里也许是现在说的分形几何学.

　　除了透视，还有对称、黄金分割等数学概念，也是绘画艺术中美的源泉.

　　黄金分割比，即 0.61803398… 被达·芬奇称为"神圣比例"．他认为，"美感完全建立在各部分之间神圣的比例关系上"．他把黄金分割引入了绘画艺术之中．其名画《蒙娜丽莎》(图 10-10)就是按黄金矩形来构图的.《蒙娜丽莎》是他极为珍爱的作品.

图 10-10

10.3　数学与建筑艺术

数千年来，数学一直是用于设计和建造的一个很宝贵的工具．数学一直是建筑设计思想的一种来源．人们常说，建筑因为数学而美丽．图 10-11 是哈萨克斯坦新国家图书馆，建筑设计师设计时将穿越空间与时间的四个世界性经典造型——圆形、环形、拱形和圆顶形以莫比乌斯圈的形式融合在了一起，该建筑物本身就是一件精美的艺术品．

图 10-11

10.3.1　建筑与圆锥曲线

1. 比萨斜塔

比萨斜塔（图 10-12）由于倾斜而成为闻名世界的奇景，塔是圆柱形的．比萨斜塔位于意大利托斯卡纳省比萨城北面的奇迹广场上，是比萨城的标志．比萨斜塔始建于 1173 年，设计为垂直建造，但是在工程开始后不久（1178 年），便由于地基不均匀和土层松软而倾斜，1372 年完工，塔身倾斜向东南，以后每年继续向南倾斜约 1 毫米，现在已偏离约 5 米，传说物理学家伽利略于 1590 年的自由落体试验就是在这个斜塔上做的，1987 年比萨斜塔和相邻的大教堂、洗礼堂、墓园一起因其对 11 世纪至 14 世纪意大利建筑艺术的巨大影响，而被联合国教育科学文化组织评选为世界遗产．

2. 世博会美国馆

1967 年，蒙特利尔举办世博会，在这届世博会上，一个巨大的圆形建筑物吸引了人们的眼球，该建筑物就是巴克敏斯特·富勒（美国伟大的艺术家、发明家、设计科学家，1895—1983）设计的美国馆，如图 10-13 所示．该美国馆圆球直径 76 米，三角形金属网状结构合理地组合成一个球体．整个设计简洁、新颖，没有任何多余的材料，整幢建筑物就

图 10-12

像一个精致漂亮的水晶球. 这个圆球场馆不仅使美国馆成为这届世博会的标志建筑, 也令设计者巴克敏斯特·富勒一举成名. 富勒的圆球建筑源自其数学与哲学思想: 世界上最小和最大的物质构造是圆形和球体. 圆是可以无限扩大的基础形, 圆球也是最小和最大物质运动轨迹的形体. 富勒认为"为人间的建筑, 为宇宙的建筑"不只是口号. 创造宇宙的建筑, 必先了解宇宙的构造, 培养和构建宇宙的整体意识, 所有的研究都应该从"自然本身的构造"开始.

图 10-13

3. 巴黎晶球电影院

如图 10-14 所示, 巴黎晶球电影院是巴黎工业城著名的球形电影院, 该电影院可以在 180°大屏幕上放映"立体的、全视野"的电影和纪录片.

图 10-14

4. 中国国家大剧院

如图 10-15 所示，中国国家大剧院中心建筑为半椭球形钢结构壳体，东西长轴 212.2 米，南北短轴 143.64 米，高 46.68 米，地下最深 32.50 米，周长达 600 余米.

图 10-15

5. 梅隆体育馆

如图 10-16 所示，美国梅隆体育馆拥有世界上最大的不锈钢可伸缩圆屋顶. 美国宾夕法尼亚州的匹兹堡梅隆体育馆，能容纳数千名观众. 梅隆体育馆被人们称之为 "The Igloo" (意为圆顶屋)，自 1967 年落成以来，三届斯坦利杯冰球赛冠军得主——匹兹堡企鹅队便将这里作为自己的主场. 梅隆体育馆是大型室内体育馆，采用可伸缩圆顶结构在历史上也是第一次. 体育馆呈半球形，分为三部分，可以旋转.

图 10-16

6. 弗拉维奥竞技场

如图 10-17 所示，科洛塞奥竞技场位于意大利首都罗马市中心的威尼斯广场南面. 这个竞技场是迄今遗留下来的古罗马建筑中最卓越的代表，也是古罗马帝国永恒的象征. 公元 72 年，维斯帕西安皇帝开始兴建，至公元 80 年由蒂托皇帝完成，历时 8 年之久. 由于修建竞技场的两个皇帝以及后来完成竞技场最后一层建筑的皇帝都属于弗拉维奥家族，即弗拉维奥皇朝时期，故称弗拉维奥竞技场.

图 10-17

竞技场外观呈正圆形，俯瞰实为椭圆形. 整个建筑物占地面积 20000 平方米，均用淡黄色大理石砌成. 可以容纳观众 8 万人. 围墙共分 4 层，1~3 层均有半露圆柱装饰. 第 1 层圆柱为粗犷质朴的多古斯式，第 2 层圆柱为优美雅致的爱奥尼亚式，第 3 层圆柱为雕饰华丽的柯林斯式. 每两根半露圆柱之间为一长方形拱门，1~3 层共计 80 个拱门. 第 4 层外层表面装饰较简单，由长方形窗户和长方形半露方柱构成.

据说，在古代，第 2、3 层每个拱门洞中有一尊大理石人物雕像作为装饰，其姿态各异，英武豪俊，使建筑显得既宏伟又不失灵秀，既凝重又空灵. 整体建筑看上去颇像一座现代化的圆形运动场.

7. 椭圆抛物面壳顶建筑——佛罗伦萨大教堂

如图 10-18 所示，佛罗伦萨大教堂为意大利著名教堂，位于意大利佛罗伦萨市，是欧洲文艺复兴时期建筑的瑰宝. 佛罗伦萨大教堂也叫作花之圣母大教堂，被誉为世界上最美的教堂，被称为文艺复兴的报春花，其圆顶直径达 50 米，居世界第一，是世界第四大教堂，意大利第二大教堂，能容纳 1.5 万人同时礼拜.

图 10-18

8. 美国白宫

如图 10-19 所示，美国的白宫位于美国华盛顿市区中心宾夕法尼亚大街 1600 号，是总统和政府办公的场所. 1812 年英国和美国发生战争，英国军队占领了华盛顿城后，放火烧了包括美国国会大厦和总统府之类的建筑物. 之后，为了掩盖被大火烧过的痕迹，1814年总统住宅棕红色的石头墙被涂上了白色. 从那以后人们就把这幢建筑物称为白宫.

图 10-19

9. 岩石圆顶寺

如图 10-20 所示，岩石圆顶寺又名岩石圆顶清真寺，位于基督教、伊斯兰教和犹太教的共同圣地耶路撒冷，是保存最完好、最为重要的伊斯兰教早期建筑杰作．据伊斯兰教传说，先知穆罕默德就是踩着该寺里的那块大岩石，骑着名叫"巴拉克"的神马登上七重天的．该寺最早由马立克哈立发于 688—691 年建立．据史料记载，马立克哈立发之所以下令建造这座清真寺，一方面是为了纪念和缅怀先知穆罕默德的"登霄"之举，另一方面也有当时复杂的政治考虑．

图 10-20

岩石圆顶寺的底面是正八边形，每边长 19 米，墙上装饰着美丽的几何图案和植物图案．圆顶的中心位于地面正八边形中心的正上方，具有旋转对称性．通过这些建筑学和几何学的技术处理，充分突出了岩石圆顶寺至高无上的中心地位．

10. 古罗马建筑艺术——万神殿

如图 10-21 所示，万神殿的圆形柱，从高度一半的地方开始，上半部为半球形的穹顶．万神殿内宽广空旷，无一根支柱，穹顶顶部开有直径 9 米的圆洞，这是整个万神殿内唯一的光源来源．

为了减轻穹顶的重量，建筑师巧妙地在穹顶内表面作了 28 个凹格，分成 5 排，同时，在墙上有门的前提下还开了 7 个凹室作为祭龛，这些祭龛里原来放的可能是神像，穹顶顶部的矢高和直径一样，都是 43.3 米，使得内部空间非常完整紧凑．这样，万神殿的剖面恰好可以容得下一个整圆，而其内部墙面两层分割也接近于黄金分割，因此万神殿常被作为通过几何形式达到构图和谐的古代实例．

11. 印度泰姬陵

如图 10-22 所示，泰姬陵全称为泰吉·玛哈尔陵，又译泰姬玛哈，是印度知名度最高的古迹之一，位于印度首都新德里 200 多千米外的北方邦的阿格拉城内，是莫卧儿王朝第五代皇帝沙贾汗为了纪念他的已故皇后阿姬曼·芭奴而建立的陵墓，被誉为"完美建筑"，具有

图 10-21

极高的艺术价值，是伊斯兰教建筑中的代表作. 2007 年 7 月 7 日，成为世界八大奇迹之一.

图 10-22

整个陵园是一个长方形. 正中央是陵寝，在陵寝东西两侧各建有清真寺和答辩厅这两座式样相同的建筑，两座建筑对称均衡，左右呼应.

陵园分为两个庭院：前院古树参天，奇花异草，芳香扑鼻，开阔而幽雅；后院的主体建筑，就是著名的泰姬陵墓. 陵墓的基座为一座高 7 米、长与宽各 95 米的正方形大理石，顶端是巨大的圆球，四角矗立着高达 40 米的圆塔，庄严肃穆. 象征智慧之门的拱形大门上，刻着《古兰经》. 寝宫居于陵墓正中，四角各有一座塔身稍外倾的圆塔，以防止地震塔倾倒后压坏陵体.

泰姬陵最引人瞩目的是用纯白大理石砌建而成的主体建筑，皇陵上、下、左、右工整对称，中央圆顶高 62 米，令人叹为观止.

12. 巴黎圣母院

如图 10-23 所示，巴黎圣母院(Cathédrale Notre Dame de Paris)是一座位于法国巴黎市中

心西堤岛上的教堂建筑，也是天主教巴黎总教区的主教堂. 巴黎圣母院属哥特式建筑形式，是法兰西岛地区的哥特式教堂群里面非常具有关键代表意义的一幢建筑. 始建于 1163 年，是巴黎大主教莫里斯·德·苏利兴建的，整座教堂在 1345 年全部建成，历时 180 多年.

图 10-23

教堂内部极为朴素，严谨肃穆，几乎没有什么装饰，无数的垂直线条引人仰望，数十米高的拱顶在幽暗的光线下隐隐约约、闪闪烁烁，加上宗教的遐想，似乎上面就是天堂. 于是，教堂就成了"与上帝对话"的地方. 巴黎圣母院是欧洲建筑史上一个划时代的标志.

巴黎圣母院主殿翼部的两端都有玫瑰花状的大圆窗，上面满是 13 世纪制作的富丽堂皇的彩绘玻璃书. 北边圆柱上是著名的"巴黎圣母像". 这尊像造于 14 世纪，先是安放在圣埃娘礼拜堂，后来才被搬到这里.

巴黎圣母院南侧是玫瑰花形圆窗，这扇巨型窗户建于 13 世纪，但于 18 世纪作过修复，圆窗上面刻画了耶稣基督在童贞女的簇拥下行祝福礼的情形. 其色彩之绚烂、玻璃镶嵌之细密，给人一种似乎一颗灿烂星星在闪烁的印象，把五彩斑斓的光线射向室内的每一个角落.

10.3.2 建筑中的双曲线与双曲面

双曲线由于其优雅的形态和独特的受力，在建筑物中十分常见.

1. 法国埃菲尔铁塔

如图 10-24 所示，埃菲尔铁塔（法语：La Tour Eiffel）是一座于 1889 年建成位于法国巴黎战神广场上的镂空结构铁塔，高 300 米，天线高 24 米，总高 324 米. 埃菲尔铁塔得名于设计它的桥梁工程师居斯塔夫·埃菲尔. 铁塔设计新颖独特，是世界建筑史上的技术杰作，因而成为法国和巴黎的一个重要景点和突出标志.

2. 广州塔

如图 10-25 所示，广州塔又称海心塔、广州新电视塔，建于广州市海珠区赤岗塔附近

图 10-24

地面，距离珠江南岸 125 米，与海心沙岛及珠江新城隔江相望. 塔身有"纤纤细腰"，呈由下至上逐渐变小的双曲线形状，形态优美，有"小蛮腰"之美名.

图 10-25

3. 台北 101 大厦

如图 10-26 所示，台北 101 大厦，又称台北 101 大楼，位于中国台湾省台北市信义区，为了适应高空强风及台风吹拂造成的摇晃，大楼内设置了调谐质块阻尼器，调谐质块阻尼器是在 88~92 楼挂置一个重达 660 吨的巨大钢球，利用摆动来减缓建筑物的晃动幅度.

图 10-26

4. 神户港塔

如图 10-27 所示，在日本神户港边有一座红色钢铁塑成的神户港塔，神户港塔具有高大的红色旋转双曲面，是神户港边标志性建筑，夜幕低垂时淡淡地散发红色的光芒，美丽万分，是海外游客到神户必去的景点之一. 这座港塔建立于昭和 38 年(1963 年)，外观呈现出上下宽中间窄的优美造型，曾经获得日本建筑协会的奖赏. 神户港塔是港町神户的象征港塔.

图 10-27

5. 双曲面冷却塔

如图 10-28 所示，冷却塔是集空气动力学、热力学、流体学、化学、生物化学、材料学、静态结构力学、动态结构力学、加工技术等多种学科为一体的综合产物. 水质为多变量的函数，冷却更是多因素、多变量与多效应综合的过程. 双曲面冷却塔是以承受风荷载为主的高耸空间的薄壳结构，在电力等工业部门中发挥着重要作用，并在节水、节能、环境保护等方面具有重大意义.

图 10-28

10.3.3　双曲抛物面壳顶建筑

1. 广东省星海音乐厅

如图 10-29 所示，广东省星海音乐厅雄踞广州珠江之畔风光旖旎的二沙岛，该音乐厅檐角高翘，造型奇特，充满现代感的双曲抛物面几何体结构雄伟壮观，是一座令人赞赏的艺术殿宇.

2. 加拿大马鞍馆

如图 10-30 所示，加拿大马鞍馆是加拿大卡加尔加里市的象征，每年 7 月牛仔节开始各项赛事，经过初赛、复赛、决赛，最后得出名次，比赛项目包括骑烈马、攀野牛、人和牛犊摔跤、强绑母牛、马拉车比赛等，骑烈马是最危险的项目，选手们在马背上待足 8 秒钟才算成功. 体育馆拥有 1.7 万个座位，并有世界最大的缆索悬吊屋顶，其造型奇特.

3. 美国英格斯冰场

如图 10-31 所示，美国英格斯冰场是耶鲁大学的冰球馆. 耶鲁大学校友，建筑师埃罗·沙里宁别出心裁的设计使这座建筑在业界有一定的影响. 该场馆建于 20 世纪 50 年

图 10-29

图 10-30

图 10-31

代，这座建筑独特的造型富有创造性，整体外形像鲸鱼，兼有东方传统建筑的风格．中间一条 90 多米长的弓形钢筋混凝土结构作为脊梁，向两边拉起钢索来支撑屋顶，构成了复杂的空间曲线曲面结构．复杂的曲线增加了结构设计计算以及施工的难度．

10.3.4　拱——圆锥曲线的完美诠释

拱是建筑工程中跨越空间的结构，可使应力比较均匀地通体分布，从而避免集中在建筑物中央．楔形拱石构成拱的曲线．建筑物中央是拱顶石．所有的石头构成一个由重力触发的锁定机构．重力的拉力使拱侧向外展开(推力)．反抗推力的是墙或扶壁的力．

拱是中世纪哥特式建筑的灵魂和核心．哥特式教堂的建筑师用数学知识确定重心，以构成一个可以调整的几何设计，使拱顶汇于一点，将石结构的巨大重量引回地面，而不是横向引出，如图 10-32、图 10-33 所示．

图 10-32

图 10-33

1. 德国科隆大教堂

如图 10-34 所示，科隆大教堂自 1864 年科隆发行彩票筹集资金至 1880 年落成，科隆大教堂至今也依然是世界上最高的教堂，并且每个构件都十分精确，时至今日，专家学者们也没有找到当时的建筑计算公式．夜色中的科隆大教堂最为壮观，教堂中央的双尖顶直刺云霄，一连串的尖拱窗驮着陡峭的屋顶，整座教堂显得清奇冷峻，充满力量．

2. 意大利米兰大教堂

如图 10-35 所示，米兰大教堂是世界上影响力最大的教堂之一，坐落于意大利米兰市中心的大教堂广场．历经 6 个世纪才完工，汇集了多种民族的建筑艺术风格．12—15 世纪，哥特式建筑风格在欧洲正流行，所以奠定了这座建筑的哥特式风格基调．米兰大教堂在装饰及设计方面，显得相当细腻，极富艺术色彩，甚至整个教堂本身可以说是一件精美

图 10-34

图 10-35

的艺术品. 外部的扶壁、塔、墙面都是垂直向上的垂直划分, 所有的局部和细节顶部为尖顶, 整个外形充满着向天空的升腾感. 最高的尖塔高达 108.5 米, 上方置有圣母雕像, 教堂拱顶由 52 根多柱体梁柱支撑, 其上共有 135 根石柱尖塔、2245 座雕像, 均取材于圣经故事.

3. 西班牙圣家族大教堂

如图 10-36 所示, 西班牙圣家族大教堂玫瑰窗哥特式建筑的特点是尖塔高耸、尖形拱门、大窗户及绘有圣经故事的花窗玻璃. 在设计中利用尖肋拱顶、飞扶壁、修长的束柱,营造出轻盈修长的飞天感.

图 10-36

4. 哥斯达黎加国家体育场

如图 10-37 所示，由中国政府出资援建的哥斯达黎加国家体育场位于哥斯达黎加首都圣何塞，占地面积近 10 万平方米，可容纳 3.5 万人，是中美洲地区迄今现代化程度最高的综合性体育场. 体育场于 2009 年 3 月 12 日奠基，2011 年 3 月 24 日建成移交，总投资超过 5 亿元人民币.

图 10-37

5. 美国西进之门——圣路易斯大拱门

美国的道路四通八达，大多是高速公路，若下错一个出口，回不了头，就得绕一大圈回到原地重新出发. 如图 10-38 所示，圣路易斯大拱门高 192 米，比自由女神像和华盛顿纪念碑都高，属于美国的标志性建筑. 圣路易斯大拱门与其身高一样举世闻名在于该拱门代表了美国第三任总统托马斯·杰弗逊发起的那场伟大而充满历史意义的"西部扩张"运动，由此展开美国国土的宏伟版图. 圣路易斯大拱门通体银色，采用不锈钢制作，在阳光照耀下闪闪发光，同时兼具世界最先进的抗震避雷功能.

图 10-38

6. 英国数学桥

如图 10-39 所示，英国伦敦大学的剑河上有一座著名的数学桥. 这座桥走过了 250 多个春秋. 数学桥又名牛顿桥，相传这是大数学家牛顿在剑桥教书时亲自设计并建造的，整个桥体未用一根钉子固定.

图 10-39

据考证，牛顿是不可能建造这座桥的. 数学桥建于 1749 年，而牛顿于 1727 年辞世. 只能说剑桥人对牛顿太过钟爱，总是把许多的故事与他相联系.

实际上，这座桥是由詹姆斯·小埃塞克斯根据英国桥梁设计大师威廉姆·埃斯里奇（William Etheridge）的思路设计的. 数学桥展示出现代钢梁桥的雏形，其桥身相邻桁架之间均构成 11.25 度的夹角. 在 18 世纪，这种设计被称为几何结构，所以该桥得名数学桥.

10.3.5　曲面结构的代表——薄壳结构

薄壳结构为建筑艺术的完美发挥提供了广阔的前景. 薄壳结构是表面呈曲面，厚度与其他尺寸相比较显得甚小的一种薄壁空间结构. 薄壳结构和杆件结构中的拱与梁相类似. 壳体结构的强度和刚度主要是利用了合理的几何体形状，使其处于最佳受力状态，如图 10-40 所示.

图 10-40

1. 澳大利亚悉尼歌剧院

如图 10-41 所示，澳大利亚悉尼歌剧院，是 20 世纪最具特色的建筑之一，也是世界著名的表演艺术中心，已成为澳大利亚悉尼市的标志性建筑. 该歌剧院于 1973 年正式落成，2007 年 6 月 28 日被联合国教科文组织评为世界文化遗产.

弯曲大贝壳表面的形状，最初设计成曲率变化的复杂曲面，但因为贝壳太大，要用 2000 多块钢筋混凝土预制件拼合组装，为了保证拼合成光滑曲面，所以后来把所有大贝壳的表面都做成半径为 76 米的球面片段.

按曲面生成的形式分为筒壳、圆顶薄壳、双曲扁壳和双曲抛物面壳等，材料大多采用钢筋混凝土. 壳体能充分利用材料的强度，同时又能将承重与围护两种功能融合为一体.

图 10-41

2. 特立尼达和多巴哥国家表演艺术中心

如图 10-42 所示，由中国提供优惠贷款援建的特立尼达和多巴哥国家表演艺术中心位于特多首都西班牙港中心的萨凡纳女王公园旁，占地面积近 4 万平方米，建成后成为当地乃至加勒比海地区最具代表性的建筑.

图 10-42

3. 喀麦隆雅温得多功能体育馆

如图 10-43 所示，位于喀麦隆首都雅温得市中心黄金地段的多功能体育馆是近年来中国援建喀麦隆的最大项目，也是目前喀麦隆最大的多功能、综合性体育场馆.

图 10-43

10.3.6　三角形结构与方形结构

1. 埃及金字塔

3800 多年前的玛雅人在他们的金字塔中对方形和三角形情有独钟, 如今金字塔已成为这个已消失文明的象征. 如图 10-44 所示, 金字塔的形状, 从远处看去, 是一个很大的正四棱锥, 底面是一个大正方形, 四面是三角形的大斜坡, 向上聚拢, 集中到塔顶的最高点.

图 10-44

金字塔有什么未解之谜? 埃及人在那个时代怎样建造巨大金字塔? 金字塔的内部结构是怎么知道的? 金字塔的地理位置是怎么选择的? 金字塔的尺寸是怎么把握的? 金字塔的外部形状是怎么确定的? 为什么不是圆形? 矩形? 方形? 椭圆形? 金字塔的内部机关是怎么设立的? 金字塔的主持建造者是谁? 金字塔的作用仅仅只是陵墓, 金字塔为什么不能攀登？进入金字塔内部为什么会死亡？这些成为人类的未解之谜.

据说，火星上也有金字塔.

2. 古希腊帕特农神庙

在希腊首都雅典卫城坐落的古城堡中心，石灰岩的山冈上，耸峙着一座巍峨的长方形建筑物，神庙矗立在卫城的最高点，这就是在世界艺术宝库中著名的帕特农神庙，如图 10-45 所示. 这座神庙历经 2000 多年的沧桑之变，如今庙顶已坍塌，雕像荡然无存，浮雕剥蚀严重，但从巍然屹立的柱廊中，还可以看出神庙当年的风姿. 帕特农神庙是雅典卫城最重要的主体建筑. 帕特农神庙是供奉雅典娜女神的最大神殿，帕特农原意为贞女，是雅典娜的别名. 这座神庙从公元前 447 年开始兴建，9 年后大庙封顶，又用 6 年之后各项雕刻也宣告完成，1687 年毁于战争，今仅存残迹.

图 10-45

10.3.7 圆环结构

1. 非洲联盟(非盟)会议中心

如图 10-46 所示，2012 年 1 月 28 日，中国政府援建的非洲联盟(非盟)会议中心在埃塞俄比亚首都亚的斯亚贝巴落成. 非盟会议中心是中国援助非洲的重点项目之一，工程耗资 2 亿美元，也是中国政府继坦赞铁路后对非洲最大的援建项目.

2. 莫桑比克国家体育场

如图 10-47 所示，莫桑比克国家体育场位于莫桑比克首都马普托郊区，占地面积近 27 万平方米，建筑面积近 4.2 万平方米，拥有 4.2 万个座位，是一个具有国际标准比赛场地的综合性体育场. 莫桑比克国家体育场于 2008 年 11 月开始建设，2011 年 1 月 17 日建成移交，总投资近 5 亿元人民币.

3. 蒙古国乌兰巴托国家体育馆

如图 10-48 所示，蒙古国乌兰巴托国家体育馆简直就是一个用数学构造的艺术品. 由

图 10-46

图 10-47

图 10-48

中国政府无偿援建的蒙古国乌兰巴托国家体育馆于 2008 年开工，2010 年 12 月建成移交. 体育馆占地面积 4 公顷，建筑面积 15304 平方米，内设 5045 个座位，是目前蒙古国功能最齐全、容纳观众人数最多的国际标准体育馆，总投资近 1.1 亿元人民币.

4. 加纳国家剧院

如图 10-49 所示，加纳国家剧院位于非洲加纳首都阿克拉的市中心，于 1992 年建成，是中国援建项目. 加纳国家剧院不是特别大，却很精致. 楼顶屋面采用了三向双曲顶棚，像一只用三个翅膀飞翔的大鸟，使这座剧院增添了迷人的魅力. 三向双曲顶棚是由"扭壳"组合而成的.

图 10-49

5. 英国圣三一学院

如图 10-50 所示，英国都柏林圣三一学院（Trinity College Dublin）坐落于都柏林市中心繁华地段. 圣三一学院不算大，但是里面的建筑却很精致. 1592 年英国女王伊丽莎白一世下令兴建，到 18 世纪基本形成目前的规模.

(a)

(b)

图 10-50

6. 2012 年伦敦奥林匹克运动会体育馆

2012 年伦敦奥林匹克运动会体育馆中的数学元素如图 10-51 所示.

(a)奥林匹克体育场

(b)奥林匹克公园小轮车场

(c)伯爵宫

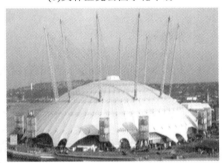
(d)北格林威治体育馆

图 10-51

10.3.8　中式建筑中的数学元素

1. 西安大雁塔

如图 10-52 所示，西安大雁塔又名慈恩寺塔，位于陕西省西安市南郊大慈恩寺内. 因坐落在慈恩寺西院内，大雁塔原称慈恩寺西院浮屠（浮屠即塔的意思），是中国唐朝佛教建筑艺术杰作.

大雁塔，真的与雁有关吗？玄奘所著《大唐西域记》一书中记载他在印度所闻僧人埋雁造塔的传说，解释了最可信的雁塔由来之论说.《大唐西域记》中卷九载：在摩伽陀国的因陀罗势罗娄河山中，有雁塔，相传雁投身欲开悟小乘教徒，也许这一记事就是雁塔名称的出处.

大雁塔始建于 652 年(唐高宗永徽三年). 大雁塔是楼阁式砖塔，塔通高 64.5 米，塔身为 7 层，塔体呈方形锥体，由仿木结构形成开间，由下而上按比例递减，塔内有木梯可攀登而上. 每层的四面各有一个拱券门洞，可以凭栏远眺. 整个建筑气魄宏大，造型简洁稳重，比例协调适度，格调庄严古朴，是保存比较完好的楼阁式塔. 在塔内可以俯视西安古城.

图 10-52

2. 武汉黄鹤楼

如图 10-53 所示，黄鹤楼位于湖北省武汉市，是江南三大名楼之一，素有"天下江山第一楼"之美誉.

图 10-53

黄鹤楼始建于三国时期，1981 年重建. 主楼高 49 米，共 5 层，攒尖顶，层层飞檐，四望如一. 底层外檐柱对径为 30 米，中部大厅正面墙上设大片浮雕，展示了历代有关黄鹤楼的神话传说；第三层设夹层回廊，陈列有关诗词书画；二、三、四层外有四面回廊，可供游人远眺.

3. 北京祈年殿

如图 10-54 所示，北京祈年殿是天坛的主体建筑，上屋下坛，屋即祈年殿，坛即三层汉白玉圆台，是明清两代皇帝孟春祈谷之所. 北京祈年殿是一座镏金宝顶、蓝瓦红柱、彩绘金碧辉煌的三层重檐圆形大殿. 大殿建于高 6 米的白石雕栏环绕的三层汉白玉圆台上，建筑独特，无大梁长檩及铁钉，28 根楠木巨柱环绕排列，支撑着殿顶的重量. 祈年殿是按照"敬天礼神"的思想设计的，殿为圆形，象征天圆. 北京祈年殿据说是按照天象建立起来的：内围的 4 根"龙井柱"象征一年四季春、夏、秋、冬；中围的 12 根"金柱"象征一年 12 个月；外围的 12 根"檐柱"象征一天 12 个时辰. 中层和外层相加的 24 根柱，象征一年 24 个节气. 三层总共 28 根柱象征天上 28 星宿. 祈年殿为对称结构.

图 10-54

4. 上海东方明珠电视塔

如图 10-55 所示，上海东方明珠电视塔，又名东方明珠塔，坐落在中国上海浦东新区陆家嘴，毗邻黄浦江，与外滩隔江相望，是上海国际新闻中心所在地. 于 1991 年动工，1994 年竣工，投资总额达 8.3 亿元人民币.

图 10-55

5. 赵州桥

赵州桥，又名安济桥，宋哲宗赐名，位于河北赵县洨河上，赵州桥是世界上现存最早、保存最好的巨大石拱桥.

如图 10-56 所示，赵州桥采用圆弧拱形式，赵州桥的建成改变了我国大石桥多为半圆形拱的传统. 我国古代石桥拱形大多为半圆形，这种形式比较优美、完整，但也存在两方面的缺陷：其一是交通不便，半圆形拱桥用于跨度比较小的桥梁比较合适，而大跨度的桥梁选用半圆形拱桥，就会使拱顶很高，造成桥高坡陡、车马行人过桥非常不便；其二是施工不利，半圆形拱桥砌石用的脚手架很高，增加了施工的危险性. 为此，李春和工匠们一起创造性地采用了圆弧拱形式，使石拱高度大大降低. 赵州桥建于 605 年，距今 1400 多年，经历了 10 次水灾、8 次战乱和多次地震，特别是 1966 年邢台发生的里氏 7.6 级地震，邢台距赵州桥有 40 多千米，赵州桥所在地也发生了里氏 4 级以上地震，赵州桥都没有被破坏. 1991 年，美国土木工程师学会将赵州桥选定为第 12 个"国际历史土木工程的里程碑"，并在桥北端东侧建造了"国际历史土木工程古迹"铜牌纪念碑.

图 10-56

6. 北京天坛回音壁

如图 10-57 所示，北京天坛回音壁的围墙，墙高 3.72 米，厚 0.9 米，直径 61.5 米. 墙壁是用磨砖对缝砌成的，墙头覆盖着蓝色琉璃瓦. 围墙的弧度十分规则，墙面极其光滑整齐，对声波的折射是十分规则的，是敞顶的环道. 只要两个人分别站在东、西配殿后，贴墙而立，一个人靠墙向北说话，声波就会沿着墙壁连续折射前进，传到 100～200 米的另一端，无论说话声音多么小，也可以使对方听得清清楚楚，而且声音悠长，堪称奇趣，给人造成一种"天人感应"的神秘气氛，故称之为"回音壁".

7. 北京圆明园

如图 10-58 所示，被毁前的圆明园竟然如此美. 圆明园，坐落于北京西郊海淀区，与颐和园紧相毗邻. 圆明园始建于康熙四十八年，即 1709 年，由圆明园、长春园、绮春园

(a)　　　　　　　　　(b)

图 10-57

三园组成，有园林风景百余处，建筑面积逾 16 万平方米，是清朝帝王在 150 余年间创建和经营的一座大型皇家宫苑. 1860 年 10 月，圆明园遭到英法联军的洗劫和焚毁.

(a)　　　　　　　　　(b)

图 10-58

8. 大同云冈石窟博物馆

如图 10-59 所示，大同云冈石窟博物馆位于山西省大同市云冈石窟景区，景区内有世界闻名的始凿于北魏时期的巨大石窟艺术群，为了不影响自然景观和人文景观，建筑的主要功能都建在地下，只有屋顶和南立面露出地面.

古人对于宗教信仰的虔诚造就了伟大的宗教艺术. 为了营造人们带着朝圣的心情来体验古人虔诚的氛围，在北面主入口处设计了一个半圆形下沉广场，人们要到达这里需穿越 23 条同心圆的放射状狭长道路，这种仪式感很强的通路犹如漫漫追寻之路，又如佛光指引人们来到这里，其穿越途径如同过去与现在的时光隧道把人们从 1000 多年前的北魏带到现代.

9. 上海博物馆

如图 10-60 所示，上海博物馆创建于 1952 年，原址在南京西路 325 号跑马总会，1959 年 10 月迁入河南中路 16 号旧中汇大楼.

图 10-59

图 10-60

10. 中国国家体育场

如图 10-61 所示，中国国家体育场是 2008 年北京奥运会的主场馆，由于其独特的造型，又称为"鸟巢".

11. 上海体育场

如图 10-62 所示，整个体育场呈圆形，建筑外形采用具有国际先进水平的马鞍形、大悬挑钢管空间层盖结构，覆以赛福龙涂面玻璃纤维成型膜. 层盖最长悬挑梁达 73.5 米，为世界之最. 场内设有符合国际标准的、四季常绿的足球场和塑胶田径比赛场地.

图 10-61

图 10-62

12. 天津广播电视塔

如图 10-63 所示，天津广播电视塔简称天塔，建于 1991 年，总高度为 415.2 米，为世界第四、亚洲第二高塔．天津广播电视塔坐落于河西区八里台聂公桥以南、紫金山路与津盐公路汇合处的三角地带．天津广播电视塔塔身呈抛物线状，塔楼为飞碟形，从整体上看线条极为简洁、流畅、挺拔．在塔身 248~278 米处，设有瞭望厅和旋转餐厅，旋转餐厅可同时容纳 200 余人就餐，人们可以通过望远镜俯瞰天津市．

13. 宁夏一百零八塔

如图 10-64 所示，宁夏一百零八塔——中国古代大型喇嘛塔群，在宁夏回族自治区青铜峡市青铜峡水库西岸山坡上．塔自上而下按 1，3，5，7，9，…，19 奇数错落排列成 12 层，每层塔前用砖砌护墙一道，地面用砖铺满，构成一个等边三角形塔群，共 108 座．始建年代不详，根据《大明一统志》和宁夏地方志《弘治宁夏新志》记载，认为是元代．一百零八塔是国内外罕见的一座群塔，其历史艺术科学价值为游人学者所瞩目．

图 10-63

图 10-64

14. 河南嵩岳寺塔

如图 10-65 所示，坐落于河南省登封市的嵩岳寺塔，简称"嵩岳寺塔"，位于城西北 5 千米处嵩山南麓峻极峰下嵩岳寺内. 嵩岳寺始建于北魏永平二年（509 年），原是宣武帝的离宫，后改为佛教寺院，正光元年（520 年）改名闲居寺. 隋仁寿二年（602 年）改名嵩岳寺. 唐代武则天和高宗游嵩山时，曾把嵩岳寺改作行宫. 现在塔前的山门和塔后的大雄殿及两侧的伽蓝殿、白衣殿均为近代改建.

图 10-65

15. 浙江六和塔

如图 10-66 所示，六和塔位于西湖之南，钱塘江畔月轮山上．北宋开宝三年(970 年)，僧人智元禅师为镇江潮而创建，取佛教"六和敬"之义，命名为六和塔．现在的六和塔塔身重建于南宋．六和塔又名六合塔，取"天地四方"之意．20 世纪 90 年代在六和塔近旁新建"中华古塔博览苑"，将中国各地著名的塔缩微雕刻而成，集中展示了中国古代建筑文化的成就．

图 10-66

10.3.9　数学与建筑艺术结束语

随着人们物质生活的日益提高，对自然精神生活的享受也会提升到更高的层次．例如，人们日常生活中随处可见到的广告、海报、宣传品等实用艺术，新兴出现的现代艺术中的媒体艺术．为吸引观众的眼球，必须运用数学鬼斧神工的创造力来产生艺术的无穷魅力．

当今时代，数学从原来的逻辑学科，日益成为一种独立的科学，一种技术. 从这个意义上说，数学和建筑搭乘技术的快车，已经走上了快车道. 现代化建设给建筑创作带来了一个巨大的发展空间，随着计算机技术的飞速进步，建筑设计师可以借助数学模型求出精确的曲面、曲线，人们对建筑物的使用也从以往的实用型转为高品位的欣赏和追求社会效益. 如图 10-67 所示，斯图加特美术馆新馆是后现代主义建筑. 用建筑学语言来说，就是各种相异成分互相碰撞，各种符号混杂并存，体现了后现代派所追求的矛盾性和混杂性. 新馆的几何形状，除去常见的平面、柱面、锥面外，还有一段扭曲的墙面，其形状是直纹曲面. 所谓直纹曲面，就是由一组直线组成的曲面，这些直线称为母线. 在建筑施工时，钢筋可以沿着直纹曲面的母线放置，形成外观优美的曲面效果.

图 10-67

建筑学将科学和艺术完美地结合在一起，为人类创造着美好的家园、开拓着生存的空间. 数学作为描述现实世界数量关系和空间关系的优美的符号语言，与建筑在思想上的共鸣和渗透，使建筑设计师创作出了优美多姿的造型，奉献出千古不朽的杰作. 建筑设计师具有丰富的想象力，其设计创意因为掌握和理解了数学而展翅飞翔.

10.4　分形艺术欣赏

分形的创立也许是基于一个巧合，颇似当年哥伦布发现美洲新大陆的意外收获. 分形的创立者曼得勃罗特原先是为了解决电话电路的噪声等实际问题，结果却发现了几何学的一个新领域. 海岸线具有自相似性，曼得勃罗特就是在研究海岸线时创立了分形几何学——几何对象的一个局部放大后在形态、功能、信息、时间、空间等方面与其整体相似. 例如，一块磁铁中的每一部分都像整体一样具有南北两极，不断分割下去，每一部分都具有和整体磁铁相同的磁场. 这种自相似的层次结构，适当地放大或缩小几何尺寸，整个结构不变，这种性质就叫作自相似性.

本节主要介绍分形在艺术上的应用.

10.4.1　从数学怪物谈起

1. 冯·科克(von Koch)曲线

如图 10-68 所示，首先画一个线段，然后把它平分成三段，去掉中间那一段并用两条等长的线段代替. 这样，原来的一条线段就变成了四条小的线段. 用相同的方法把每一条小的线段的中间三分之一替换为等边三角形的两边，得到了 16 条更小的线段. 然后继续对这 16 条线段进行相同的操作，并无限地迭代下去. 图 10-68 是这个图形前五次迭代的过程，可以看到这样的分辨率下已经不能显示出第五次迭代后图形的所有细节了.

读者可能注意到一个有趣的事实：整个线条的长度每一次都变成了原来的 $\frac{4}{3}$. 如果最初的线段长为一个单位，那么第一次操作后总长度变成了 $\frac{4}{3}$，第二次操作后总长增加到 $\frac{16}{9}$，第 n 次操作后长度为 $\left(\frac{4}{3}\right)^n$. 毫无疑问，操作无限进行下去，这条曲线将达到无限长. 难以置信的是这条无限长的曲线却"始终只有那么大".

当把三条这样的曲线头尾相接组成一个封闭图形时，有趣的事情发生了. 这个雪花一样的图形有着无限长的边界，但是其总面积却是有限的? 换句话说，无限长的曲线围住了一块有限的面积. 有人可能会问为什么面积是有限的? 虽然从图 10-69 中看结论很显然，但这里我们还是要给出一个简单的证明. 三条曲线中每一条的第 n 次迭代前有 4^{n-1} 个长为 $\left(\frac{1}{3}\right)^{n-1}$ 的线段，迭代后多出的面积为 4^{n-1} 个边长为 $\left(\frac{1}{3}\right)^n$ 的等边三角形. 把 4^{n-1} 扩大到 4^n，再把所有边长为 $\left(\frac{1}{3}\right)^n$ 的等边三角形扩大为同样边长的正方形，总面积仍是有限的，因为无穷级数 $\sum \frac{4^n}{9^n}$ 显然收敛. 这个神奇的雪花图形叫作 Koch 雪花，其中那条无限长的曲线就叫作 Koch 曲线. 他是由瑞典数学家 Helge von Koch 最先提出来的.

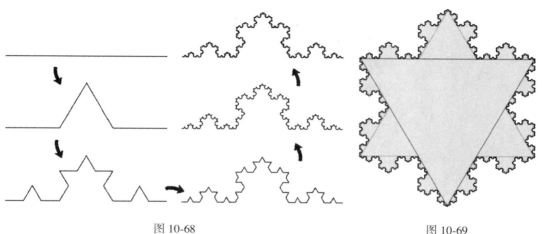

图 10-68　　　　　　　　　　　　　　　　　图 10-69

2. 康托尔集合

第一步，将闭区间$[0,1]$均分为三段，去掉中间$\frac{1}{3}$，即去掉开区间$\left(\frac{1}{3}, \frac{2}{3}\right)$，剩下两个闭区间$\left[0, \frac{1}{3}\right]$和$\left[\frac{2}{3}, 1\right]$.

第二步，将剩下的两个闭区间各自均分为三段，同样去掉中间$\frac{1}{3}$的开区间：$\left(\frac{1}{9}, \frac{2}{9}\right)$和$\left(\frac{7}{9}, \frac{8}{9}\right)$，这次剩下四段闭区间：$\left[0, \frac{1}{9}\right]$，$\left[\frac{2}{9}, \frac{1}{3}\right]$，$\left[\frac{2}{3}, \frac{7}{9}\right]$和$\left[\frac{8}{9}, 1\right]$.

第三步，重复上述操作，删除每一小闭区间中间的$\frac{1}{3}$.

一直到第 N 步，不断重复上述操作.

无限操作下去，我们看最后剩下了什么. 把上述操作最后剩下的点组成的集合称作康托尔集合（Cantor Set）. 该集合在数学史上有重要作用，如今在分形理论中又再次辉煌，混沌理论和分形几何学处处碰到康托尔集合.

康托尔集合的性质是很有意思的. 首先康托尔集合是自相似的，整体与部分十分相像. 其次，该集合不包含任何区间，这一点容易想象出来，不断去掉中间$\frac{1}{3}$，最后剩下的点不能构成区间. 但康托尔集合是完备的闭集合. 如果在 M 的邻域 $N(M, \delta)$ 内有无穷多个点属于集合 E，则 M 是 E 的一个聚点. E 的全部聚点作成的集合叫作 E 的导集，记作 E'. $E+E'$ 称作 E 的闭包. 闭集的含义是 E 包含 E'，即一个集合包含了自身所有的聚点.

若 $E=E'$，即 E 是闭的且不含孤立点，则 E 就是完备的. 完备集合的意思是说，集合 E 是闭的且每一个点都是聚点（即没有孤立点）. 应当注意的是，"闭""聚""孤立"等用语与日常语言含义不同.

图 10-70 是康托尔三分集的生成过程.

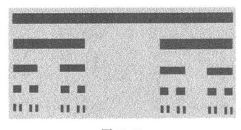

图 10-70

每次去掉线段中间的$\frac{1}{3}$，最后剩下的就是康托尔集，图 10-70 中只表示了前三个阶段.

为了显示方便，无宽度的[0，1]线段在这里故意用一矩形框表示.

康托尔集合也叫康托尔完备集. 该集合可以与(0，1)中的点一一对应起来，该集合是不可数的.

3. 希尔伯特曲线

如果问什么是曲线？读者也许会说，直观地看，有长无宽的线称为曲线. 但这不是定义，细分析起来这种说法甚至是矛盾的. 数学家确实找到了奇特的曲线，这种奇特的曲线能够充满平面，即这样的曲线是有面积的！皮亚诺曲线就是一个典型的例子.

意大利数学家皮亚诺 1890 年构造了一种奇怪的曲线，该曲线能够通过正方形内的所有点. 该曲线的这种性质很令数学界吃惊. 如果这是可能的，那么曲线与平面如何区分？于是当时数学界十分关注这件事. 次年(即 1891 年)大数学家希尔伯特也构造了一种曲线，该曲线比皮亚诺的曲线简单，但性质是相同的. 这类曲线现在统称为皮亚诺曲线，皮亚诺曲线的特点是：①能够填充空间；②十分曲折，连续但不可导；③具有自相似性.

希尔伯特曲线是怎样做出来的呢？只举一个例子：第一步将正方形 4 等分分成 4 个小正方形，画出小正方形的"中位曲线"(图 10-71)；第二步将原正方形作 16 等分，按图 10-72 所示次序再次画出中位曲线；第三步将原正方形作 64 等分，同样画出中位曲线；依此类推，将原正方形 4^n 等分，画出中位曲线. 当 n 趋于无穷时，正方形迷宫中的中位曲线就充满了整个正方形，成为希尔伯特曲线，如图 10-73 所示.

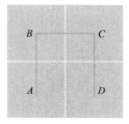

生成希尔伯特曲线的
第一步和第二步
图 10-71

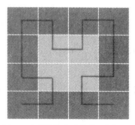

按一定顺序相继穿过每一
个小正方形的"中位线"
图 10-72

生成希尔伯特曲线的第 n 步
图 10-73

4. 谢尔宾斯基地毯

波兰著名数学家谢尔宾斯基(Sierpinski)在 1915—1916 年，构造了几个数学怪物的典型例子，这些常称作"谢氏地毯""谢氏三角""谢氏海绵""谢氏墓垛"，如图 10-74 和图 10-75 所示.

我们首先看谢氏三角形. 取一个大的正三角形，即等边三角形，连接各边的中点，得到 4 个完全相同的小正三角形，挖掉中间的一个，这是第一步.

第二步，将剩下的三个小正三角形按照上述方法各自取中点、各自分出 4 个小正三角形，去掉中间的一个小正三角形，以此类推，不断划分出小的正三角形，同时去掉中间的一个小正三角形．这就是谢氏三角形的生成过程．数学家很关心当步数趋于无穷大时最后剩下了什么．的确，最后仍然剩下一些东西．

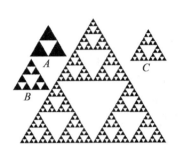

谢氏三角的前四步生成过程
图 10-74

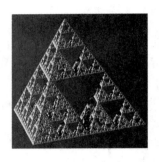

三维谢氏塔的自相似结构
图 10-75

直观上可以想象，最后得到的极限图形面积为零．设初始三角形面积为 S，则第一步完成后去掉的面积为 $\frac{1}{4}S$．第二步完成后去掉的面积为 $\frac{1}{4}S+3\times\left(\frac{1}{4}\right)^2 S$．第三步完成后总共去掉的面积为 $\frac{1}{4}S+3\times\left(\frac{1}{4}\right)^2 S+3^2\times\left(\frac{1}{4}\right)^3 S$．第 n 步后去掉的总面积为

$$S_n(去掉)=\frac{S}{4}\times\left[1+\frac{3}{4}+\cdots+\left(\frac{3}{4}\right)^{n-1}\right]=S\times\left[1-\left(\frac{3}{4}\right)^n\right]$$

显然，当 $n\to\infty$ 时，$S_n(去掉)\to S$，即剩下的面积为零．（读者朋友最好拿一张纸，亲自试一试挖取三角形的过程，挖掉的部分涂黑，用不了几步，就会发现差不多一片黑了．）

我们不是数学家，所以不必真的关心极限图形，观察前 8 步就足够了．n 取 20 便足可以认为是 ∞ 了！

在挖取三角形的过程中，我们发现，每一步骤构造出的小三角形与整个三角形是相似的，特别是当步数 n 较大时，相似性更是明显，有无穷多个相似，每一小三角形与任何其他三角形也都是相似的．

上面是以正三角形说明的，换成一般的三角形甚至非三角形也可以．如果最初选一个，每次也取中点，去掉中间一个小三角形，最后得到的结论完全一样．若开始时取一个正方形，将其 9 等分，去掉中间一个小正方形，如图 10-76 所示．以上都是在二维平面上操作，增加一维可以吗？当然可以，如图 10-77 所示．其实数学家就是这样想问题的：不断推广，力求得到更一般、更普遍的结论．

5. 英国的海岸线有多长

1967 年法国数学家（B. B. Mandelbrot）提出了"英国的海岸线有多长"的问题．这好像极其简单，因为长度依赖于测量单位，以 1km 为单位测量海岸线，得到的近似长度将短于 1km 的迂回曲折都忽略掉了，若以 1m 为单位测量，则能测出被忽略掉的迂回曲折，长度将变大，测量单位进一步变小，测得的长度将愈来愈大，这些愈来愈大的长度将趋近于一个确定值，这个极限值就是海岸线的长度.

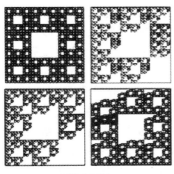

图 10-76

图 10-77

答案似乎解决了，但 Mandelbrot 发现：当测量单位变小时，所得的长度是无限增大的. 他认为海岸线的长度是不确定的，或者说，在一定意义上海岸线是无限长的. 为什么？答案也许在于海岸线的极不规则和极不光滑. 我们知道，经典几何研究规则图形，平面解析几何研究一次和二次曲线，微分几何研究光滑的曲线和曲面，传统上将自然界大量存在的不规则形体规则化再进行处理，我们将海岸线折线化，得出一个有意义的长度.

可贵的是 Mandelbrot 突破了这一点，长度也许已不能正确概括海岸线这类不规则图形的特征. 海岸线虽然很复杂，却有一个重要的性质——自相似性. 从不同比例尺的地形图上，我们可以看出海岸线的形状大体相同，其曲折、复杂程度是相似的. 换言之，海岸线的任一小部分都包含有与整体相似的细节. 要定量地分析像海岸线这样的图形，引入分形维数也许是必要的. 经典维数都是整数：点是 0 维、线是 1 维、面是 2 维、体是 3 维，而分形维数可以取分数，简称分维.

10.4.2　分形几何学

1. 欧几里得几何的局限性

自公元前 3 世纪欧几里得几何基本形成至今已有 2000 多年. 欧几里得几何的重要性可以从人类的文明史中得到证明. 欧几里得几何主要是基于中小尺度上，点、线、面之间的关系. 这种观念与特定时期人类的实践、认识水平是相适应的，数学的发展历史告诉我们，有什么样的认识水平就有什么样的几何学. 当人们全神贯注于机械运动时，头脑中的图像多是一些圆锥曲线、线段组合，受认识主、客体的限制，欧几里得几何具有很强的"人为"特征. 这么说并非要否定欧几里得几何的辉煌历史，只是我们应当认识到欧几里得几何是人们认识、把握客观世界的一种工具，但不是唯一的工具.

进入 20 世纪以后，科学的发展极为迅速. 特别是第二次世界大战后，大量的新理论、新技术以及新的研究领域不断涌现，同以往相比，人们对物质世界以及人类社会的看法有了很大的不同. 其结果是，有些研究对象已经很难用欧几里得几何来描述了，如对植物形态的描述，对晶体裂痕的研究，等等.

2. 分形几何的产生

数学家在深入研究数学时讨论了一类很特殊的集合(图形),如 Cantor 集、Peano 曲线、Koch 曲线等,这些在连续观念下的"病态"集合往往是以反例的形式出现在不同的场合. 当时它们多被用于讨论定理条件的强弱性,其更深一层意义并没有被大多数人所认识.

1973 年,Mandelbrot 在法兰西学院讲课时,首次提出了分维和分形几何的设想. 1975 年,Mandelbrot 在其《自然界中的分形几何》一书中引入了分形(fractal)这一概念. 从字面意义上讲,fractal 是碎块、碎片的意思,然而这并不能概括 Mandelbrot 的分形概念,尽管目前还没有一个让各方都满意的分形定义,但在数学上大家都认为分形有以下几个特点:

(1)分形集都具有任意小尺度下的比例细节,或者说分形集具有无限精细的结构;

(2)分形集具有某种自相似形式,可能是近似的自相似或者统计的自相似;

(3)一般来说,分形集的"分形维数",严格大于分形集相应的拓扑维数;

(4)在大多数令人感兴趣的情形下,分形集由非常简单的方法定义,可能以变换的迭代产生等.

上述(1)、(2)两项说明分形在结构上的内在规律性. 自相似性是分形的灵魂,自相似性使得分形的任何一个片段都包含了整个分形的信息. 第(3)项说明了分形的复杂性. 第(4)项则说明了分形的生成机制. Koch 曲线处处连续,但处处不可导,其长度为无穷大,以欧几里得几何学的眼光来看,这种曲线是病态的,是被打入另类的,从逼近过程中每一条曲线的形态可以看出分形四条性质的种种表现. 以分形的观念来考察前面提到的"病态"曲线,可以看出它们不过是各种分形.

实际上,对于什么是分形,到目前为止还不能给出一个确切的定义,正如生物学中对"生命"也没有严格明确的定义一样,人们通常是列出生命体的一系列特性来加以说明. 对分形的定义也可以同样地处理.

3. 分形几何与传统几何的比较

我们把传统几何的代表欧几里得几何与以分形为研究对象的分形几何作一比较,可以得到这样的结论:欧几里得几何是建立在公理之上的逻辑体系,其研究的是在旋转、平移、对称变换下各种不变的量,如角度、长度、面积、体积,其适用范围主要是人造的物体;而分形从根本上讲反映了自然界中某些规律性的东西,以植物为例,植物的生长是植物细胞按一定的遗传规律不断发育、分裂的过程,这种按规律分裂的过程可以近似地看作是递归、迭代过程,这与分形的产生极为相似. 在此意义上,人们可以认为一种植物对应一个迭代函数系统,人们甚至可以通过改变该系统中的某些参数来模拟植物的变异过程.

分形几何还被用于海岸线的描绘及海图制作、地震预报、图像编码理论、信号处理等领域,并在这些领域内取得了令人瞩目的成绩. 作为多个学科的交叉,分形几何对以往欧几里得几何不屑一顾(或者说是无能为力)的"病态"曲线的全新解释是人类认识客体不断开拓的必然结果. 当前,人们迫切需要一种能够更好地研究、描述各种复杂自然曲线的几何学,而分形几何恰好可以堪当此用. 所以说,分形几何也就是自然几何,以分形或分形的组合的眼光来看待周围的物质世界就是自然几何观.

由此可见，为什么要研究分形？首先，分形形态是自然界普遍存在的，研究分形，是探讨自然界的复杂事物的客观规律及其内在联系的需要，分形提供了新的概念和方法. 其次，分形具有广阔的应用前景，在分形的发展过程中，许多传统的科学难题，由于分形的引入而取得显著进展.

分形作为一种新的概念和方法，正在许多领域开展应用探索. 20 世纪 80 年代初国外开始的"分形热"经久不息. 美国著名物理学家惠勒说过：今后谁不熟悉分形，谁就不能被称为科学上的文化人.

4. 关于曼德勃罗

曼德勃罗毕业于巴黎工学院，获得理科硕士学位，后在巴黎大学获得数学博士学位. 他是一个爱思索"旁门左道"问题的人，擅长形象地图解问题，博学多才. 1973 年，他在法兰西学院讲课期间提出了分形几何的思路，1975 年当 Bill Gates 与 GB 创业时，他提出了"分形"术语，1983 年出版《大自然的分形几何》，分形概念迅速传遍全球.

据曼德勃罗教授自己说，"fractal"一词是 1975 年夏天的一个寂静夜晚，他在冥思苦想之余偶翻他儿子的拉丁文字典时，突然想到的. 这个词源于拉丁文形容词"fractus"，对应的拉丁文动词是"frangere"（"破碎""产生无规则碎片"）. 此外与英文的"fraction"（"碎片""分数"）及"fragment"（"碎片"）具有相同的词根. 20 世纪 70 年代中期以前，曼德勃罗一直使用英文"fractional"一词来表示他的分形思想. 因此，取拉丁词之头，撷英文之尾的"fractal"，本意是不规则的、破碎的、分数的. 曼德勃罗是想用这个词来描述自然界中传统的欧几里得几何学所不能描述的一大类复杂无规则的几何对象. 例如，弯弯曲曲的海岸线，起伏不平的山脉，粗糙不堪的断面，变幻无常的浮云，九曲回肠的河流，纵横交错的血管，令人眼花缭乱的满天繁星等，它们的特点是，极不规则或极不光滑. 直观而粗略地说，这些对象都是分形.

10.4.3　分形艺术欣赏

1. 分形是一门科学也是一门艺术

我们常说分形图形是一门艺术. 把不同大小的 Koch 雪花拼接起来可以得到很多美丽的图形. 一位数学家曾说，你要问我什么是形式上最美丽的数学，我会沉思良久，然后告诉你说："我不知道."如果你定要一个答案，我想我会说是分形几何.

20 世纪 80 年代初 Mandelbrot 在迭代 $z \rightarrow z^2 + c$ 时，发现了著名的曼德勃罗集，简称 M 集. 当时迭代精度和色彩调配均不理想，显现的 M 集也不好看. 但是过了不久，许多高质量的 M 集图片纷至沓来，尤以德国不来梅大学动力系统图形室所作的图片最为精美，受到举世赞誉. 随之而来的是，各大学的教师、研究生以及本科生纷纷利用自己的计算机试算复迭代，M 集一时风靡高等院校. 据说有一段时间校方被迫作出规定，不允许利用实验室的公用计算机玩曼德勃罗集.

在当今时代，人们自己购买了一台计算机，如果不在上面玩一玩 M 集，实在太遗憾了. 读者不妨亲自试一试. 编写计算 M 集的程序并不复杂，可以参照本书给出的 PASCAL

程序，编制适合自己使用的更好的程序，可以用 PASCAL、C、C++、Java，甚至 BASIC 语言.

下面再给出几个美丽的分形供大家欣赏.

（1）曼德勃罗集，如图 10-78～图 10-81 所示.

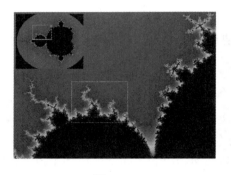
图 10-78

图 10-79

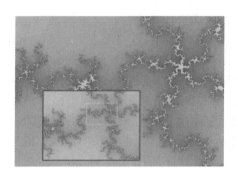
图 10-80

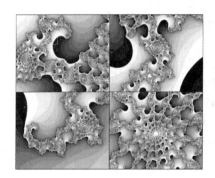
图 10-81

（2）朱丽亚集，如图 10-82、图 10-83 所示.

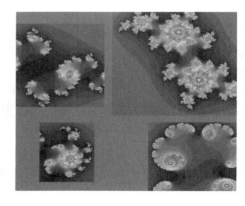
图 10-82

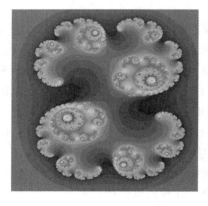
图 10-83

（3）牛顿法求根。当 $f(x)$ 是高于 5 次的多项式时，求代数方程 $f(x)=0$ 的精确解没有公式解，在这种情况下求方程的近似解却是可以的，牛顿法就是一种比较好的逐次逼近法。牛顿法在求根过程中逼近很快，用计算机计算是十分方便的，如图 10-84～图 10-92 所示.

图 10-84　　　　　　　　　　　　　　　　图 10-85

图 10-86　　　　　　　　　　　　图 10-87

图 10-88　　　　　　　　　　　　图 10-89

图 10-84 为用牛顿法求方程 $z^3-1=0$ 的根所得到的"项链"，图 10-85 为用牛顿法求 $z^4-1=0$ 和 $z^5-1=0$ 的根得到的分形图.

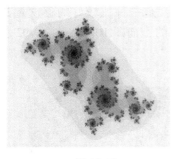  

图 10-90　　　　　　　　　　图 10-91　　　　　　　　　　图 10-92

2. 分形几何的应用

20 世纪 80 年代，分形在国外引起人们的极大关注，除了分形图像充分地向人们展示数学理论与抽象的科学概念中所蕴含的自然美外，还在于分形在许多科学技术领域具有广阔的应用前景.

在客观世界的几何描述方面，分形几何是描述非规则图形及客观对象的有效工具，特别是随着计算机图形学的应用发展，由于模拟自然景物、动画制作、建筑物配景以及影视特殊效果景物生成等的需要，传统几何学已力不从心，而用分形方法，目前已经达到可以以假乱真的程度. 美国 ACM SIGGRAPH 每年会议发表的最新研究成果中，有不少是基于分形方法建模而取得的.

物理学是分形最活跃的应用领域之一，分形理论提出以后，物理学家们将该理论有效地用于处理一些过去长时间以来未能解决的难题，如湍流的研究（包括其理论分析和可视化），取得较好的效果.

在气象学中，人们运用分形理论开展研究取得了不少进展. 著名的洛伦兹吸引子就是一个分形体. 云系的形状、降雨的模式和强度、降水量在土壤中的渗透模式等，都可以用分形理论进行分析研究.

用分形的方法研究地表面的起伏，如山川、地形、地貌的形态，以及它们产生、发展、分布的规律等，形成了分形地貌学这一新的学科分支，该学科不仅以分形理论为基础对地表面的形态进行描述，还以分形维数为中介参数建立地貌与内部机制之间的联系. 分形地貌学是理论地貌学的一个重要分支，这个分支研究：（1）用计算机生成山峦、丘陵、沙漠、湖沼等各种标准的理想地貌，并探讨其内部机制；（2）用分形理论计算现有地貌的分维，进而探讨其内在的本质与规律.

除此之外，还有地表面水系、地下渗流、海岸线等方面的分形问题. 早在 1982 年 Mandelbrot 在分形专著中就提出并强调分形地貌（Landscape）的问题.

分形布朗运动（FBM）是随机分形生成逼真景物的数学模型，利用随机中点位移，插值和傅立叶滤波等方法，借助于方差和分形维数可以产生各种自然景物. 其覆盖域非常宽广，自然界的海岸线、山形、河川等，均可以逼真地产生.

20 世纪 80 年代中提出的迭代函数系统（IFS），不仅可以用来构造任意形状的植物，还为图像数据的压缩方面提供了新的方法，其压缩比非常高，实时的编码与解码表明，IFS 在"图像通信"和"远程计算机技术"的发展中，具有广阔的应用前景. 此外，大比率的图像压缩也具有现实的军事、经济应用价值.

20 世纪 90 年代初发展起来的计算机"人工生命"的研究，与分形也有极其密切的联系，在计算机上模拟"人工生命"，在理论上，方法上都有赖于分形几何；分形理论在生长模型（晶体生长、神经网络、表面催化等）、经济规模（包括人口的分布、城市规划等）、地质（断裂、地震、地形地貌、石油开采等）、生物分形（视网膜结构、经络、癌组织特性等）等领域的研究中，已经取得了不少成绩.

分形理论还发展了维数的概念. 在发现分数维以前，人们习惯于将点定义为零维，直线为一维，平面为二维，空间为三维，爱因斯坦在相对论中引入时间维，就形成四维时空. 对某一问题给予多方面的考虑，可以建立高维空间，但都是整数维.

分形是 20 世纪涌现出的新的科学思想和对世界认识的新视角. 从理论上讲，分形理论是数学思想的新发展，是人类对维数、点集等概念的理解的深化与推广. 同时，分形理论又与现实的物理世界紧密相连，成为研究混沌（Chaos）现象的重要工具. 对混沌现象的研究正是现代理论物理学的前沿和热点之一.

在社会科学和艺术领域，也在积极研究并应用分形理论，美国好莱坞影片《星球大战 II》中，就用了不少分形图案. 其中有一系列奇峰异谷（分形山脉）和各种独特的场景，都是人类用分形手段创造的外星世界，而产生这些新颖、美丽的景色的数学描述则是十分简单的. 分形几何的应用正在迅速遍及科研、生产与生活的许多方面. 分形领域有广阔的发展前途，正等待着有志之士去发展、开拓、探索.

3. 分形路漫漫

分形不仅仅是一门科学，还是一门艺术，科学与艺术的话题无数，我们只接触了其中极小极小的一部分，但是从中还是看到了科学与艺术结合的趣味性和必要性，说明艺术界开始关注混沌、分形对艺术的影响. 方李莉在《新工艺文化论》中说，分形几何学"也使传统的工艺领域和艺术领域的现代主义设计及绘画发展到了一个临界点上"."分形几何学的出现对设计的观念和今后工艺的装饰手段都将带来巨大的革命，特别是分形数学在计算机中的运用，更是在数学和艺术之间搭上了一条相通的桥梁."人们称之为"新工艺文化"，即，"人类从工业社会向信息社会迈进时所产生的建立在人类新科学技术发展和新价值观念及新生活方式上，包括手工艺、民间工艺、机械工艺、电脑工艺，以人类衣、食、住、行为主体的造物文化".

现在我们可以说，我们的世界是几何的世界，这不仅是感性的想法，更是理性的升华.

▤ 附:

分形理论在经济研究中的应用及优势

以某种方式相似的客体,这类客体极其破碎而复杂,不能用传统的欧几里得几何来描述,但这些客体却都是具有自相似或自放射性的体系,如弯弯曲曲的海岸线、起伏不平的山脉、粗糙的断面、变幻无常的浮云、九曲回肠的河流等. 这类客体不具备特征尺度,用不同倍数的放大镜去观察它们,其相貌是相似的,并且这个性质不随观察位置的变化而变化. 分形理论就是专门研究分形的几何特征、数量表征及其规律和应用的科学.

尽管关于"分形"目前还没有一个统一的、严格的定义,但其作为一种新的分析方法已受到了诸多学科的广泛重视,在经济科学领域也获得了广泛的应用. 德国学者瓦内克(War-necke)教授甚至提出了一种新的企业管理模式:分形企业管理,从而拓展了分形理论在实际经济生活中的应用. 此后,众多国内外学者运用分形理论的自相似性与维数原理来研究经济管理领域的时间序列、随机过程等非线性动力过程,说明和解释复杂多变的经济现象. 相关实证研究也取得了许多有价值的成果,如经济弹性的分维意义、价格变化的分维测算、国民收入的分形与分维、资本和财产的负幂分布、经济系统变化趋势预测的R/S分析、经济混沌及经济奇异吸引子的分维测度等.

分形在经济学领域能够得到广泛应用,必然有传统经济方法无可比拟的优势.

一、可以不依附于主流经济研究方法

主流经济学研究方法有两个最主要的特点:其一是用货币将经济问题定量化,不可用货币数量表达的经济问题,尽管对经济有重大影响,比如政治问题,被排除在"纯粹"经济学的范畴之外;其二是经济现象的"渐近"性可以用数学中的连续函数来表达,用数学术语说是"可微分"的,经济学研究方法似乎不如此就不正宗,就会被排斥于"主流"之外.

然而,用主流经济学方法对现实经济生活进行研究的准确性是值得怀疑的. 首先,经济学的一些问题(如优化问题)本身就不需要引入定量化研究,也不需要以货币形式来表达. 其次,各种经济现象不可能全部用货币数量来表达,例如,在一个经济体中,我们必须承认社会的一切要素都与经济有关,政治和人们的经济行为动机无疑是影响宏观和微观经济发展的变数之一,但它们却不能用数量形式来表达. 再次,经济现象所表现出来的"连续性"是值得怀疑的. 正如马克思指出的那样,"经济人"的身份属性是不同的,"消费需求"上如果大致可以看作"连续",那么各种身份在"生产需求"上的动机是截然不同的,"不连续"的现象是非常明显的. 这说明西方社会所谓的主流经济学研究方法有明显的理论缺陷,尤其是在研究社会现象及微观行为"动机"等领域的时候更是无能为力.

经济学分形理论及其方法的引入,直接从非线性复杂系统的本身入手,从未简化和抽象的研究对象本身去认识事物,使人们对整体与部分的思维方法由线性发展到非线性,解释了貌似混乱、无规则、随机现象的内部规律,恰能分析传统方法所不能研究的那些处处不光滑、处处不可微、支离破碎的、混乱的一大类极其复杂的经济现象的"形状和结构". 例如,受政策影响,股票指数在市场发展过程中时常大起大落,不能客观地预测和反映其自身与宏观经济之间的规律. 股指走势虽然呈现出不规则且不均匀的形态, 但各阶段股票指数的形态却存在着相似性. 目前, 一些研究已经运用多标度分形方法刻画出这类市场波动的复杂特征, 弥补了传统风险刻度指标在有效市场条件下的不足, 从而有利于指导投资者的投资行为, 以及政府经济调控部门的风险管理工作.

二、能模拟和再现复杂经济现象的系统特征

与其他社会科学一样, 经济学的思想都是从局部的、实证性的探索中发展起来的. 经济学家们愿意将复杂的经济现象分解成独立单元的集合, 通过内省、演绎及逻辑推理等方法得出一些整体性的结论, 并试图将经济学的微观分析与宏观分析进行有效的统一. 然而, 经济学研究的微观分析与宏观分析相统一并不那么简单, 尤其是不能用单一的经济研究方法同时解释宏观和微观复杂的经济现象并得出相对一致的结论. 例如, 科斯的交易费用理论对公共经济学的研究也产生了重大影响, 科斯的发现是从"为什么要有企业"这样的问题入手的. 据此, 同样可以研究: "为什么要有国家", 但是如果从由"公共选择"决定的国家制度来描述由"公共选择"决定的企业制度, 则势必造成微观经济领域的许多麻烦.

相比较而言, 在复杂经济现象的研究中, 分形理论不仅能提供一个描述上述无规则特性的有效构架, 而且可以根据一些容易分析或确定的目标有效地形成和反映不规则分布的复杂特性.

三、有利于使复杂经济问题简单化

人们利用分形的方法探索复杂系统局部与整体自相似关系的同时, 还注意到一个新的现象, 即所有的分形结构都具有分数维的特征. 传统的概念模型或机理模型一般需要根据因果关系或统计关系来分析不同事物之间的内在联系, 当问题涉及的维数或相关因素较多时, 模型必将包含大量参数, 使问题复杂化, 这时, 即使是运用欧氏维数、拓扑维数等这类整数维数也无法对这种参差不齐、有无限细微结构的复杂形状进行准确刻画. 而当利用分形所研究对象的相似性来解决这类问题时, 则能用很少的参数描述复杂的分布, 从而合理确定差异系数, 有利于关键问题的解决, 这是传统数学方法所不能比拟的.

城市、城市中的区域以及区域内的辖区等共同构成了多维度经济复杂系统. 我们运用分形与分维原理可以进行不同边界的分形模拟、城市内部基础设施的公共投入、城市规模设计以及布局, 即区域经济体功能设计, 使其他相似形态地区的商业网点、学校、医院、邮政、交通设施的合理布局等问题均可以较为容易地得到解决.

经济学不均等问题经常在不同政府层级和不同地区资源配置公平的研究中出现, 这类问题传统分析法(如方差、调整极差、变异系数、基尼系数、塞尔系数等方法)需要在各级面板数据基础上进行分析, 样本量大, 采样工作复杂. 运用非线性多重分形来再现非均匀分布只需要抽样调查某一层次的数据或同一系列的样本就能再现不均匀的状态, 保证取样具有一般性和代表性, 使在任何一个研究尺度上的模拟结果与实际分布能够得到有效统计.

🔢 **复习与思考题**

1. 试简述分形几何学是如何产生的.

2. 试给出一个无穷大周长而面积无穷小的例子.

3. 试简述英国的海岸线究竟有多长,并举一个类似的例子.

4. 试举出分形几何的两个应用例子.

参 考 文 献

[1] 郑毓信，王宪昌，蔡仲. 数学文化学[M]. 成都：四川出版集团，四川教育出版社，2001.

[2] 齐民友. 数学与文化[M]. 大连：大连理工大学出版社，2008.

[3] 林夏水. 数学本质·认识论·数学观——简评"对数学本质的认识"[J]. 数学教育学报，2002，11(3).

[4] 张顺燕. 数学的美与理[M]. 2版. 北京：北京大学出版社，2012.

[5] 张维忠. 数学：一种文化体系[J]. 大自然探索，1997，2.

[6] 李德生. 数学的文化观[J]. 美与时代：美学(下)，2003，5.

[7] 苏明强. 数学的文化品位和教育形态[J]. 临沂大学学报，2005，3.

[8] [美]M. 克莱因. 西方文化中的数学[M]. 张祖贵，译. 上海：复旦大学出版社，2005.

[9] 曾峥. 数学文化的魅力[J]. 华南师范大学学报(社会科学版)，2002，1.

[10] 杨竹莘. 数学文化在人文素质中的地位[J]. 长沙铁道学院学报(社会科学版)，2005，2.

[11] 蒋术亮. 中国在数学上的贡献[M]. 太原：山西人民出版社，1984.

[12] 游安军，霍亮. 数学与文化：一个新认识[J]. 曲阜师范大学学报(自然科学版)，1999，4.

[13] 李渺. 文艺复兴时期欧洲的数学文化[J]. 太原学院学报(自然科学版)，2003，3.

[14] [美]M. 克莱因. 现代世界中的数学[M]. 齐民友，等，译. 上海：上海教育出版社，2007.

[15] 王庚. 数学文化与数学教育——数学文化报告集[M]. 北京：科学出版社，2004.

[16] 张景中. 数学与哲学[M]. 北京：中国少年儿童出版社，2003.

[17] 张楚廷. 数学文化[M]. 北京：高等教育出版社，2006.

[18] 童莉. 基于"数学文化"的数学课堂教学文化氛围的构建[J]. 重庆师范大学学报(自然科学版)，2006，3.

[19] 殷启正. 数学文化的实质[J]. 江汉学术，2001，6.

[20] 邓东皋，等. 数学与文化[M]. 3版. 北京：北京大学出版社，1990.

[21] 汪秉彝，吕传汉. 再论跨文化数学教育[J]. 数学教育学报，1999，2.

[22] 黄秦安. 数学哲学与数学文化[M]. 西安：陕西师范大学出版社，1999.

［23］徐利治. 科学文化人与审美意识［J］. 数学教育学报，1997，1.

［24］张维忠，王芳. 论数学文化与数学学习［J］. 课程·教材·教法，2004，11.

［25］蔺云，朱华. 数学文化研究综述［J］. 嘉应学院学报，2005，5.

［26］Michael Polanyi. The Study of Man［M］. Chicago：The University of Chicago Press，1963.

［27］Betsy McNeal，Martin A. Simon. Mathematics Culture Clash：Negotiating New Classroom Norms with Prospective Teachers［J］. Journal of Mathematical Behavior，2000.

［28］Martin A. Simon. Reconstructing mathematics pedagogy from a constructivist perspective ［J］. Journal for Research in Mathematics Education，1995.

［29］L. White. The Locus of Mathematical Reality：An Anthropological Footnote［J］. Spring New York，2006.

［30］Paul Cobb，Terry Wood，Erna Yackel，Betsy McNeal. Characteristics of classroom mathematics traditions：An interactional analysis ［J］. American Educational Research Journal，1992.